www.kuhminsa.com

한 발 앞 서 는 출 판 사 구 민 사

KUH MIN SA

#604, Mullaebuk-ro 116, Yeongdeungpo-gu
Seoul, Republic of Korea

T. 02 701 7421
F. 02 3273 9642

Email kuhminsa@kuhminsa.co.kr

자격증 시험
접 수 부 터
자 격 증
수 령 까지

필기 원서 접수

큐넷 회원 가입 후
(www.q-net.or.kr)
인터넷 접수만 가능
사진 파일, 접수비
(인터넷 결제) 필요
응시자격 요건
반드시 확인할것

필기 시험

입실 시간 미준수 시
시험 응시 불가
준비물 : 수험표,
신분증, 필기구 지참

필기 합격 확인

큐넷 사이트에서 확인
(www.q-net.or.kr)

실기 원서 접수

큐넷 회원 가입 후
(www.q-net.or.kr)
응시 자격 서류는
실기시험 접수기간
(4일 내) 에 제출
해야만 접수 가능

합격

한 발 앞서나가는 출판사
구민사에서 시작하세요!

실기 시험

메이크업 미용 실무, 작업형. 원서 접수 시 선택한 장소와 시간에 시험
준비물 : 수험표, 신분증, 필기구 지참!

최종합격 확인

큐넷 사이트에서 확인
(www.q-net.or.kr)

자격증 신청

방문 or 인터넷 신청 가능. 방문 신청 시 신분증, 발급 수수료 지참할 것

자격증 수령

방문 or 등기 우편 수령 가능
등기비용을 추가하면 우편으로 받을 수 있습니다.

머리말

25년 동안 현장 실무와 강의를 오가면서 숨가쁘게 살아왔던 지난날들이 책을 집필하면서 주마등처럼 지나갔습니다. 우리는 100세 시대를 살면서 우리에게는 다양한 직업과 기술을 요구하는 시대에 살고 있습니다. 특히 기술을 요구하는 현장실무에 있어서 국가 자격증은 필수 조건이지만 매년 국가자격증의 합격률은 점차 저조해지고 있어 이에 조금 더 이해하기 쉽고 체계적으로 볼 수 있는 교재의 필요성을 느끼게 되었습니다. 현재 출간된 교재들은 모두 비슷한 루틴으로 기술되어있고 이해도를 위한 교재이기보다는 관행에 기초한 교재가 대부분이었기에 접근법을 달리하여 어려운 내용을 원리에 입각하여 접근하는 방식과 체계적으로 공부할 수 있도록 준비하게 되었습니다.

본 교재는 필기 시험편에 예상문제와 기출문제를 충분히 수록하였고 실기 시험편은 체크리스트를 첨부하여 놓치기 쉬운 부분도 체크 할 수 있게 정리했으며 시간이 없는 학생들을 위하여 실기 영상도 제공하고 있으므로 단기간에도 합격할 수 있는 솔루션이 될 수 있으리라 예상합니다. 화려한 언술과 기술 보다 관록과 노하우가 묻어나는 교재로 거듭나기 위해 노력하였습니다.

네일 미용은 인체의 일부분에 미화, 조화시키는 기술이므로 정확한 시술이 이루어지지 않으면 네일의 손상을 가져올 수 있습니다. 그리하여 네일미용의 이론과 실기는 올바른 적용과 교육이 필수 불가결한 요소입니다. 이에 NCS 교과과정에 바탕을 두고 실무에 필요한 정보를 세분화를 위하여 노력하였고 전문적인 정보를 구체적으로 제시하였습니다.

또한 '22년 필기시험은 국가기술자격의 현장성과 활용성 제고를 위해 국가직무능력표준(NCS)를 기반으로 자격의 내용을 직무 중심으로 개편되었고 '22년 1. 1.부터 적용되었으므로 이에 입각하여 본질에 입각하여 충실한 내용으로 구성하였습니다.

본 교재는 막연한 자격증 시험의 두려움을 없애주고 뷰티계열 학생들과 종사자들이 반드시 알아야 할 체크리스트를 중심으로 습득을 하다 보면 기술 향상에 자신감을 배양할 수 있을 것입니다. 간결하고 쉽게 전달하려고 노력하다 보니 분명 부족한 부분도 있겠지만 실무와 강의를 하면서 중요한 부분을 빠뜨리지 않으려고 최선을 다하였고 도움이 되고자 합니다.

미용사(네일) 국가기술자격증을 준비하는 모든 수험생들에게 합격의 초석이 되고 기술과 기초지식에 기반이 되기를 바라며 여러분들의 합격과 건승을 바라겠습니다.

끝으로 책을 출간하기까지 여러모로 도움 주시고 편집에 힘써주신 도서출판 구민사 조규백 대표님과 직원 여러분께 깊은 감사를 드립니다.

저자 이윤희

미용사(네일) 출제 기준(필기)

직무 분야	이용·숙박·여행 오락·스포츠	중직무 분야	이용·미용	자격 종목	미용사(네일)	자격 기간	2022.1.1.~ 2026.12.31.

● 직무내용 : 고객의 건강하고 아름다운 네일을 유지·보호하기 위해 네일 케어, 컬러링, 인조 네일, 네일아트 등의 서비스를 제공하는 직무이다.

필기 검정 방법	작업형	문제수	60	시험시간	2시간 30분 정도

필기과목명	문제수	주요항목	세부항목	세세 항목
네일 화장물 적용 및 네일미용 관리	60	1. 네일미용 위생 서비스	1. 네일미용의 이해	1. 네일미용의 개념과 역사
			2. 네일숍 청결 작업	1. 네일숍 시설 및 물품 청결 2. 네일숍 환경 위생 관리
			3. 네일숍 안전 관리	1. 네일숍 안전수칙 2. 네일숍 시설·설비
			4. 미용기구 소독	1. 네일미용 기기 소독 2. 네일미용 도구 소독
			5. 개인위생 관리	1. 네일미용 작업자 위생 관리 2. 네일미용 고객 위생 관리 3. 네일의 병변
			6. 고객응대 서비스	1. 고객응대 및 상담
			7. 피부의 이해	1. 피부와 피부 부속 기관 2. 피부유형분석 3. 피부와 영양 4. 피부와 광선 5. 피부면역 6. 피부노화 7. 피부장애와 질환
			8. 화장품 분류	1. 화장품 기초 2. 화장품 제조 3. 화장품의 종류와 기능
			9. 손발의 구조와 기능	1. 뼈(골)의 형태 및 발생 2. 손과 발의 뼈대(골격) 3. 손과 발의 근육 4. 손과 발의 신경
		2. 네일 화장물 제거	1. 일반 네일 폴리시 제거	1. 일반 네일 폴리시 성분 2. 일반 네일 폴리시 제거 작업

필기과목명	문제수	주요항목	세부항목	세세 항목
			2. 젤 네일 폴리시 제거	1. 젤 네일 폴리시 성분 2. 젤 네일 폴리시 제거 작업
			3. 인조 네일 제거	1. 인조 네일 제거방법 선택 및 제거 작업
		3. 네일 기본관리	1. 프리에지 모양만들기	1. 네일 파일 사용 2. 자연 네일 프리에지 모양
			2. 큐티클 부분 정리	1. 자연 네일의 구조 2. 자연 네일의 특징 3. 큐티클 부분 정리 작업 4. 큐티클 부분 정리 도구
			3. 보습제 도포	1. 네일미용 보습 제품 적용
		4. 네일 화장물 적용 전 처리	1. 일반 네일 폴리시 전 처리	1. 네일 유분기 및 잔여물 제거 2. 일반 네일 폴리시 전 처리 작업
			2. 젤 네일 폴리시 전 처리	1. 젤 네일 폴리시 전 처리 작업
			3. 인조 네일 전 처리	1. 인조 네일 전 처리 작업
		5. 자연 네일 보강	1. 네일 랩 화장물 보강	1. 네일 랩 화장물 보강 작업 및 도구
			2. 아크릴 화장물 보강	1. 아크릴 화장물 보강 작업 및 도구
			3. 젤 화장물 보강	1. 젤 화장물 보강 작업 및 도구
		6. 네일 컬러링	1. 풀 코트 컬러 도포	1. 풀 코트 컬러링
			2. 프렌치 컬러 도포	1. 프렌치 컬러링
			3. 딥 프렌치 컬러 도포	1. 딥 프렌치 컬러링
			4. 그러데이션 컬러 도포	1. 그러데이션 컬러링
		7. 네일 폴리시 아트	1. 일반 네일 폴리시 아트	1. 기초 색채 배색 및 일반 네일 폴리시 아트 작업
			2. 젤 네일 폴리시 아트	1. 기초 디자인 적용 및 젤 네일 폴리시 아트 작업
			3. 통 젤 네일 폴리시 아트	1. 네일 폴리시 디자인 도구 및 통 젤 네일 폴리시 아트 작업
		8. 팁 위드 파우더	1. 네일 팁 선택	1. 네일 상태에 따른 네일 팁 선택
			2. 풀 커버 팁 작업	1. 풀 커버 팁 활용 및 도구
			3. 프렌치 팁 작업	1. 프렌치 팁 활용 및 도구

미용사(네일) 출제 기준(필기)

필기과목명	문제수	주요항목	세부항목	세세 항목
			4. 내추럴 팁 작업	1. 내추럴 팁 활용 및 도구
		9. 팁 위드 랩	1. 팁 위드 랩 네일 팁 적용	1. 네일 팁 턱 제거 및 적용 작업
			2. 네일 랩 적용	1. 네일 랩 오버레이 및 네일 랩 적용 작업
		10. 랩 네일	1. 네일 랩 재단	1. 네일 랩 재료 및 작업
			2. 네일 랩 접착	1. 네일 랩 접착제 및 접착 작업
			3. 네일 랩 연장	1. 인조 네일 구조 및 네일 랩 연장 작업
		11. 젤 네일	1. 젤 화장물 활용	1. 젤 네일 기구 및 젤 화장물 사용방법
			2. 젤 원톤 스컬프처	1. 네일 폼 적용 및 젤 원톤 스컬프처 작업
			3. 젤 프렌치 스컬프처	1. 젤 브러시 활용 및 젤 프렌치 스컬프처 작업
		12. 아크릴 네일	1. 아크릴 화장물 활용	1. 아크릴 네일 도구 및 사용방법
			2. 아크릴 원톤 스컬프처	1. 아크릴 브러시 활용 및 아크릴 원톤 스컬프처 작업
			3. 아크릴 프렌치 스컬프처	1. 스마일 라인 조형 및 아크릴 프렌치 스컬프처 작업
		13. 인조 네일 보수	1. 팁 네일 보수	1. 팁 네일 상태에 따른 화장물 제거 및 보수작업
			2. 랩 네일 보수	1. 랩 네일 상태에 따른 화장물 제거 및 보수작업
			3. 아크릴 네일 보수	1. 아크릴 네일 상태에 따른 화장물 제거 및 보수작업
			4. 젤 네일 보수	1. 젤 네일 상태에 따른 화장물 제거 및 보수작업
		14. 네일 화장물 적용 마무리	1. 일반 네일 폴리시 마무리	1. 일반 네일 폴리시 잔여물 정리 및 건조
			2. 젤 네일 폴리시 마무리	1. 젤 네일 폴리시 잔여물 정리 및 경화
			3. 인조 네일 마무리	1. 인조 네일 잔여물 정리 및 광택

필기과목명	문제수	주요항목	세부항목	세세 항목
		15. 공중위생관리	1. 공중보건	1. 공중보건 기초 2. 질병관리 3. 가족 및 노인보건 4. 환경보건 5. 식품위생과 영양 6. 보건행정
			2. 소독	1. 소독의 정의 및 분류 2. 미생물 총론 3. 병원성 미생물 4. 소독방법 5. 분야별 위생·소독
			3. 공중위생관리법규(법, 시행령, 시행규칙)	1. 목적 및 정의 2. 영업의 신고 및 폐업 3. 영업자 준수사항 4. 면허 5. 업무 6. 행정지도감독 7. 업소 위생등급 8. 위생교육 9. 벌칙 10. 시행령 및 시행규칙 관련 사항

목차

PART 01 네일 미용 위생 서비스

- Chapter.1 네일 미용의 이해 ... 6
- Chapter.2 네일숍 청결 작업 ... 12
- Chapter.3 네일숍 안전 관리 ... 18
- Chapter.4 미용기구 소독 ... 28
- Chapter.5 개인위생 관리 ... 38
- Chapter.6 고객 응대 서비스 ... 46
- Chapter.7 피부의 이해 ... 50
- Chapter.8 화장품 분류 ... 68
- Chapter.9 손발의 구조와 기능 ... 96

PART 02 네일 화장품 제거

- Chapter.1 일반 네일 폴리시 제거 ... 110
- Chapter.2 젤 네일 폴리시 제거 ... 114
- Chapter.3 인조 네일 제거 ... 120

PART 03 네일 기본관리

- Chapter.1 프리엣지 모양 만들기 ... 126
- Chapter.2 큐티클 부분 정리 ... 130
- Chapter.3 보습제 도포 ... 138

PART 04 네일 화장품 적용 전 처리

- Chapter.1 일반 네일 폴리시 전 처리 ... 142
- Chapter.2 젤 네일 폴리시 전 처리 ... 144
- Chapter.3 인조 네일 전 처리 ... 146

PART 05
네일 보강

- Chapter.1 자연 네일 보강 150
- Chapter.2 네일 랩 화장물 보강 152
- Chapter.3 아크릴 화장물 보강 154
- Chapter.4 젤 화장물 보강 156

PART 06
네일 컬러링

- Chapter.1 풀 코트 컬러 도포 162
- Chapter.2 프렌치 컬러 도포 166
- Chapter.3 딥 프렌치 컬러 도포 170
- Chapter.4 그러데이션 컬러 도포 172

PART 07
네일 폴리시 아트

- Chapter.1 일반 네일 폴리시 아트 178
- Chapter.2 젤 네일 폴리시 아트 182
- Chapter.3 통젤 네일 폴리시 아트 186

PART 08
팁 위드 파우더

- Chapter.1 네일 팁 선택 190
- Chapter.2 풀 커버 팁 작업 194
- Chapter.3 프렌치 팁 작업 196
- Chapter.4 내추럴 팁 작업 200

목차

PART 09
팁 위드 랩

- Chapter.1 팁 위드 랩 네일 팁 적용 204
- Chapter.2 네일 랩 적용 206

PART 10
랩 네일

- Chapter.1 네일 랩 재단 210
- Chapter.2 네일 랩 접착 214
- Chapter.3 네일 랩 연장 216

PART 11
젤 네일

- Chapter.1 젤 화장물 활용 220
- Chapter.2 젤 원톤 스컬프쳐 224
- Chapter.3 젤 프렌치 스컬프쳐 228

PART 12
아크릴 네일

- Chapter.1 아크릴 화장물 활용 234
- Chapter.2 아크릴 원톤 스컬프쳐 238
- Chapter.3 아크릴 프렌치 스컬프쳐 240

PART 13 인조 네일 보수

- Chapter.1 네일 팁 보수 244
- Chapter.2 랩 네일 보수 248
- Chapter.3 아크릴 네일 보수 252
- Chapter.4 젤 네일 보수 256

PART 14 네일 화장물 적용 마무리

- Chapter.1 일반 네일 폴리시 마무리 ... 262
- Chapter.2 젤 네일 폴리시 마무리 264
- Chapter.3 인조 네일 폴리시 마무리 ... 266

PART 15 공중위생관리

- Chapter.1 공중보건 272
- Chapter.2 소독 304
- Chapter.3 공중위생관리법규(법, 시행령, 시행규칙) ... 312

단원별 예상문제 323
최근 기출문제 405

이 책의 특성 및 구성

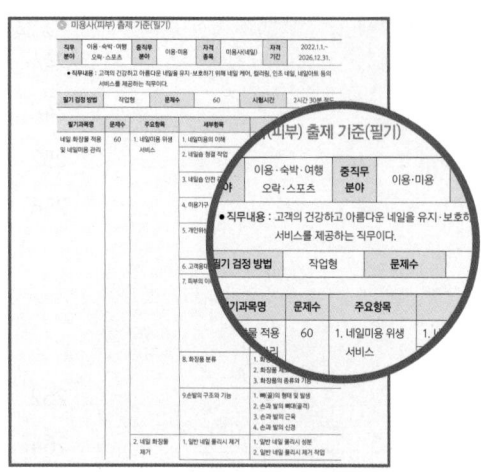

최신 출제기준 수록

최신 출제기준을 수록하여 주요 항복과 세부항목 등을 파악할 수 있도록 정리하였습니다.

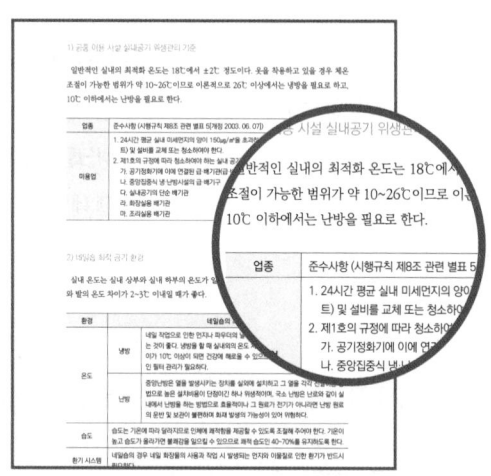

핵심이론의 정리

핵심이론을 쉽게 이해할 수 있도록 편집하였으며, 다양한 이미지와 표를 삽입하여 보기 쉽게 정리하였습니다.

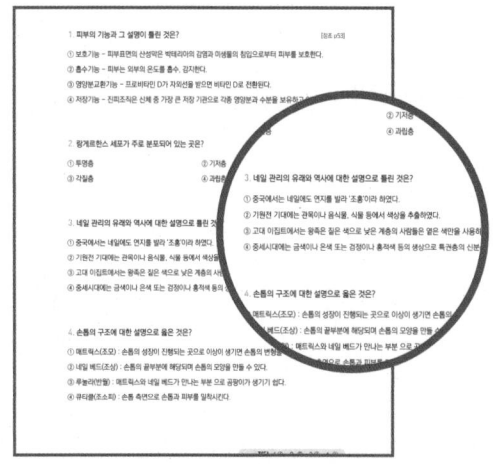

단원별 예상문제

각 단원별 예상문제를 수록하여 쉽게 이해하도록 하였고, 해당 문제에 관한 이론을 참조페이지로 표시하여 빠르게 찾아볼 수 있도록 정리하였습니다.

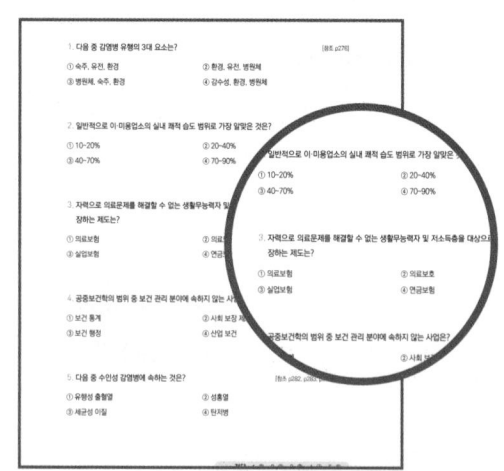

최근 기출문제 수록

최근 기출문제를 수록하여 실전에서 어떤 문제들이 나오는지 파악하고, 실제 시험처럼 풀어볼 수 있도록 하였습니다.

무료 동영상 시청 방법

NAVER 카페 | 카페 ▾ | 뷰티미용사자격증연구소 ▾ | 검색

STEP 01   네이버 카페 '뷰티미용사자격증연구소'를 검색한다.

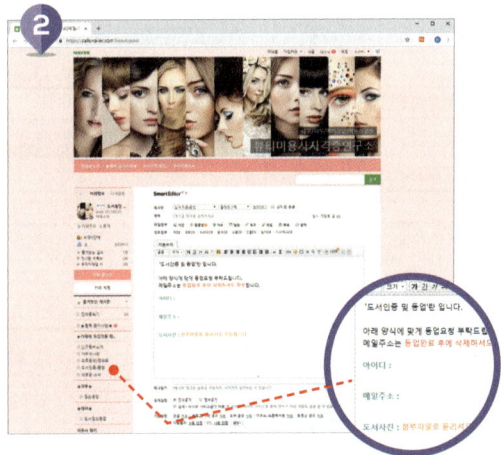

STEP 02   아이디와 이메일 주소를 입력하여 도서 구매 인증을 한다.

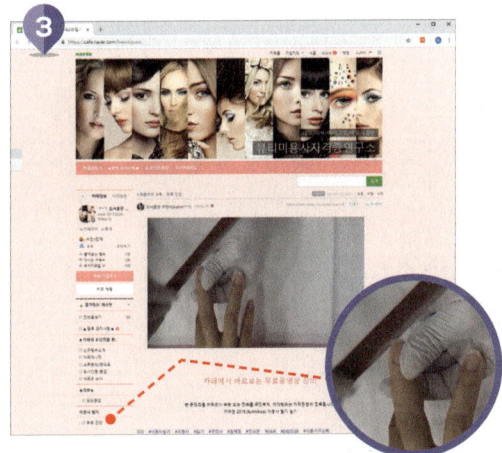

STEP 03   무료 동영상을 시청한다.

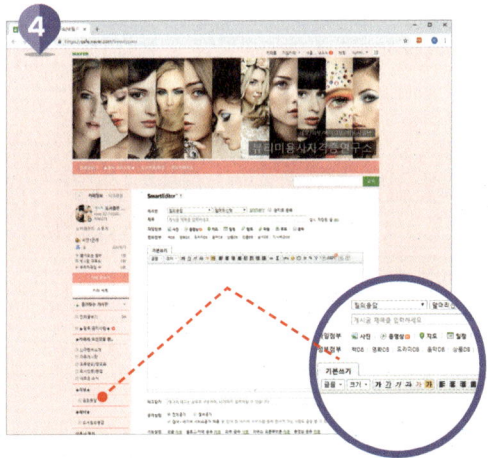

STEP 04   질의응답 게시판을 통해 시험 정보 및 부족한 부분을 보완한다.

D-DAY 60 미용(네일) 국가기술 자격증 필기 합격 플랜 D-60일
(위의 플랜은 가장 이상적인 것이므로 참고하여 개인의 입장과 일정에 맞춰 준비하시기 바랍니다.)

월요일	화요일	수요일	목요일	금요일	토요일	일요일	
D-60	D-59	D-58	D-57	D-56	D-55	D-54	D-60
PART 1. 미용(네일) 국가기술 자격증 핵심이론							
D-53	D-52	D-51	D-50	D-49	D-48	D-47	D-50
PART 1. 미용(네일) 국가기술 자격증 핵심이론							
D-46	D-45	D-44	D-43	D-42	D-41	D-40	D-40
PART 2. 미용(네일) 국가기술 자격증 기출문제 CBT				PART 1, 2 복습			
D-39	D-38	D-37	D-36	D-35	D-34	D-33	D-30
PART 3. 미용(네일) 국가기술 자격증 예상문제							
D-32	D-31	D-30	D-29	D-28	D-27	D-26	D-20
PART 4. 미용(네일) 국가기술 자격증 예상문제							

D-DAY 60 놓친 부분 다시보기

월요일	화요일	수요일	목요일	금요일	토요일	일요일
D-25	D-24	D-23	D-22	D-21	D-20	D-19
		이론 복습 (O / X)				문제 풀이 (O / X)
D-18	D-17	D-16	D-15	D-14	D-13	D-12
		이론 복습 (O / X)				문제 풀이 (O / X)
D-11	D-10	D-9	D-8	D-7	D-6	D-5
		이론 복습 (O / X)				문제 풀이 (O / X)
D-4	D-3	D-2	D-1			
		이론 복습 (O / X)				

시험장 가기 전에 TIP!

Q : 계산기를 따로 가져가야 하나요?
A : 시험을 치르는 PC에 설치된 계산기를 이용하실 수 있습니다.(개인 계산기 지참 가능)

Q : PC로 시험을 치르면 종이는 못쓰나요?
A : 시험장에서 필요한 사람에 한해 종이를 제공합니다. 시험장마다 상황이 다를 수 있으니 전화로 해당 시험장의 상황을파 악해보시길 권장합니다. 이 때, 시험이 끝나고 종이 반납은 필수입니다.

MEMO

Zφ
II.

PART 01

네일 미용 위생 서비스

- **Chapter.1** 네일 미용의 이해
- **Chapter.2** 네일숍 청결 작업
- **Chapter.3** 네일숍 안전 관리
- **Chapter.4** 미용기구 소독
- **Chapter.5** 개인위생 관리
- **Chapter.6** 고객 응대 서비스
- **Chapter.7** 피부의 이해
- **Chapter.8** 화장품 분류
- **Chapter.9** 손발의 구조와 기능

Chapter.1 네일 미용의 이해

1. 네일 미용의 개념과 역사

1) 네일 아트 정의

- 손, 발톱에 관한 관리의 모든 것
- 네일 미용의 목적은 네일을 관리하여 건강한 네일을 유지하고 아름답게 꾸며 미적 욕구를 충족하는 데에 있다.

① 매니큐어 : 라틴어의 손(manus/마누스)과 관리(cura/큐라)라는 단어의 결합

② 패디큐어
- 라틴어 발 (paddies/페디스)와 관리(cura/큐라)라는 말에서 유래된 말로 발톱과 발을 건강하게 아름답게 가꾸는 발 관리를 의미한다.
- 발에 관한 전체 관리 및 치료

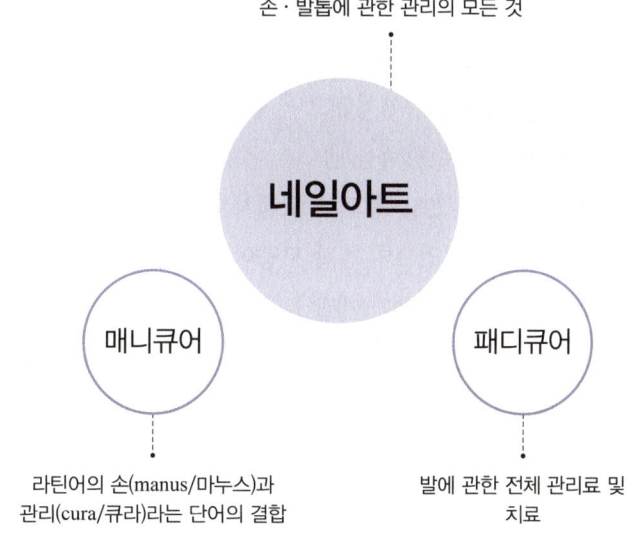

2) 네일 아트의 역사

(1) 서양의 네일 역사

- 이집트 : 헤나를 사용하여 오렌지색, 붉은색으로 손톱의 색을 입혔는데, 신분별 차이를 두어 상류층은 짙은 색, 하류층은 옅은 색만을 허용하였다.
- 중세시대 : 영국에서는 식사 전에 장미수로 손을 씻었으며 이탈리아는 섬세하고 긴 손톱이 아름다운 여성의 기준이 되었다.
- 르네상스 : 손톱의 색상이 붉은색이고 손과 손가락이 희고 긴 것이 미의 기준에 해당했다. 프랑스의 왕비였던 카트린 드 메디시스(Catherine de Médicis)는 손을 보호하기 위해 잠자리에 들기 전에 장갑을 착용하였다.
- 바로크 시대 : 프랑스의 베르사유 궁전에서는 한쪽 손의 손톱을 길러 문을 긁도록 하였다. 이는 노크가 예의에 어긋난 행위라고 보았기 때문이다.
- 로코코 시대 : 네일 제품이 개발되어 대중화가 된 시기이다.
- 중국 : 특권층의 신분표시로 손톱을 길렀으며 손톱의 손상을 막기 위해 보석이나 대나무를 이용해 손톱을 보호하였다.

① 근대

- 1800년 : 아몬드형 네일 모양이 유행하였으며 향이 있는 붉은색 기름을 바르고 샤모아(chamois, 염소나 양의 부드러운 가죽)로 광택을 냄
- 1830년 : 발 전문의인 사인 시트(Sits)에 의해 오렌지 우드스틱이 고안
- 1880년 : 네일 관리가 대중화 되었으며 첨탑 모양이 유행
- 1885년 : 니트로 셀룰로스(필름 형성제)가 개발
- 1892년 : 발 전문의인 사인 시트(Sits)의 조카에 의해 네일 아티스트가 새로운 직업으로 미국에 도입

② 현대

- 1900년 : 메탈 파일이나 메탈 가위가 이용되었으며, 에나멜을 도포할 때에는 낙타털로 만든 붓을 사용하였고, 광택을 내기 위하여 크림이나 가루를 사용함
- 1910년 : 미국의 매니큐어 제조회사 플라워리(Flowery)가 설립되어 금속 파일과 사포로 된 파일이 제작
- 1917년 : 보그 잡지에 Dr.코로니(Coroni)의 네일 홈케어 제품이 소개되어 도구와 기구를 사용하지 않고도 관리가 가능해 짐

- 1919년 : 최초의 특허제품인 연분홍색의 에나멜이 제조됨
- 1925년 : 네일 에나멜의 산업이 본격화되면서 일반 상점에서 에나멜 구입이 가능해졌으며, 달 매니큐어(moonmanicure)가 유행함
- 1927년 : 큐티클 크림, 큐티클 리무버, 프렌치 매니큐어 전용 흰색 에나멜이 제조
- 1930년 : 제나(Gena) 연구팀에서 큐티클 오일, 에나멜 리무버, 워머 로션 등이 개발되었으며 다양한 계통의 붉은색 에나멜이 등장
- 1932년 : 레블론(Revlon)사에서 최초로 립스틱과 잘 어울리는 색상의 네일 에나멜을 출시
- 1935년 : 인조 네일 개발
- 1940년 : 리타 헤이워스(RitaHeyworth)에 의해 풀코트 기법 및 빨간색 네일이 유행하였으며 이발소에서 남성들이 기본적인 손톱관리를 받기 시작
- 1948년 : 노린 레호(NoreenReho)가 매니큐어 시 기구를 사용하기 시작
- 1956년 : 헬렌 걸리(HelenGouley)에 의해 미용학교 교육과정에 네일이 포함됨. 또한 네일 팁의 사용이 증가함
- 1957년 : 호일을 사용한 아크릴릭 네일이 최초 시행되었으며 페디큐어가 등장
- 1960년 : 실크나 린넨을 이용하여 손톱을 보강
- 1967년 : 손과 발에 트리트먼트를 시작
- 1970년 : 네일팁과 아크릴릭 네일이 본격적으로 사용되었고 치과에서 사용하는 재료에서 현재 사용 중인 아크릴릭 네일 제품이 개발
- 1973년 : 네일 회사(IBD)가 처음으로 네일 접착제와 접착식 인조손톱을 개발
- 1975년 : 미국 식약청(FDA)이 메틸 메타 아크릴릭 레이트(MMA)를 사용 금지함
- 1976년 : 스퀘어 모양의 네일이 유행하였으며 동시에 화이버 랩이 등장. 미국에 네일아트가 정착
- 1981년 : 오피아이, 스타 등의 회사에서 네일 전문 제품이 출시되었으며 네일 액세서리가 등장
- 1982년 : 태미 테일러(TammyTaylor)에 의해 파우더, 프라이머, 리퀴드 등의 아크릴릭 네일 제품을 개발
- 1989년 : 세계경쟁성장과 더불어 네일 산업의 급성장기
- 1992년 : 인기스타들에 의해 대중화가 된 시기로 NIA(theNailIndustryAssociaion)이 창립되어 네일 산업이 더욱 본격화되면서 정착
- 1994년 : 독일에서 라이트 큐어드 젤 시스템(lightcuredgelsystem)이 등장하였으며 뉴욕 주에서는 네일 테크니션 면허 제도를 도입

· 2000년대 이후 : 2D,3D 등 입체 디자인, 핸드페인팅, 에어브러시 등 다양한 아트 기법이 등장

(2) 한국의 네일 역사

　한국의 네일 미용은 1980년대 이후부터 네일 산업이 하나의 업종으로 인식되기 시작하였다. 2002년 이후 연예인 중심으로 홍보되기 시작했으며 개인 숍과 프랜차이즈 형태로 운영되고 있다.

- · 고려시대 : 충선완때 손톱에 물들인 궁녀에 대한 기록이 있음
- · 조선시대 : 세시풍속집〈동국세시기〉 기록에 젊은 각시와 어린이들이 손톱에 봉선화 물들임
- · 1992년 : 우리나라 최초의 네일아트 숍인 그리피스가 이태원에 오픈
- · 1996년 : 압구정 백화점에 네일 코너가 입점되어 대중에게 알려지기 시작
- · 1997년 : 인기스타들이 네일미용을 하면서 네일미용의 대중화가 시작되었으며, 여러 개의 재료 납품 업체가 등장
- · 1998년 : 민간 자격시험제도가 도입되고 시행
- · 2002년 : 네일 산업의 호황기
- · 2004년 : 경기 침체로 인한 네일 산업의 구조 조정기

(3) 네일 모양

① 손톱 기본 모양 -5가지

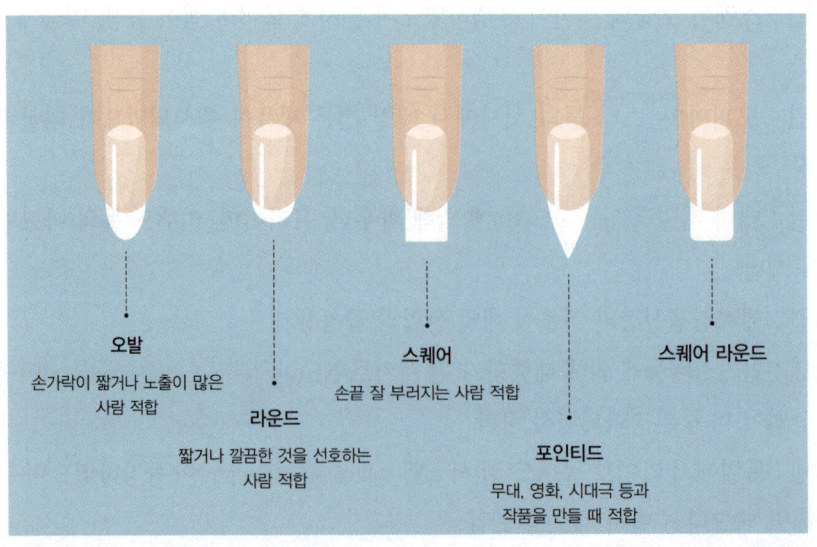

MEMO

——————— Chapter.2 네일숍 청결 작업

1. 네일숍 시설 및 물품 청결

1) 공중 이용 시설 실내공기 위생관리 기준

일반적인 실내의 최적화 온도는 18℃에서 ±2℃ 정도이다. 옷을 착용하고 있을 경우 체온 조절이 가능한 범위가 약 10~26℃이므로 이론적으로 26℃ 이상에서는 냉방을 필요로 하고, 10℃ 이하에서는 난방을 필요로 한다.

업종	준수사항 (시행규칙 제8조 관련 별표 5[개정 2003. 06. 07])

미용업	1. 24시간 평균 실내 미세먼지의 양이 150㎍/㎥을 초과하는 경우에는 실내공기 정화시설(덕트) 및 설비를 교체 또는 청소하여야 한다.
	2. 제1호의 규정에 따라 청소하여야 하는 실내 공기정화시설 및 설비는 다음 각 호와 같다.
	   가. 공기정화기에 이에 연결된 급·배기관(급·배기구를 포함한다.)
	   나. 중앙집중식 냉·난방시설의 급·배기구
	   다. 실내공기의 단순 배기관
	   라. 화장실용 배기관
	   마. 조리실용 배기관

출처 : 법제처. 공중위생관리법 시행규칙 제8조

2) 네일숍 최적 공기 환경

실내 온도는 실내 상부와 실내 하부의 온도가 일정하게 유지되는 것이 좋으며, 신체의 머리와 발의 온도 차이가 2~3℃ 이내일 때가 좋다.

환경		네일숍의 최적화
온도	냉방	네일 작업으로 인한 먼지나 파우더의 날림 때문에 선풍기의 사용은 가급적 피하는 것이 좋다. 냉방을 할 때 실내외의 온도 차이는 5~7℃ 이내가 알맞으며, 그 차이가 10℃ 이상이 되면 건강에 해로울 수 있으므로 주의한다. 에어컨은 주기적인 필터 관리가 필요하다.
	난방	중앙난방은 열을 발생시키는 장치를 실외에 설치하고 그 열을 각각 전달하는 방법으로 높은 설치비용이 단점이긴 하나 위생적이며, 국소 난방은 난로와 같이 실내에서 난방을 하는 방법으로 효율적이나 그 원료가 전기가 아니라면 난방 원료의 운반 및 보관이 불편하며 화재 발생의 가능성이 있어 위험하다.
습도		습도는 기온에 따라 달라지므로 인체에 쾌적함을 제공할 수 있도록 조절해 주어야 한다. 기온이 높고 습도가 올라가면 불쾌감을 일으킬 수 있으므로 쾌적 습도인 40~70%를 유지하도록 한다.
환기 시스템		네일숍의 경우 네일 화장물의 사용과 작업 시 발생되는 먼지와 이물질로 인한 환기가 반드시 필요하다.

2. 네일숍 환경 위생 관리

청소 시 소독은 모든 종류의 박테리아가 인체에 해를 끼치지 않도록 처리하는 과정이기도 하다. 청소와 소독은 밀접한 관계를 가지며, 청소라 함은 단순히 이물질 제거뿐만 아니라 세균, 곰팡이, 바이러스 등의 미생물을 사멸시켜서 살아있는 균이 검출되지 않는 무균 상태를 추구하기도 한다. 하지만 네일숍에서는 무균 상태가 어려우므로 물건을 깨끗이 해서 균들이 성장하는 것을 방지하는 위생과, 먼지와 더러운 것을 세척, 물건의 정리 정돈에 중점을 두는 것이 현실적이다.

1) 네일숍 청소

네일숍에서는 제품 표면에 먼지, 오염 등의 축적은 균을 증식시켜 감염의 원인이 될 수 있으므로, 청소는 주기적으로 계획에 따라 수행한다.

① 청소를 할 때에는 높고 깨끗한 곳을 먼저하고, 낮고 더러운 곳을 나중에 한다. 높은 곳의 먼지나 천장 타일, 벽을 청소할 때에는 아래쪽에 이물질이 떨어져서 오염되지 않도록 주의한다.
② 청소를 할 때에는 부착되어 있는 오염물질이 잘 떨어져 나오도록 마찰을 이용한다. 네일숍 내에서 행해지는 청소는 먼지를 발생시키지 않는 방법으로 한다. 실내 청소 시에는 미세 먼지가 생성되므로 환기가 잘되어야 한다.
③ 벽, 창문, 문, 문고리 등은 정기적인 스케줄에 따라 관리하되, 오염되었을 때에는 즉시 청소한다.
④ 작업대, 패디의자, 의자, 전등 등의 표면은 매일 먼지를 닦아야 한다.
⑤ 바닥은 소독제로 충분히 적시고, 마찰을 이용하여 청소한다.
⑥ 청소에 대한 책임은 확실하게 규정하고, 책임을 맡은 감독자를 지정해야 한다.
⑦ 환기기기는 위생적으로 관리하여 목적에 맞도록 사용될 수 있어야 한다.
⑧ 조명은 직접 조명이 좋으며 환하고 밝아야 한다.
⑨ 청소를 할 때에는 공기최적화 작업 시 개인 보호구(장갑, 보안경, 마스크 등)를 착용할 수 있다. 청소 과정이 끝난 다음에는 착용했던 보호구를 벗고, 손 위생을 실시해야 한다.
⑩ 청소 시 발생할 수 있는 응급 상황에 대처할 수 있는 기본 응급 처치 용품을 준비하도록 한다.

청소도구	용도
빗자루	먼지나 쓰레기를 쓸어내는 기구
쓰레받이	비로 쓴 쓰레기를 받아 내는 기구
진공청소기	전동을 이용한 흡입력으로 먼지를 빨아들여 청소하는 기구
손걸레	더러운 곳을 닦거나 훔쳐내는 데 쓰는 헝겊 또는 간편하게 쓸 수 있도록 만든 작은 걸레
밀대걸레	걸레를 막대에 달아 만든 청소 도구
먼지떨이	새털 또는 헝겊 조각 따위를 묶어 가는 자루에 대어서 만든 먼지를 떠는 기구
고무장갑	고무로 만든 장갑
쓰레기통	쓰레기를 담거나 모아 두는 통. 네일숍에서는 뚜껑달린 쓰레기통을 사용

2) 네일숍 환기

 실내 공기 중 미생물의 농도가 높아지는 것은 공기 정화 시설의 낙후로 인한 덕트의 오염, 부적절한 환기 시스템의 운용, 외부로부터 반입되는 음식물, 꽃, 과일 등의 유기성물질, 노후로 인한 내부 시설 자재의 오염 등 때문이므로 이러한 시설들에 대한 관리를 철저히 해야 한다. 실내의 공기 질은 각 작업의 목적에 따라 온도, 습도, 세균, 공기 질 등의 요구 수준이 다르기 때문에 상황에 맞게 적절하게 관리하도록 한다. 온·습도 측정기를 활용하고 필요시 가습기를 이용하여 조절한다. 가습기의 위생을 위하여 매일 세척하여 관리한다.

실내 환경	내용
실내 온도	일반적으로 사람이 느끼는 쾌적한 온도 18±2℃이다. 어린이, 노인, 급성 질환자가 있는 병실은 평소보다 높은 20~23℃ 정도의 온도를 유지한다.
실내 습도	습도는 기온에 따라 달라지므로 인체에 쾌적함을 제공할 수 있도록 조절해 주어야 한다. 기온이 높고 습도가 올라가면 불쾌감을 일으킬 수 있으므로 쾌적 습도인 40~70%를 유지하도록 한다.

3) 네일숍 소독

 숍은 다양하고 많은 사람들이 이용하는 곳으로, 고객에게 안전하고 청결한 환경을 유지하기 위해서는 기본 원칙에 의거한 소독을 통한 환경 관리가 매우 중요하다.

환경 관리는 소독제와 세척제, 설비 등 구체적인 계획에 따라 체계적인 소독 방법으로 진행한다. 오염이 적은 장소부터 시작하여 심한 장소로 이동하고, 높은 위치에서 낮은 위치로 진행하는 것이 일반적이다.

① 소도구들은 전용 비누와 뜨거운 물로 세척을 한다.
② 세척된 소도구들은 깨끗한 물에 헹구어 위생 처리된 타월로 닦고 건조한다.
③ 소독은 손 소독용 스프레이나 젤을 수시로 사용하거나 살균용 비누로 손을 씻도록 한다. 위생처리가 끝난 도구들은 승인된 보관 절차에 따라 보관하거나, 봉합·밀폐된 플라스틱 팩에 보관하도록 한다.
④ 작업 테이블은 소독 용액을 사용하여 소독하도록 한다.
⑤ 개수대 청결 상태
⑥ 고객이 사용한 1회용 제품들은 반드시 폐기하도록 하며, 다음 고객을 위해 새 제품으로 준비한다.
⑦ 소도구들은 작업에 사용하기 전에 20분 동안 소독기에 담가둬야 한다.

관리 유형	소독 관리
미용기기 및 도구	미용 기기 및 장비의 손잡이, 작업대, 문손잡이, 조명 스위치, 전화기, 리모컨, 의자와 작업 관련 도구들과 같이 잦은 접촉 물건들은 자주 청소한다.
시설	벽, 커튼, 조명, 환기용 시스템 등 접촉이 적은 표면은 규칙적인 청소 일정에 따라 시행하고, 오염이 눈에 보이는 경우에는 즉시 제거한다.
패브릭 제품	커튼이나 테이블 덮개, 쿠션 등은 주기적인 일정에 따라 교환하고, 눈에 보이는 오염이 있을 때에는 즉시 교체한다.
화장실 또는 개수대	욕실 및 개수대는 매일 세정용 소독제로 청소한다. 눈에 띄는 오염이 있을 때에는 즉시 청소해야 한다. 변기 주위와 개수대에 곰팡이가 있는지를 확인하고 반드시 제거해야 한다. 금이 갔거나 곰팡이가 있는 선반은 교체한다.
바닥	바닥은 소독제를 이용하여 청소하는 것을 권장하고 있으며, 이때 도구로는 자루걸레와 양15동이, 빗자루 등을 이용한다. 이러한 청소를 할 경우에는 소독제를 자주 교체해야 하며, 자루걸레는 적절히 세탁하여 건조시킨다.
카펫	카펫은 먼지와 파편을 모으기 때문에 작업 장소, 사람의 왕래가 많은 곳, 액체를 자주 쏟을 수 있는 구역에 설치하는 것은 권장되지 않는다. 카펫은 진공청소기를 사용하여 정기적으로 청소하고 진공청소기의 필터는 제조업체의 권장 사항에 따라 주기적으로 일정하게 교체해야 한다.

4) 네일숍 청소 항목

① 네일 작업대 청결 상태
② 네일 제품 보관함 청결 상태
③ 폐기물 처리함 청결 상태
④ 세탁물 처리함 청결 상태
⑤ 개수대 청결 상태
⑥ 고객 대기실 청결 상태
⑦ 네일 화장품 진열대 청결 상태

> ✦ 악취의 원인
>
> 쓰레기통(일반적인 악취의 근원), 사용한 타월이나 젖은 타월, 열어 놓은 네일 화장품, 네일 화장품(화학)의 특유의 향, 내부 화장실의 청결 상태

Chapter.3　네일숍 안전 관리

1. 네일숍 안전수칙

1) 화재

화재란 사람의 의도에 반하서나 고의에 의해 발생하는 연소현상으로 피해를 발생시킨 경우를 말하며, 때로는 화학적인 폭발 현상을 수반하기도 한다.

화재 종류	화재 발생 원인	예방 수칙	화상 응급 처치
실화	사람의 부주의나 실수 또는 관리 소홀로 말미암아 발생하는 화재 1. 전기 합선, 단락, 과부하, 스파크, 과열, 정전기, 용접 등으로 인한 화재 2. 액체 취급 부주의로 인한 화재 3. 화기 취급 부주의로 인한 화재 4. 가연성 가스의 취급 부주의로 인한 화재 5. 난방기기 취급 부주의로 인한 화재	1. 불필요한 가연물(폐기박스, 폐지, 헌옷 등)을 쌓아 놓지 않는다. 2. 전열기는 벽이나 불이 붙은 수 있는 물품 주위에 두지 않는다. 3. 인화성 기체(부탄가스), 인화성 액체(알코올, 휘발유 등)를 함부로 방치하지 않는다. 4. 가구 뒤편이나 작업대 아래, 카펫 아래 등 보이지 않는 곳에 전선을 늘어뜨리지 않는다. 5. 담배는 흡연실 또는 실외에서 피우도록 하며, 피운 꽁초는 반드시 끄고 확인한 후 버린다. 6. 비상구에는 빈 박스, 쓰레기 등 탈 수 있는 물건들을 쌓아두지 않는다.	1. 화상 부위를 신속히 수돗물에 적시거나 담근다. 2. 화상 부위가 크지 않은 경우에는 깨끗한 수돗물로 냉각시킨다. 3. 로션이나 연고, 기름 같은 것은 바르지 않는다. 4. 소독거즈로 화상 부위를 덮어 준다. 5. 물집은 터트리지 말고, 화상 부위에 붙어있는 물질들도 건드리지 않는다. 6. 119에 도움을 요청해서 빠른 시간 내에 환자를 병원으로 옮기도록 한다.
방화	사람이 고의로 불을 질러 건축물 또는 기타 물건을 태우는 불법행위 또는 그 자체의 화재 1. 가정불화로 점화한 화재 2. 자살을 목적으로 점화한 화재 3. 불타는 광경을 보면 희열을 느끼는 방화광이 점화한 화재 4. 산업 시설이나 공공 시설물을 태울 목적으로 점화한 화재 5. 화재 보험을 탈 목적으로 점화한 화재		

※ 화재 대응 체계

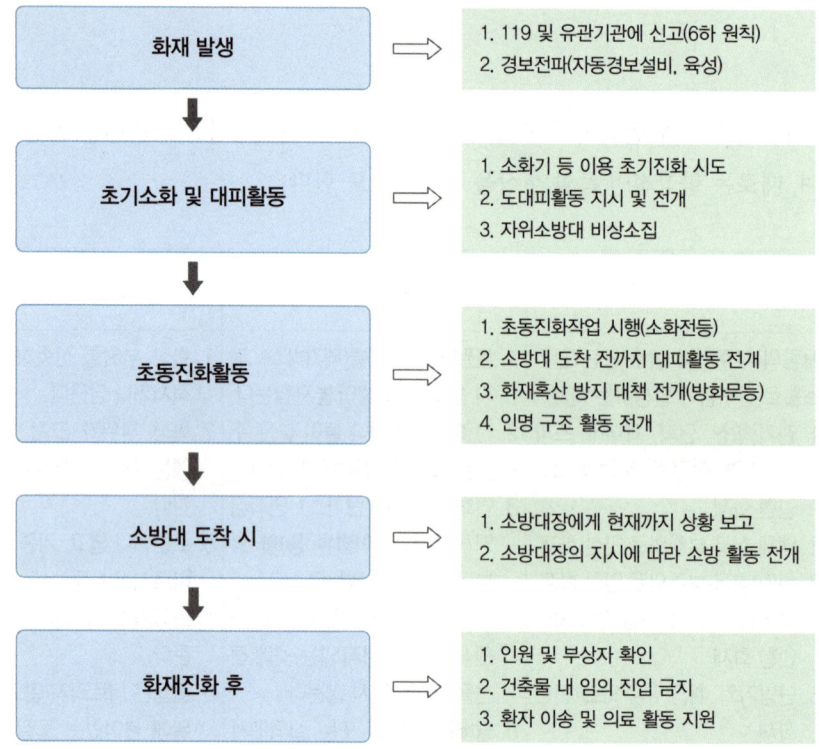

*출처 : NCS 네일 위생 서비스

2) 전기

 전기 전선은 전기 에너지의 통로로 이용되며 구리선과 같은 도체에 얇은 피목을 입혀 사용하는데, 피복이 벗겨지거나 끊어지는 경우 또는 부주의로 인하여 전기가 우리 몸에 전해져서 일어나는 사고를 말한다. 신체에 전기가 흐르게 되면 근육이 수축되고, 화상을 입거나, 심장이 불규칙하게 뛰거나 멈춤으로써 사망에까지 이를 수 있다.

	감전 사고 원인	전기 안전 수칙	감전 시 응급 처치
전기 안전 사고	1. 전기가 흐르는 도체에 신체의 일부가 닿는 경우 2. 낙뢰에 의한 경우 3. 높은 전압의 기기 및 전선 부근에 근접한 경우 4. 피복 손상으로 전선이 기기의 금속 체에 닿아 전기가 누락되는 기기를 만지거나 접촉 한 경우	1. 전기 코드는 잡아당기지 않도록 한다. 2. 불량 전기기구는 교체해서 사용한다. 3. 문어발식 배선은 사용금지한다. 4. 젖은 손으로 사용하는 것은 위험하다. 5. 덮개 있는 콘센트를 사용한다.	1. 감전된 사고자 주변의 전선 또는 기기의 전원 스위치를 차단하여 2차 추가 피해를 예방한다. 2. 전원을 차단할 수 없을 경우 기기 또는 전선으로부터 사고자를 분리한다. 전기가 통하지 않는 고무장갑, 고무장화 등을 착용한 후 막대·플라스틱 봉·줄 등의 물건을 이용하여 기기 또는 전선으로부터 사고자를 분리한다. 3. 사고자를 구출한 후 피해자가 의식, 호흡, 맥박 상태를 확인하고 높은 곳에서 추락하였을 때 출혈의 상태와 골절 여부를 확인하여야 한다.

3) 안전사고

안전 관리 수칙은 작업자와 고객 모두를 포함한다. 전기제품의 사용 방법과 특성, 안전 수칙을 준수하고, 비상사태의 대비하여 응급 처치 용품 세트를 구비한다.

(1) 안전 관리 수칙

네일 미용 숍 경영자는 고객에게 건강상 위해요인이 발생하지 않도록 영업 관련 시설 및 설비를 안전하고 위생적으로 관리해야 한다.

	안전 관리 수칙
네일 미용사 안전 관리	1. 다리를 꼬거나 의자 밑으로 발을 넣지 않을 수 있도록 하며, 발바닥이 바닥에 평면으로 닿도록 한다. 2. 정기적인 휴식을 취하면서 작업을 하도록 권장하며, 계속적인 작업으로 인하여 골격과 근육에 불편감과 통증이 발생할 수 있으므로 조절하도록 한다. 3. 의자의 높낮이를 조절하여 허리에 부담을 주지 않게 작업한다. 4. 바르게 앉는 자세를 습관화하면 허리에 무리를 주지 않으며 피로를 완화할 수 있다. 5. 발과 무릎은 가볍게 모으며, 발과 무릎보다 약간 넓게 발 사이 간격을 벌린다. 6. 눈의 피로를 덜어주기 위해 밝은 불빛을 작업대에 설치한다. 7. 간단한 스트레칭을 규칙적으로 하여 피로회복에 도움을 주도록 한다. 8. 자주 녹색을 보면서 눈 운동을 하거나 먼 곳을 응시함으로써 눈의 피로를 덜어준다

	안전 관리 수칙
고객 안전 관리	1. 장시간 작업을 제공받는 고객은 간단한 스트레칭을 규칙적으로 할 수 있도록 권한다. 2. 일회용품은 사용 후 반드시 폐기하고 다음 고객에게 재사용하지 않는다. 3. 네일 제품과 네일 도구의 사용 시 부작용 또는 위생적으로 고객 피부에 과민반응이 일어난 경우, 즉시 작업을 중지하고 전문의에게 의뢰하도록 한다. 4. 고객에게 개인 사물함(락커)을 제공하거나 귀중품은 따로 보관하여 분실이나 도난사고가 일어나지 않도록 안전하게 관리한다. 5. 고객의 사용이 끝난 네일 도구는 반드시 소독한 후 자외선 소독기에 보관한다. 6. 작업 도중에 피가 날 경우에는 지혈제를 사용하여 지혈하며 과도한 출혈이 발생한 경우에는 응급 처치 후 전문의의 치료를 받도록 한다.

화학 물질 안전 관리	1. 네일 미용숍에서 사용하는 화학물질을 인지한다.
	2. 피부 타입에 따라 피부에 닿을 시 화상과 트러블을 일으킬 수 있으므로 피부에 닿지 않게 주의한다.
	3. 제품은 뚜껑이 있는 용기를 사용해야 하고 사용 후에는 뚜껑을 닫아야 한다.
	4. 환풍기를 사용하거나 창문을 열어 수시로 환기시켜야 한다.
	5. 네일 재료를 덜어서 사용할 때에는 스패출러를 사용하며 액체인 경우에는 스포이트를 사용하여 오염을 방지한다.
	6. 쏟아지지 않도록 재료 정리 정리함에 보관하는 것이 적절하다.
	7. 사용한 키친타월이나 탈지면 등은 반드시 폐기하며, 뚜껑이 있는 쓰레기통에 버린다.
	8. 유효기간이 지난 네일 재료는 사용을 금하며, 유효기간이 지나면 반드시 폐기한다.
	9. 공기 중에 퍼지는 스프레이 형태보다 스포이트나 솔로 바르는 것을 선택한다.
	10. 한 번 덜어내어 사용한 네일 제품은 재사용하지 말아야 하며 반드시 폐기한다.
	11. 콘택트렌즈의 사용을 피하고 보호 안경과 마스크를 사용한다.
	12. 보관 시에는 빛을 차단하는 용기, 뚜껑이 있는 용기 등을 사용하여 밀봉하고 서늘한 곳에 보관한다.
	13. 먼지, 냄새를 흡입하는 흡진기의 사용을 권장한다.
	14. 작업대에는 통풍구나 필터를 갖추도록 한다.
	15. 화학물질 사용 시 주의사항
	   ① 보관 시에는 빛을 차단하는 용기에 뚜껑을 닫아 밀봉하고 서늘한 곳에 보관한다.
	   ② 작업대에 바로 쏟아지지 않게 재료 정리함에 보관하는 것이 적절하다.
	   ③ 뚜껑이 있는 용기를 사용해야 하고 사용 후에는 뚜껑을 닫아야 한다.
	   ④ 사용한 키친타월이나 탈지면 등은 뚜껑이 있는 쓰레기통에 폐기한다.
	   ⑤ 피부에 닿을 시 화상과 트러블을 일으킬 수 있으므로 피부에 닿지 않게 주의한다.
	   ⑥ 콘택트렌즈의 사용을 피하고 보호 안경과 마스크를 사용한다.
	   ⑦ 스프레이 형태보다 스포이드나 솔로 바르는 것을 선택한다.
	   ⑧ 먼지, 냄새를 흡입하는 흡진기 사용을 권장하며 수시로 환기해야 한다.
	   ⑨ 환풍기를 사용하거나 창문을 열어 수시로 환기시켜야 한다.
	   ⑩ 네일 재료를 덜어서 사용할 때에는 스패출러를 사용하며, 액체인 경우에는 스포이트를 사용한다.
	   ⑪ 작업대에는 통풍구나 필터를 갖추도록 하고 먼지, 냄새를 흡입하는 흡진기의 사용을 권장한다.
	   ⑫ 한 번 덜어 사용한 네일 제품은 재사용하지 말아야 하며 반드시 폐기한다.

	안전 관리 수칙
기타 안전 관리	1. 네일숍 내에 소화기를 배치하고 인화성이 강한 제품은 화재의 위험이 있는 곳에 두지 않는다. 2. 네일숍 내에서는 금연을 하고, 음식물의 섭취는 피한다. 3. 냉·온수기 등은 정기적으로 위생 점검을 받는다. 4. 응급 처치 용품을 구비하고 응급상황 시 연락할 안전사고 대책기관의 연락망을 확보한다. 5. 음식물의 섭취를 피한다. 6. 냉·난방기와 통풍구의 필터를 자주 청소하고 교체한다.

(2) 응급상황 시 대책기관 연락망 확보

안전사고를 대비하여 대책 기관 연락망과 해당 네일숍의 위치에서 가까운 곳의 의료기관을 선정하여 응급 의료 기관 연락망을 확보하여 만일의 사태에 대비한다.

업무	연락처	담당기관	홈페이지
종합재난정보화재,구조,구급	119	서울소방재난본부	www.fire.seoul.go.kr
		서울종합방재센터	www.119.seoul.go.kr
서울시 종합정보	120	서울시교통정보센터	www.topis.seoul.go.kr
		다산콜센터	www.120dasan.or.kr
전기 고장 신고	123	한국전력공사	www.home.kepco.co.kr/
수도 고장 신고	121	상수도사업본부	www.arisu.seoul.go.kr/
범죄 신고	112	경찰청	www.police.go.kr
날씨 정보	131	기상콜센터	www.kma.go.kr
전국 교통 정보	1644-5000	경찰청교통정보센터	www.its.go.kr

2. 네일숍 시설·설비

1) 화재

(1) 소화설비

구분	점검 사항
소화 기구	1. 소화기 및 사용방법 표지의 설치 누락 여부 2. 화재 유형에 따른 적응성 있는 소화기 비치 여부 3. 소화기의 약제량 적합여부 및 부식 등의 유무 4. 투척용 소화기 등의 설치 상태 및 사용 방법 설치 여부 5. 자동식 소화기의 정상 작동 여부
옥내외 소화전 설비 및 스프링 쿨러	1. 소화전 위치 표시 등의 정상적인 점등 여부 2. 가압 송수장치가 자동 및 수동으로 작동하는지 여부 3. 소화전 주위의 장애물 등의 제거 여부 4. 수원의 정량 확보 및 개폐밸브의 개방 여부 5. 배관 및 밸브류 등의 부식 및 누수 여부

(2) 경보설비

구분	점검 사항
자동 화재 탐지기, 속보 설비	1. 수신기 주위에 조작 상 장애물 유무 2. 수신기 조작스위치는 정상적 위치 유무 3. 수신기 예비전원 용량은 정량 확보 유무 4. 칸막이 등으로 인한 감지기 설치 누락 여부 5. 감지기 및 발신기의 정상 작동 여부 6. 표시등 및 경종의 정상 작동 여부 7. 시각경보기 설치 누락 및 정상 작동 여부
비상 방송 설비	1. 전원 및 스위치는 정상으로 위치 유무 2. 퓨즈의 단락 및 계전기 등의 기능 정상 유무 3. 화재 시 연동하여 자동으로 방송 출력 유무

(3) 피난설비

구분	점검 사항
유도등, 유도 표지	1. 유도등 및 유도표지의 설치 누락 여부 2. 유도등은 점등 여부(항상) 3. 유도등 및 램프의 노화 및 파손 등의 유무 4. 유도등 비상전원의 정상 유무
비상 조명등	1. 복도, 계단 등에 비상조명등 누락 여부 2. 비상조명등의 비상전원 적합 여부 3. 휴대용 비상조명등의 설치 누락 여부 4. 휴대용 비상조명등의 정상 작동 여부

(4) 방화 및 기타시설

구분	점검 사항
방화 셔터	1. 화재 시 연동하여 자동 폐쇄 여부 2. 방화셔터 주위의 적재물 제거 여부
출입문, 비상구	1. 비상구 폐쇄 여부 2. 출입문 및 비상구 주위의 적재물 제거 유무 3. 출입문 등이 피난 방향으로 열리는 구조 여부 4. 방화문의 화재 시 폐쇄 용이 여부
기타 시설	1. 복도 및 계단에 피난 시 장애 적재물 제거 여부 2. 소방차 진입로 및 주차 공간의 확보 여부 3. 비상용 승강기의 정상 작동 여부 4. 내장재의 불연화 또는 방염처리 여부

2) 전기

(1) 전기시설

전기누전에 대비하고, 배선의 피복손상여부를 수시로 확인하여 전기합선을 방지한다.

구분	점검 사항
전기 시설	1. 정격 및 허용 전류에 맞는 개폐기 사용 유무 2. 규격 전선의 사용 유무 3. 누전 및 단락전선 유무 4. 안전 관리자에 의한 안전관리 점검 유무 5. 누전 차단기의 정상 작동 여부 6. 문어발식 콘센트의 사용 유무 7. 전열기구 과열 등으로 인한 위험 유무 8. 전열기구 등의 주위에 가연물 적재 유무 9. 누전경보기 회로 점검 시 이상 유무 10. 응급 구조 물품 및 약품의 비치 유무

3) 안전사고

미용사 면허증을 영업소 안에 게시, 미용기구는 소독을 한 기구와 소독을 하지 않은 기구로 분리하여 보관하고, 면도기 및 1회용 재료들은 고객 1인에 한하여 사용한다. 또한 의료기구나 의약품을 사용하지 않고 순수한 네일 미용 서비스를 제공한다.

MEMO

Chapter.4 미용기구 소독

1. 소독의 분류

소독(disinfection)이라 함은 대상으로 하는 물체의 표면 또는 그 내부에 있는 병원균을 죽여 전파력 또는 감염력을 없애는 것, 즉 안전한 상태로 하는 조작을 말한다. 따라서 멸균은 소독의 가장 안전한 형태라고 할 수 있다. 즉 소독은 미생물의 오염을 방지하기 위해서 사용한다. 살균은 모든 미생물을 대상으로, 세균을 완전히 죽여서 무균상태로 하는 조작을 말한다.

수준별 분류	용어 정의
멸균	미생물, 세균 균류를 죽여서 없는 상태 또는 병원성, 비병원성 미생물 및 아포를 가진 것을 전부 사멸시킨 무균 상태
살균	미생물에 물리적, 화학적 처리로 단시간 내에 멸살시키는 것
소독	병의 감염이나 감염을 예방하기 위하여 병원균을 죽이는 것을 말한다. 물리적, 화학적 방법으로 병원성 미생물을 가능한 한 제거하여 사람에게 감염의 위험이 없도록 하는 것
방부	썩거나 변질 되는 것을 막는 것으로 증식과 성장을 억제하여 미생물의 부패나 발효를 방지하는 것
희석	용품이나 기구 등을 일차적으로 청결하게 세척하는 것

1) 소독의 방법

소독의 종류에는 물리적 소독과 화학적 소독이 있다.
· 물리적 소독법 : 저온살균법, 자비소독, 증기소독, 건열멸균법, 소각 화염법, 자외선 소독법
· 화학적 소독법 : 승홍수, 석탄산수, 크레졸수, 포름 알데히드, 알콜, 계면 활성제(비누), 과산화수소 등이 해당된다.

(1) 물리적 소독

물리적 소독법	처리방법	소독 방법	대상
건열법	소각 소독법	재활용하지 못하는 소독물을 불에 태워 처리하는 것. 가장 쉽고 안전한 방법	오래된 가운, 수건, 종이, 천, 환자복 등
	화염 멸균법	직접 170℃의 불꽃 속에 20초 이상 접촉하는 방법	금속류, 유리봉, 도자기류, 미용기구(기계, 기기) 등 내열성이 강한 제품
	건열 멸균법	건열 멸균기를 이용해 170℃에서 1~2시간 동안 건열로 가열하고 서서히 식혀서 아포를 사멸시키는 방법	유리기구, 도자기 기구, 주사침 등 자기류와 바셀린, 분말제품 등
습열법	자비 소독법	100℃ 끓는 물속에 15분~20분 이상 끓여서 아포를 형성하지 않은 세균을 사멸시키는 방법	식기류, 도자기류, 주사기, 철제기구류, 의류
	고압증기 멸균법	121℃(100℃ 이상)의 온도에서 15~20분간 처리하여 미생물과 아포까지 전부 사멸하는 소독 방법	가구, 고무제품, 의류, 금속기구, 거즈, 아포
	유통증기 멸균법	100℃의 증기를 30분~60분간 유통증기(코흐증기솥, 아놀드솥의 증기살균)를 30분~60분 통과시키는 방법	식기류, 도자기류, 의류
	간헐 멸균법	100℃에서 30분~60분간 24시간마다 가열처리를 3회 반복하는 방법	도자기, 금속류, 아포
	고온 살균법	70~75℃에서 15초간 가열 후 급 냉동하는 방법	유제품
	저온 살균법	60~65℃에서 30분간 소독하는 방법	유제품, 알코올
	초고온 순간 멸균법	130~135℃에서 1~3초간 가열처리 후 급냉동하는 방법	우유, 유제품
비열법	여과 소독법	특수한 약품이나 혈청과 같이 가열을 하면 변질이 될 수 있는 물질 등에 사용하는 방법	도토, 규조토, 석면판
	초음파 멸균법	초음파 파장으로 미생물을 파괴하여 멸균하는 방법	도토, 규조토, 석면판
	방사선 멸균법	식품이나 피멸균에 코발트(Co)나 세슘(Cs) 등에서 발생하는 방사선을 이용하여 멸균시키는 방법	액체, 손 소독
자외선	일광 소독	태양광을 20분 이상 조사하여 강한 살균 작용을 하는 방법	수건, 의류
	자외선 소독기	소독물품(큐티클니퍼)에 자외선을 직접 노출하는 방법	철제 도구, 네일미용기구

(2) 화학적 소독

소독약	농도	소독 범위	대상
알코올	70%	· 무독성이며 사용 방법이 간단함 · 세균과 바이러스에 효과적이지만 포자균에는 효과가 없음 · 고무와 플라스틱 아포 소독에 부적합 · 단백질 변성 작용	피부나 기구 소독, 뷰티숍 실내 소독, 유리, 철제도
오존	-	· 반응성 풍부 · 산화작용 강함	물
역성 비누액	0.01~0.1%	· 냄새가 없고 독성도 적음 · 살균력이 강해 포도상구균과 결핵균에도 유효하나 아포균에는 효과가 없음 · 세정은 효과가 약해서 소독에만 사용 · 물에 잘 녹음	손, 식기
페놀 화합류	1~3% 수용액	· 소독약의 살균 지표로 사용 · 살균력이 강하고 고온일수록 효과 · 피부에 자극이 강하며 금속 부식과 냄새와 독성 강함(소금 첨가 시 소독력 높아짐) · 피부 점막, 금속류, 바이러스에 부적합	기구, 의료용기, 방역용 소독
과산화 수소	3% 수용액	· 3%의 수용액 피부의 상처 소독에 사용 · 실내 공간의 살균에도 사용, 표백효과, 산화작용	구강, 피부 상처
승홍수	0.1% 수용액	· 살균력과 독성이 매우 강함, 0.1%의 수용액은 손 소독에 사용 · 온도가 높을수록 강하고 무색과 무취로 값이 저렴 · 금속류(부식성이 있음), 상처, 음료수에 부적합	피부
생석회	-	· 저렴한 가격으로 넓은 장소나 하수와 화장실 소독에 주로 사용 · 습기 있는 곳의 소독에 효과적 가수 분해 작용 · 공기에 노출 시 살균력이 저하	화장실, 분변, 하수, 오수, 오물, 토사물, 쓰레기통
크레졸	1~3% 수용액	· 석탄산보다 2~3배 세균 소독 효과 · 물에 잘 녹지 않음 · 단백질 변성 작용	아포, 바닥, 배설물
포르말린	1~1.5% 수용액	· 강한 살균력으로 아포균까지 사멸 · 단백질 변성 작용 · 수증기를 혼합하여 사용, 배설물, 객담에 부적합	훈증 소독 약제, 아포

소독제 선택 주의사항

(1) 소독제의 소독력은 미생물의 종류 및 오염정도, 유기물의 존재, 소독제의 농도, 접촉 시간과 기타 물리·화학적 요인에 따라 달라지므로 이를 고려하여 소독제를 선택한다.
(2) 소독제를 선택할 때에는 소독력, 기구와의 적합성, 안정성, 안전성 및 사용상의 편의성, 경제성을 고려하여 선택한다.
(3) 소독제 선택 세부 항목 고려사항
　① 소독력 정도에 따라 선택한다. 각종 미생물에 대해 광범위하고 일정한 소독 효과를 신속하게 나타내는 정도에 따라서 선택한다.
　② 기구와의 적합성에 따라 선택한다. 소독하고자 하는 기구에 요구되는 소독 수준을 실행할 수 있고, 네일 미용기구에 손상을 주지 않는 것을 고려하여 적합성 여부에 맞는 소독제로 선택한다.
　③ 안정성에 따라 선택한다. 유기물, 물의 경도나 산도, 환경적인 요인의 영향을 받지 않는 것에 따라 선택한다.
　④ 안전성 및 사용상의 편의성에 따라 선택한다. 소독 후 세척 작용이 우수하여 헹구기 쉬워야 하고, 사용자에게 독성이나 자극이 없어야 한다. 사용상 냄새가 없거나 불쾌감을 주지 않는 것이 좋다.
　⑤ 경제성을 고려하여 선택한다.

2. 네일 미용 기구 소독

　네일 작업을 하거나 고객에게 네일 서비스를 제공할 때 사용되는 기기는 피부와 접촉하면서 작업되므로 철저하게 소독되어야 한다. 소독이 어려운 기구나 전기 제품, 작업기기 등은 가급적 일부분 또는 분리하여 부분 소독을 적용하며 항상 위생과 청결 상태를 유지해야 한다.

1) 네일 미용 기기

자외선 소독기　　파라핀 워머기　　족욕기　　온장고

드릴머신　　흡진기　　네일 드라이어　　젤 램프기기

2) 미용기구 소독 기준 및 방법

① 자외선 소독기 : 1㎠당 85㎼ 이상의 자외선을 20분 이상 쪼인다.

② 건열 멸균 소독기 : 섭씨 100℃ 이상의 전조한 열에 20분 이상 쪼인다.

③ 증기 소독 : 섭씨 100℃ 이상의 습한 열에 20분 이상 쪼인다

④ 열탕 소독 : 섭씨 100℃ 이상의 물속에서 10분 이상 끓인다.

⑤ 석탄산수 소독 : 석탄산수(석탄산 3%, 물 97%의 수용액)에 10분 이상 담근다

⑥ 크로졸 소독 : 크레졸수(크레졸 3%, 물 97%의 수용액)에 10분 이상 담근다.

⑦ 에탄올 소독 : 에탄올 수용액(에탄올이 70%인 수용액)에 10분 이상 담그거나 에탄올수 용액을 머금은 면 또는 거즈로 기구의 표면을 닦는다.

3. 네일 미용 도구 소독

네일 미용기구나 도구류 등은 고객과 작업자와 잦은 접촉을 가져온다. 소독과 세척 과정은 기구나 도구에 남아 있는 오염원의 대부분을 제거하거나, 시간이 지나 단단한 막을 형성할 수 있는 유기 물질과 오염물을 제거하는 역할을 한다. 기구의 재질과 사용 용도에 따라 소독 방법을 달리해야 한다. 소독된 기구류는 1회 사용하게 되면 사용한 것과 사용하지 않은 것을 구별해서 보관한다.

1) 유리제품 및 브러시 류

미온수에 담근 후 세척을 하고 흐르는 물에 헹군다. 상태에 따라서는 세척용 세제를 사용할 수 있다. 70% 알코올에 20분 이상 담근 후 자외선 소독기에 넣어 소독한다.

유리, 도자기류　　　　더스트 브러시　　　　아트 브러시

2) 금속류

사용한 금속류의 도구들은 오염 물질이나 네일 화장품을 제거하고 젖은 타월로 깨끗이 닦은 후 70% 알코올에 소독한다. 금속류의 도구들은 장시간 소독제에 담가 두는 경우 손상이 생기므로 정해진 소독 시간만큼만 담가 두었다가 자외선 소독기에 보관한다.

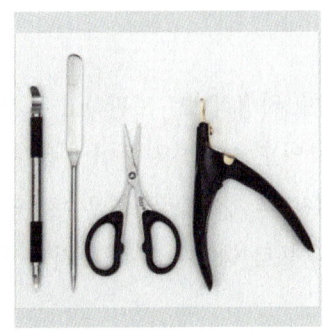 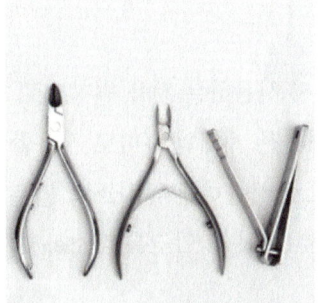 

3) 일회용 용품

네일 미용 용품들 중에는 고객과 작업자의 안전을 위해 1회 사용 후 폐기를 원칙으로 하는 1회용 용품(스패출러, 면봉, 왁스 천, 네일 파일, 샌딩 파일, 보드 및 네일 파일, 페디 파일, 탈지면 등) 들이 있으며, 이 제품들은 모두 1회 사용 후 폐기한다.

오렌지 우드스틱   콘 커터   토우 세퍼레이터

네일 파일   패디 파일   일회용 장갑

4) 플라스틱 용품

네일 화장물 및 제품들은 덜어서 사용하는 것을 원칙으로 하며, 위생적으로 보관하고 주기적으로 세척하여 관리한다. 핑거볼은 개개인이 따로 사용할 수 있도록 일회용 종이 볼을 사용하는 것을 권장한다. 일반적으로 사용하는 플라스틱 볼은 사용 후 세제를 푼 미온수로 닦아서 말린 후 사용한다. 또는 물로 세척 후 알코올로 소독하거나 물로 닦아서 건조 후 자외선 소독기에 소독한다.

 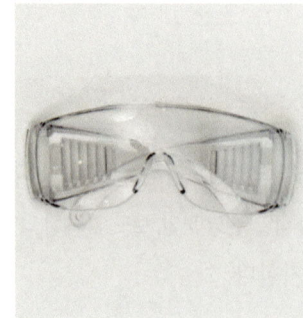 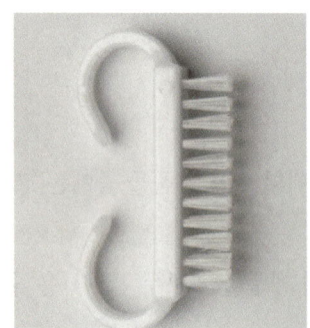

5) 패브릭 용품

타월이나 가운처럼 매번 사용되는 것들은 1회 사용 후 세척하여 소독 관리한다. 가운, 타월은 깨끗한 상태에서 사용하며 한 번만 사용한다. 타월은 삶아서 소독하는 것이 좋다. 타월은 중성세제로 세탁하며 통풍과 채광이 잘 되는 곳에서 자외선에 말린 후에 보관한다.

MEMO

Chapter.5 개인위생 관리

1. 네일 미용 작업자 위생 관리

1) 소독제품

제품	용도
항균비누	미생물의 번식을 차단하고 번식을 차단하고 억제하는 제품이다. 각종 유해 세균을 제거하는 항균비누는 물과 함께 사용한다.
세니타이저	물로 손을 씻는 것을 대신하는 대용제를 총칭한다. 주로 에탄올로 이루어진 제품이 많다.
안티셉틱	항균 기능이 있는 제품을 뜻한다. 에탄올과 이소프로판올이 주성분이며 탈지면에 소독제를 적셔 손발 전체를 닦아내며 소독한다.

2) 손발 소독

① 손 : 소독은 손등 - 손바닥 - 손가락 사이 순으로 구석구석 소독한다. 사용한 탈지면은 폐기한다.
② 발 : 고객의 발을 한 손으로 받치고 발등 - 발바닥 - 발가락 사이 순으로 구석구석 소독한다. 사용한 탈지면은 폐기한다.

3) 네일 미용 작업자의 위생

① 작업자는 건강에 이상이 있을 시 바로 병원에 가서 확인하여야 한다.
② 작업자가 감염성 질환에 걸렸을 경우, 소독을 철저히 하고 쉬도록 한다.
③ 작업자의 손톱 및 두발 등 개인위생관리를 철저히 한다.
④ 작업자는 정해진 복장을 지키며 청결한 상태를 유지하여야 한다.
⑤ 작업자가 고객과 가까이 대면하는 경우 마스크를 사용하여야 한다.
⑥ 작업자는 고객과의 신체 접촉 전후로 소독을 철저히 한다.

> **네일 미용 작업자 주의사항**
>
> (1) 네일 서비스 작업 전 관리사는 70%의 알코올로 자신의 손을 소독한다.
> (2) 관리사의 손에 상처가 있을 경우 고객의 피부에 닿지 않도록 주의한다.
> (3) 고객에게 불쾌감을 주지 않기 위해 몸과 두발은 단정하고 청결한 상태를 유지하며, 손톱은 짧게 하고 손을 자주 씻으며 알코올로 소독한다.
> (4) 지나친 장신구와 의상은 피하도록 한다.
> (5) 고객에게 사용할 타월과 습포, 해면, 가운, 터번 등은 살균·소독 되어있는 상태로 고객을 맞이한다.
> (6) 오염물질이 남아 있는 경우에는 소독제의 효과가 없으므로 소독 전에 반드시 손을 세척한다.
> (7) 소독제를 사용하기 전에 사용기간을 반드시 확인한다.

2. 네일 미용 고객 위생 관리

· 네일 서비스 작업 전 관리사는 70%의 알코올로 자신의 손을 소독한다.
· 관리사의 손에 상처가 있을 경우 고객의 피부에 닿지 않도록 주의한다.
· 고객에게 불쾌감을 주지 않기 위해 몸과 두발은 단정하고 청결한 상태를 유지하며, 손톱은 짧게 하고 손을 자주 씻으며 알코올로 소독한다.
· 지나친 장신구와 의상은 피하도록 한다.
· 고객에게 사용할 타월과 습포, 해면, 가운, 터번 등은 살균·소독 되어있는 상태로 고객을 맞이한다.

3. 네일의 병변

(1) 건강한 손톱

네일 베드와 밀착되어 있고 윤기와 탄력이 있으며 연한 핑크빛 아치형 모양의 형태를 띠고 있다. 손톱 내에 12~18% 수분을 함유하고 있다.

(2) 건강하지 못한 손톱

푸른빛이 도는 손톱, 붉거나 검붉은 빛 또는 창백한 빛을 띠거나 얇고 잘 찢어지는 손톱, 가로 줄 무늬, 패인 손톱 등을 말한다.

(3) 네일의 병변 유형

① 수술이 가능한 병변 유형

시술가능한 병변유형	증상
오니코라트로피, 조갑위축증	손톱이 점점 없어지는 증상으로 내과적인 질병이나 손톱이 자라는 뿌리 부분에 강한 충격을 받는 경우 심하지 않으면 네일시술이 가능
오니코파지, 교조증	주로 스트레스, 애정결핍 등의 정신적인 부분으로 인해 생기는 것으로 손톱을 물어뜯는 습관으로 인조 네일 팁이 아크릴릭 시술을 이용하여 손톱을 두껍게 하여 물어뜯지 못하도록 하여 교정할 수 있다.
오니코싸이아노시스, 조갑청맥증	주로 혈액순환이 제대로 되지 않을 때 생기는 것으로 손톱의 색이 푸르게 변하는 증상으로 조심스럽게 네일 시술이 가능하다.
헤마토마, 혈종	네일 베드의 혈액이 응고되어 푸르게 변하는 것으로 손톱 뿌리의 매트리스가 다치지 않았다면 새 손톱이 자라고 멍이 정말 심하게 들어 네일이 베드와 분리될 경우는 의사의 진찰을 권유하며 분리가 안 된 경우는 시술 가능하다.
커러제이션, 주름진 손톱	편식, 무리한 다이어트, 신경성, 질병 등으로 인해 생긴 것으로 버핑 작업으로 네일 표면을 갈아 편편하게 해주던가 인조네일로 시술 가능하다.

시술가능한 병변유형	증상
에그쉘 네일, 조갑연화증	달걀 껍질처럼 손톱이 부스러지는 것으로 프리에지가 얇게 껍질 벗겨지는 현상으로, 손톱깎이 사용으로 인해 생기는 증상이니 파일을 이용하여 손톱 길이를 다듬는 것이 좋다.
오니코크립토시스, 인그로운 네일, 파고드는 손톱	손발톱이 가장자리 살을 파고드는 현상으로 내성 발톱이라고도 하며, 보통 손발톱을 짧게 자르거나 작은 사이즈의 신발, 하이힐 등으로 발가락에 압력을 받았을 때 주로 생기는 현상이며 네일숍에서 시술 가능하다. 예방하기 위해서는 발톱모양을 스퀘어 또는 스퀘어 오프로 모양을 잡는 것이 좋다.
테리지움, 조갑익상편	유전적, 외상 등으로 인해 생길 수 있는 질병으로 손톱이 자라면서 네일 플레이트 위로 큐티클이 함께 자라나오는 증상이며 큐티클 케어를 한 후 핫 크림 매니큐어로 교정이 가능하다.
오니콕시스, 조갑비대증	신체 내의 질병이나 외부 상해로 비이상적으로 두께가 두꺼워지는데 버핑작업으로 두께를 갈아내고 네일케어가 가능하다.
행네일, 거스러미	행 네일은 손톱 주변이 건조하여 갈라져 일어나는 것으로 핫오일 매니큐어 케어, 또는 핸드크림을 자주 발라 유·수분을 유지한다.

시술가능한 병변유형	증상
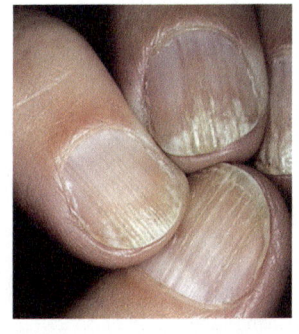 세클라오니키아, 조갑 경화증	외부 상해로 인해 네일 표면에 생기는 질병으로 또는 칼슘 부족 등으로 생기며 증상이 가벼울 경우엔 버핑작업을 통해 손톱 표면을 관리해 준다.
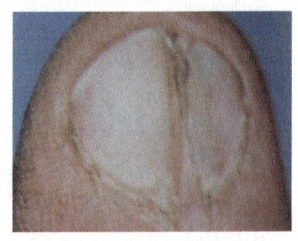 테리지움, 조갑입상편	큐티클의 과잉 성장으로 네일 플레이트 위로 큐티클이 함께 자란 경우이며 핫 오일과 네일 케어로 관리 가능하다.
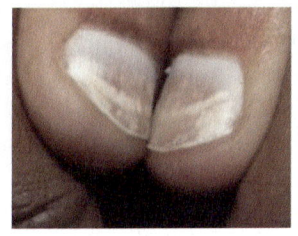 루코니키아, 백색점	손톱 밑에 공기가 들어가 생기게 되는데 네일보디에 충격이 가해진 경우와 유전적인 원인으로도 생길 수 있다. 특별한 방법은 없고 그저 네일이 자연스럽게 자라나오면서 없어지도록 하면 된다.

* 출처 : https://blog.naver.com/1726sy/140210588735

② 시술 불가능한 병변 유형

시술 불가능한 병변 유형	증상
오니코피마(OnychopHyma)	오니코시스, 조갑비대증이 부푼 것으로 네일 시술이 불가능
티니아 페디스 (Tinea pedis, 무좀)	진균에 의한 감염으로 발바닥 전체나 발가락 사이에 붉은 물집이 잡히거나 여러 군데 핑크빛 점들이 생기는 증상을 보이며 방치하면 물집이 생겨 가렵고 피부가 계속해서 갈라지게 되고 감염성이 강해서 네일샵은 무좀이 감염되지 않도록 무좀 고객 전용의 도구를 따로 관리한다.
오니코옵토시스 (Onychoptosis, 네일의 탈퇴현상)	매독이나 당뇨병에 의해 생기는 증상으로 한개 이상의 손톱이나 발톱이 빠져버린 것으로 네일 시술이 불가능하다.
오니코그리포시스 (Onychogryposis, 조갑구만증)	네일 이상하게 뻗어 비틀린 것으로 원인은 유전, 국소성, 내분비장애, 나병, 동상, 정맥류증후군 등 여러가지 이유로 인해 생기며 시술 불가능하다.
오니코포시스 (OnychopHosis, 발톱비후)	네일 밑의 피부층이 두꺼워지면서 네일 밑에 점점 축적되어 네일이 네일베드로부터 일어나게 되는 증상이다.

시술 불가능한 병변 유형	증상
오니키아 (Onychia, 손발톱 염증)	네일 베이스 부분의 근육조직에 염증과 고름이 생기는 것으로 손·발톱 및 살이 감염이 되어 생기는 증상소독이 안 된 기구를 사용할 때 생기는데 감염성이 있어 완치 후 시술을 하는 것이 좋다.
오니코리시스 (Onycholysis, 조갑박리증)	주로 질병, 화학제품에 대한 무작용이나 손톱 아래의 피부 사이를 찔리던가 시트러스산이 염증을 유발했을 때 네일이 과다하게 스트레스 받은 상태에서 발병하는 것으로 네일이 빠지지는 않지만 루놀라(반달부분) 쪽으로 계속 번질 수 있다.
티니아(Tinea, 백선)	백선균, 소포자균, 표피균 등의 사상균으로 인해 생기는 피부질환의 총칭으로 흔히 말하자면 버짐의 일종이며 감염성이 아주 강하다.
파로니키아 (Paronychia, 손톱주위염)	박테리아 세균 감염으로 인해 생기는 것으로 네일 주변의 외피, 내피까지 염증이 생겨 매우 심한 염증으로 감염성이 강하고 심한 통증을 유발한다.

* 출처 : https://blog.naver.com/1726sy/140210588735

Chapter.6 고객 응대 서비스

1. 고객 응대 및 상담

1) 전화 고객 응대

전화 응대 매뉴얼을 전화기 옆에 비치하여 활용한다. 네일 미용사의 근무 및 작업 일정표를 비치하여 전화 예약을 받을 경우 활용하면 편리하다. 전화 응대에 관한 자료를 상황별로 나누어 정리한다(상황별 : 예약 가능한 경우, 예약 불가능한 경우, 예약 확인할 경우, 시술 작업 유형별, 제품 관련 문의 유형별, A/S 문의 유형별, 환불 및 교환 문의 유형별, 숍 위치 문의 유형별 응대 매뉴얼).

2) 방문 고객 응대

고객만족 서비스를 위해 고객응대 기본 조건을 재확인하고, 고객만족 실천을 위한 적극적이고 능동적인 마음가짐이 필요하다. 또한 단정한 용모와 복장은 이미지를 결정짓는 중요한 역할을 한다. 용모와 복장이 본인의 인격을 표현하는 외적 기능임을 인지하고 네일숍을 대표한다는 마음가짐으로 늘 단정하고 품위 있는 모습으로 고객을 응대한다. 고객의 시술 사항이나 특이사항이 있을 시 네일 질환에 관한 자료를 토대로 네일숍에서 관리할 수 있는 질환에 관한 자료를 수집하여 고객관리대장에 기록 보관한다.

3) 불만족 고객 대처

네일숍에 방문하는 고객이 불만을 느끼는 요인으로 네일숍 주변의 환경 요인, 네일 작업 서비스 요인, 친절 서비스의 요인, 내·외부의 환경 요인, 직원들의 이미지 요인, 편의 시설의 요인, 서비스 요금 관련의 요인 등 7가지 요인으로 분류할 수 있다.

① 불만의 종류에 따른 고객 반응

불만의 종류	불만 표현의 대상	고객의 반응
고객 불만	없음	없음
고객 불평	기업이나 직원	불만 사항을 말이나 행동으로 표현
VOC	기업의 소비자센터	메시지의 형태
컴플레인	담당 직원	불만 상황을 설명 후 시정 및 조치 요구
클레임	기업 및 공공기관	불만 상황에 대한 적절한 보상 요구 당연한 것에 대한 권리를 요구

* 출처 : 교육부(2016). 미용경영(LM1201010141_16v3). p4. 한국직업능력개발원.

② 불만 고객을 고객감동으로 변화시키는 서비스 단계

단계	구분	불만고객을 고객감동으로 변화시키는 효과적인 서비스 단계
1	즉각적인 사과	"제가 보기에는 괜찮은 것 같은데요.", "사람이 하는 일인데 그럴 수도 있지 않습니까?" 이런 애매한 태도가 아니라 "제가 잘못했습니다." 라고 즉시 시인하고 사과한다.
2	긴급한 복구	고객을 위해 모든 수단을 동원하고 있다는 것을 느낄 수 있도록 긴장감을 가지고 분주하게 움직여야 한다. "도대체 뭐 하는 거예요!" 이런 소리가 나올 때는 이미 때가 늦는 것이다.
3	감정이입	고객의 불편과 당혹감을 함께 통감하는 자세가 필요하다. 즉, 고객의 입장에서 생각하고 있다는 것을 느끼게 해주는 것이 효과적이다.
4	상징적 보상	그냥 죄송하다거나 앞으로는 조심하겠다는 표현으로 끝낼 것이 아니라 특별 할인이나 선물 제공 등으로 상징적인 보상책이 필요하며, 고가의 상품이 아닌 경우에는 아예 비용을 받지 않는 것도 좋은 방법이다.
5	완벽한 사후처리	며칠 후 전화를 드린다거나 문자를 보내서 다시 한 번 사과하고, 우리는 당신을 진심으로 소중하게 생각하고 있다는 것을 느낄 수 있도록 하는 것이 좋다.

* 출처 : NCS 학습모듈 네일 미용 고객 서비스

MEMO

Chapter.7 피부의 이해

1. 피부와 피부 부속기관

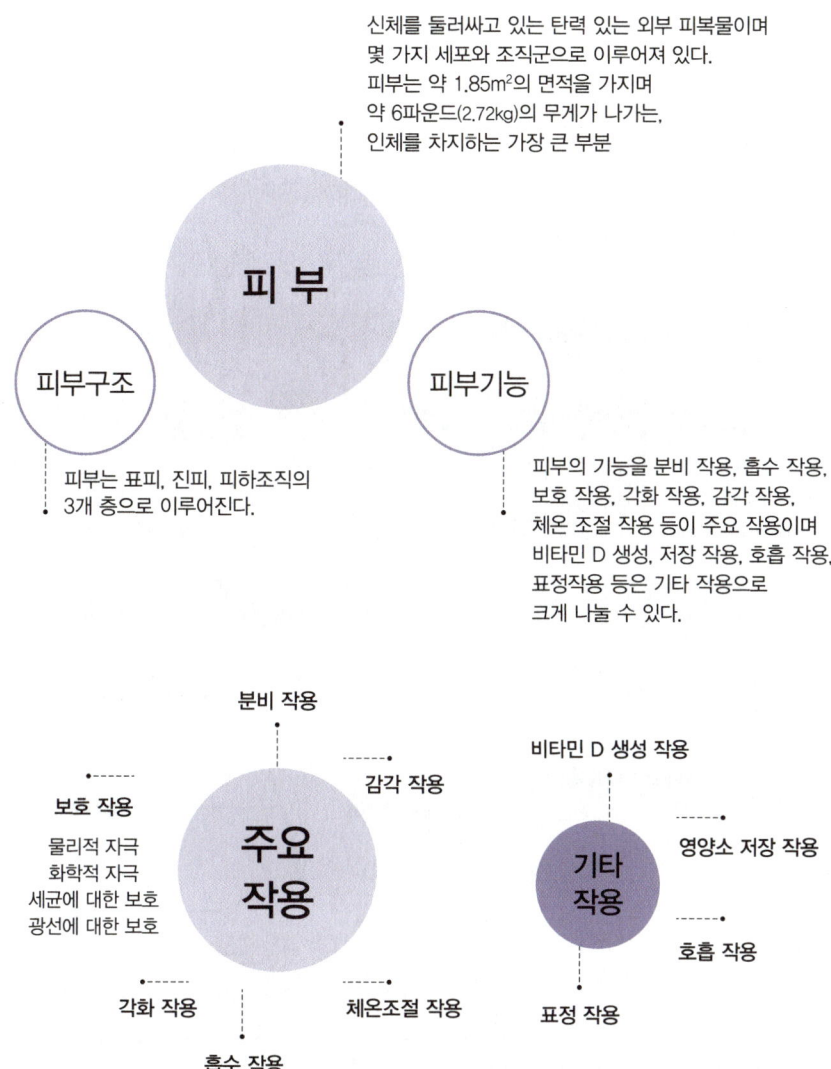

1) 피부의 구조와 기능

(1) 피부 기능

신체를 둘러싸고 있는 탄력 있는 외부 피복물이며 몇 가지 세포와 조직군으로 이루어져 있다. 피부는 약 1.85㎡의 면적을 가지며 약 6파운드(2.72㎏)의 무게가 나가는 인체를 차지하는 가장 큰 부분이다.

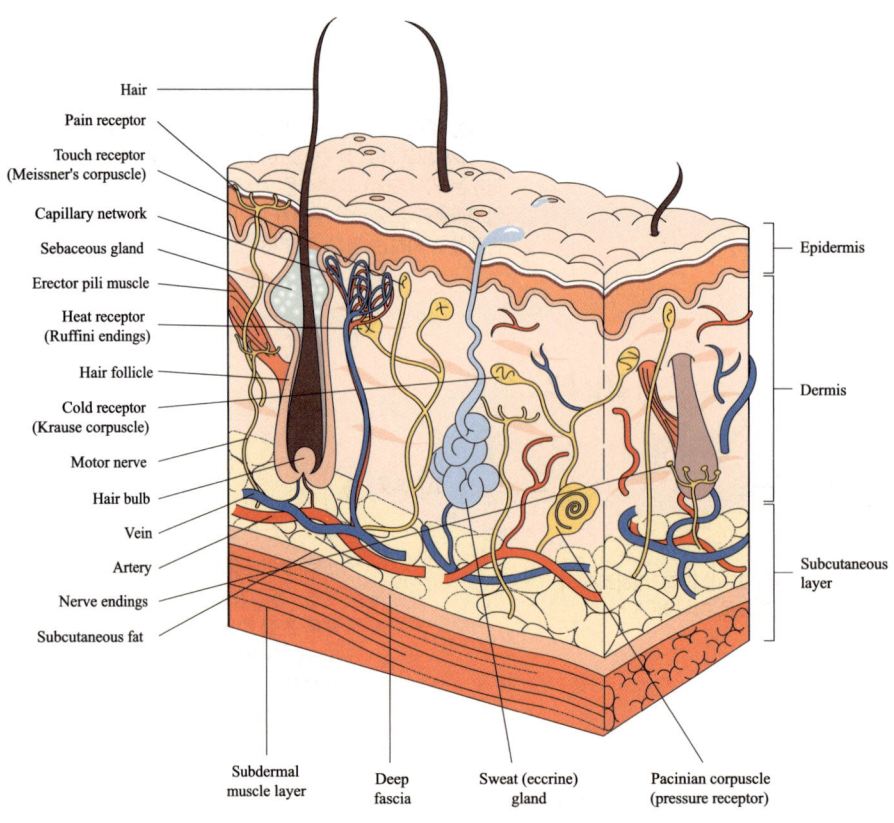

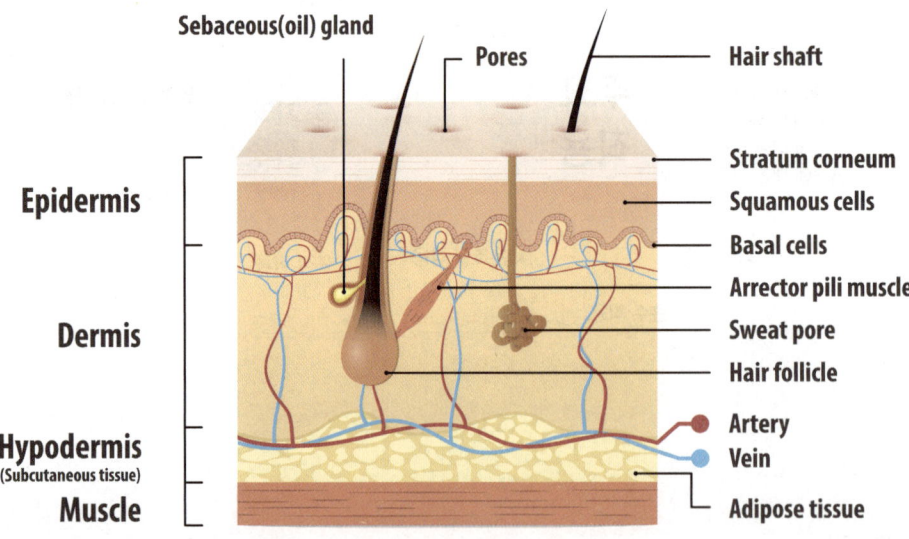

(2) 피부 구조

① 표피 : 기저층(멜라닌세포, 머켈세포) → 유극층(랑게르한스 세포) → 과립층 → 투명층 → 각질층

② 진피 : 망상층(탄력섬유, 기질 / 혈관, 신경, 림프샘, 모구와 땀샘 피지샘 분포) → 유두층(아교섬유)

③ 피하조직

표피	각질층	각질형성주기 28일, 세라마이드 → NMF(천연보습인자) : 아미노산(40%), 젖산, 요소, 지방산, 암모니아
	투명층	손,발바닥에 주로 분포
	과립층	각화유리질(keratohyalin)과립이 존재
	유극층	가시돌기모양의 층, 면역세포(랑게르한스 세포)
	기저층	각질형성세포, 멜라닌형성세포 존재, 새로운 세포를 형성하는 층 촉각세포(머켈세포)
진피	유두층	기저층에 영양분 공급
	망상층	피하조직과 연결되는 층
	구성 물질	콜라겐(교원섬유)로 피부에 신축성, 엘라스틴(탄력섬유) 스프링형태 단백질 구성, 기질(뮤코다당체) 콜라겐과 엘라스틴 사이를 채움
피하 조직		뼈, 지방, 내장기관 등

(3) 피부 주요 작용

분비작용	땀샘을 통하여 체내의 수분과 노폐물을 배설
흡수작용	특정한 물질을 선택적으로 흡수
보호작용	물리적 자극, 화학적 자극, 세균에 대한 보호, 광선에 대한 보호
각화작용	기저층에서 각질형성 세포가 분열과정을 통해 모양과 기능이 변하는 과정
감각작용	외부 자극의 종류에 따라 감각신경 말단을 통해 감각을 수용하고 뇌에 전달
체온조절작용	36.5도의 체온을 유지하기 위해 수분과 노폐물 분비하여 체온 조절

(4) 피부 기타 작용

비타민 D 생성	자외선을 흡수하여 표피의 과립층에서 비타민 D를 생성
저장작용	수분, 에너지와 영양, 혈액 등을 피하조직에 저장
호흡작용	폐 호흡량의 1~2%를 피부로 호흡
표정작용	얼굴의 표정근과 피부색으로 희로애락의 감정표현

2) 피부 부속기관의 구조와 기능

① 모발 : 모간(모수질, 모피질, 모표피), 모근(모구, 모유두, 모모세포), 입모근

② 모발의 성장(성장기 → 퇴행기 → 휴지기)

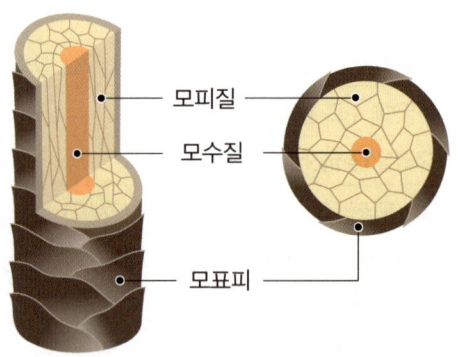

③ 땀샘(한선) : 대한선(아포크린선), 소한선(에크린선)

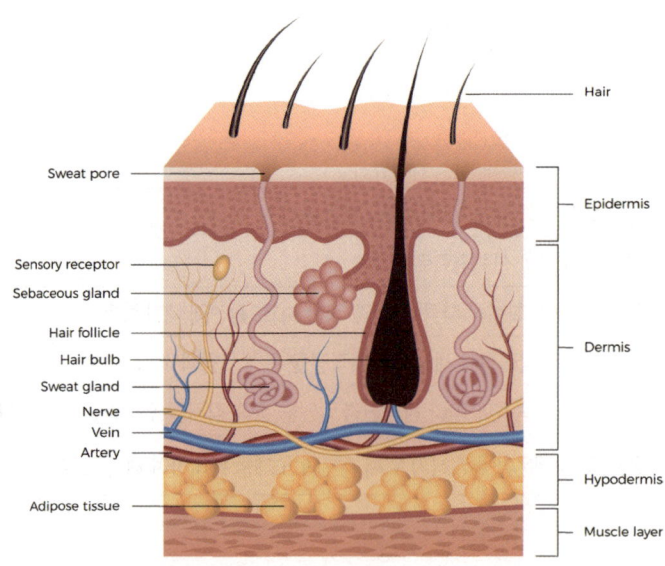

④ 피지선 : 진피층에 위치, 피부보호(pH 4.5~6.5), 수분 증발 방지, 손바닥 · 발바닥을 제외하고 분포

⑤ 손, 발톱 : 조체는 표피의 각질층이 변한 반투명한 각질판이 여러 층으로 구성, 신경과 혈관이 없다.

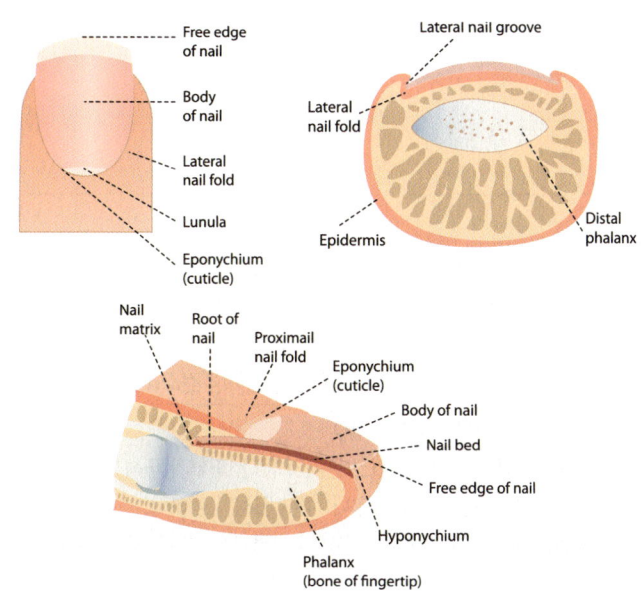

피부 기능	1. 보호기능 2. 체온조절기능 3. 비타민 D합성 4. 분비 배설 : 땀, 피지분비 5. 호흡작용 6. 감각 및 지각기능	
	감각기관 분포(개수)	통각 〉 압각 〉 촉각 〉 냉각 〉 온각
멜라닌	· 피부와 모발의 색을 결정짓는 색소 · 선천적 결핍 : 백색증(알비노) · 후천적 결핍 : 백반증	
한선(땀샘)	소한선(에크린선)	대한선, 입술, 생식기 제외 모든곳 분포, 기능 체온유지 및 노폐물 배출
	대한선(아포크린선)	겨드랑이, 눈꺼풀, 유두,배꼽, 땀과 호르몬이 같이 흐름
피지선	손·발바닥 제외 전신 분포, 안드로겐이 피지 생성 촉진, 1일 분비량 약 1~2	
pH	피부 (pH4.5 ~ 6.5), 모발 (pH 4.5 ~ 5.5), 세균 (pH 6 ~ 8)	
모발	모발의 구조 (모표피, 모피질, 모수질), 모피질➝ 멜라닌색소	
손·발톱	손톱의 특징	· 손톱은 하루에 0.1~0.15mm 성장한다. · 정상손톱 : 12~18% 수분 함유 · 18% 이상 : 몰드, 곰팡이가 생기기 쉬움 · 12% 미만 : 건조한 손톱
	손톱의 성장속도	중지 〉 검지 〉 약지 〉 엄지 〉 소지

2. 피부 유형 분석

1) 피부의 종류와 특성

피부타입종류	특징
중성피부 (Normal Skin)	· 수분과 유분이 균형을 이루고 있으며 모든 상태가 정상 · 피부 표면이 촉촉한 윤기가 있고 매끄럽다. · 화장이 잘 스며들고 쉽게 지워지지 않는다. · 계절이나 건강상태에 따라 약간 지성이나 건조해질 수는 있다.
건성피부 (Dry Sin)	· 수분과 유분이 부족한 피부 · 피부 표면이 메말라 있고 윤기가 없다. 피부가 푸석푸석하다. · 피부가 당기고 주름이 많다. 피부 당김이 심하다. · 피부결은 고와보이나 피부색이 선명하지 않다. 실제 피부결은 거칠다. · 각질이 일어나고 심하면 버짐이 생기기도 한다.
지성피부 (Oily Skin)	· 지루성(화농,여드름)피부인 경우 피지분비가 과다하거나 불규한 피부 · 피지분비가 많아 피부전체가 쉽게 번들거리고 지저분해진다. · 여드름이 잘 생기고 모공이 넓고 피부결이 거칠다. · 피부색이 일정치 않고 선명하지 않다. · 화장이 잘 지워진다. · 중, 건성에 비해 잔주름은 덜 생긴다.

2) 피부의 pH

우리 피부의 각질이 탈락될 때 매우 중요한 요소 중의 하나가 pH이다. pH는 산성이나 알칼리성의 정도를 나타내는 수치이다. 균형이 깨지면 세균침입, 면역력 감소, 트러블 발생, 노화 진행 등 피부 건강에 적신호를 나타낸다. pH는 수소이온 농도를 나타내는 지표로서 산성인지 알칼리성인지 구별 pH 값은 0~14까지 15단계이며 0이면 산성, 14이면 알칼리성 / pH 4.5~6.5 사이의 피부가 가장 이상적이다.

피부의 pH

건강한 피부는 약산성을 띠고 있습니다

* 약산성? pH 5.2~5.8 (외부 미생물의 증식 제한 및 살균 작용, 외부의 자극이나 오염물질로부터 피부 방어)

Acidic
산성 피부
pH 5.0 이하

피지선에서
피지분비량이 많아 지면서
피부 표면이 산성화된다

지성 피부

Neutral
약산성 피부
pH 5.2~5.8

피부 속이 수분으로 차 있고
표면에 얇은 유분막이 형성되어 있어
건강한 피부로 유지할 수 있다

건강한 피부

Alkaline
알칼리성 피부
pH 7.5 이상

피부 보호막을 파괴하여 유해한
외부 환경으로부터 쉽게 손상되므로
문제성 피부를 만들기 쉽다

건성 피부 / 문제성 피부

3) 피부 분비량에 따라 달라지는 피부 유형

유분량, 즉 피지 분비량에 따라 타고난 피부 타입이 지성과 건성으로 나뉜다. 하지만 이는 이분법적인 구분이라기보다, 유분량에 따라 다양한 스펙트럼으로 나타나 지성과 건성 사이에 중성 외에도 수 없는 제각각의 타고난 피부타입이 있다. 또 타고난 피부 타입도 어떤 경우엔 바뀌기도 한다.

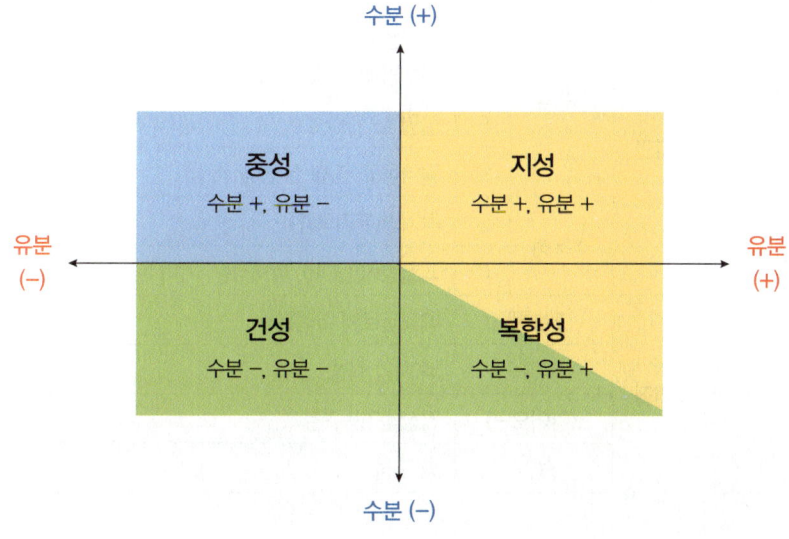

3. 피부와 영양

1) 3대 영양소 및 비타민과 무기질

(1) 3대 영양소

① 영양 : 생명유지에 필요한 영양소를 섭취하여 생체 내에서 소화, 흡수, 대사, 배설하는 모든 과정
- 영양소 : 음식물을 통해 얻어지는 생명유지에 필요한 물질
- 영양소의 구분 : **열량소**(에너지원→탄수화물, 단백질, 지방), **구성소**(신체조직 구성 조절→ 단백질, 무기질, 물, 지방), **조절소**(생리기능→ 비타민, 무기질, 물, 지방,단백질)
  - ㉠ 탄수화물 : 글리코겐에서 포도당으로 최종 분해
  - ㉡ 지방 : 지방산과 글리세롤로 최종 분해
  - ㉢ 단백질 : 아미노산으로 최종 분해

② 비타민
  - ㉠ 지용성 비타민 : 비타민 A, D, E, K
  - ㉡ 수용성 비타민 : 비타민 B군, C

③ 무기질 : 칼슘, 인, 칼륨, 나트륨, 마그네슘, 황, 인, 철, 아이오딘, 셀레늄, 아연

열량 영양소 (3대 영양소)		탄수화물	최종가수분해 - 당	4kcal/g
		단백질	최종가수분해 - 아미노산	4kcal/g
		지방	최종가수분해 - 지방	9kcal/g
생리조절 영양소	비타민	지용성	A	야맹증(밤에 잘 안보임), 피부생체막 점막보호, 생성
			D	구루병(뼈가 휨), 햇볕(자외선B)로 인한 피부 합성
			E	불임
			K	혈액응고, 지혈 잘 안됨
		수용성	B	각기병(무기력증)
			C	괴혈병(잇몸 피), 미백작용, 기미주근깨 치료에 사용
	무기질	Fe(철)		헤모글로빈 주성분
		Ca(칼슘)		뼈,치아 형성
		I(아이오딘)		갑상선기능조절
		P(인)		뼈 구성

기초 대사량

생명 유지에 필요한 최소의 열량 → 1일 약 1,400kcal

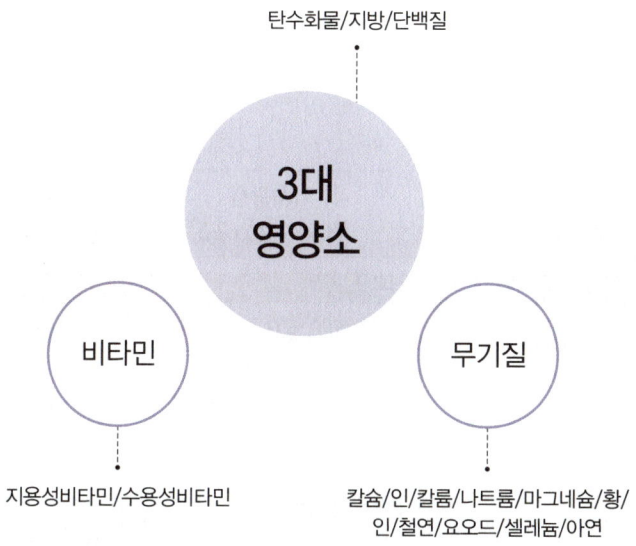

2) 피부와 영양

피부의 영양적, 건강적 측면에서 올바른 영양소의 섭취는 가장 기본이다. 피부의 영양적, 건강적 측면에서 올바른 영양소의 섭취는 가장 기본적인 사항이다. 피부와 영양의 공급은 피부는 림프계와 혈관계로부터 영양을 공급받는데 음식물을 통한 영양소의 공급이 좋으면 피부조직은 정상적인 기능을 발휘하고, 영양소의 과잉섭취나 잘못된 영양소의 공급 또는 결핍의 경우에는 이상 증상을 발휘한다.

3) 체형과 영양

영양을 과다하게 섭취하면 비만 등의 여러 가지 성인병의 원인이며, 영양의 섭취가 불충분하면 쉽게 피로해지고 무기력해 진다. 생활환경의 편리해 짐에 따라 현대인의 신체활동의 기회는 줄어들고 식생활의 변화로 섭취하는 열량은 늘어나 영양 과다 현상 나타나고 있다. 따라서 음식물의 섭취량에 비래 소비량의 너무 적어 비만을 초래하고 있다. 영양의 섭취가 불충분하면 쉽게 피로해지고 무기력 해져서 모든 일에 의욕을 잃게 되며, 발육기에 있는 청소년의 경우 신체의 성장과 발달에 큰 지장을 초래하게 되고, 영양을 과다하게 섭취하면 비만 등의 여러 가지 성인병의 원인이 되므로 이를 예방하기 위해서는 영양의 섭취와 소비가 균형을 이루도록 식생활과 적당한 신체운동을 습관화하는 것이 바람직하다.

4. 피부와 광선

자외선 (200~400 nm)		가시광선 (400~780 nm)	적외선 (780~1,400 nm)
자외선		가시광선	적외선
U V C	· 200~290 nm · 오존층에 대부분 흡수 · 살균 소독 · 피부암 원인	· 눈에 보이는 빛 (눈에 비치는 색) · 검은색 : 가시광선의 모든 빛 흡수하는 재질의경우 · 흰색 : 가시광선의 모든 빛 반사하는 재질의 경우 · 빨강색 : 가시광선 중 빨간빛 반사하는 재질의 경우	혈관확장, 혈액순환 촉진 · 신진대사 촉진 · 영양분 흡수 촉진
U V B	· 290~320 nm · 홍반발생, 기미, 주근깨, 일광화상 · 비타민 D 화상		
U V A	· 320~400 nm · 쎈텐(색소침착/피부를 태움)		

1) 자외선이 미치는 영향

우리가 실외에서 매일 쬐고 있는 태양 빛은 가시광선, 자외선, 적외선 등으로 구성되어 있다. 이중 자외선은 태양광선의 스펙트럼 중 가시광선보다 짧은 파장을 가진 광선으로 영어로는 Ultra-Violet이라고 하며, 줄여서는 UV라고 한다. 자외선 파장은 길이에 따라 자외선 A, 자외선 B, 자외선 C로 나뉘어진다. 자외선 노출 시 우리 피부에 주는 영향으로는 자외선 A가 자외선 B에 비해 에너지가 적지만 피부를 그을릴 수 있으며 피부 노화를 일으키기도 한다. 자외선 B는 짧은 파장의 고에너지 광선으로 단시간에 우리 피부에 화상을 일으킬 수 있다.

① 자외선 A (UVA) : 320~400mm, 자외선 차단지수 (SPF), 최소 홍반량(MED, Minimum Erythema Dose)

② 자외선 B (UVB) : 290~320mm, 자외선 차단지수 (PA), 최소 지속형 즉시 흑화량(MPPD, Minimal Persistent Pigment Darkening Dose)

③ 자외선 C (UVC) : 200~290mm

2) 적외선이 미치는 영향

적외선(infrared rays)은 에너지 전달 형태의 일종으로 파장 범위가 약 0.8 ~ 1000㎛의 파장을 갖는 전파의 일종이자 열이다. 근적외선, 중간 적외선, 원적외선으로 구분된다. 근적외선은 태양의 복사열에 가장 가까운 적외선 피부에 가장 깊이 투과되는 파장으로 표피를 뚫고 진피층까지 갈 수 있다. 근적외선은 세포에 에너지를 공급하는 미토콘드리아의 활동을 촉진하여, 세포가 활발해짐으로 근본적인 개선 효과가 나타난다. 적외선이 미치는 영향으로는 체온상승, 혈압강화, 식균작용, 혈관 순환, 신진대사 강화, 신경 말단 및 근 조직 영향등이 있다.

5. 피부 면역

1) 면역의 종류와 작용

(1) 면역

박테리아, 바이러스 등의 외부인자인 항원에 대하여 저항할 수 있는 인체의 방어기전, 항원, 항체, 대식세포, 보체, 자연살해세포, 인터페론, 사이토카인

① 자연면역 : 선천적으로 타고난 신체 방어기전으로 특별한 기억 작용이 없다(1차 방어 기전, 2차 방어 기전).
② 획득면역 : 후천적 면역으로 침입했던 항원을 기억하여 다시 침입을 할 경우 특이적으로 반응한다(3차 방어 기전).
③ 식세포 면역 반응, B림프구(체액성 면역), T림프구(세포성 면역)

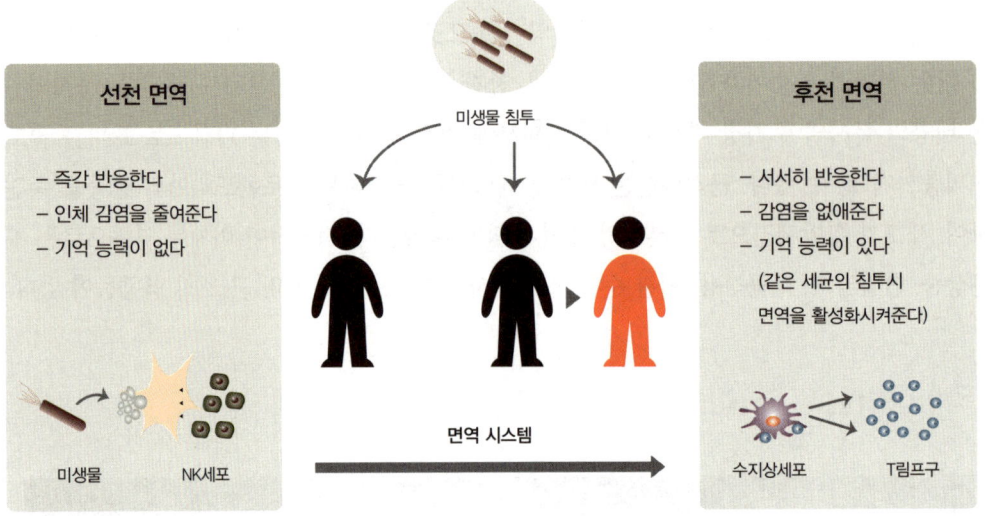

2) 피부의 면역

감염에 대한 인체의 제1방어는 피부에서 시작된다. 죽은 세포로 이루어진 각질층이 단단한 방어벽을 형성하여 병원체가 침입하기 어렵다. 피부가 손상되면 병원체가 쉽게 들어올 수 있다.
① 표피의 랑게르한스 세포는 중요한 면역 역할
② 각질형성 세포는 사이토카인 생성하여 면역반응
③ 진피의 대식세포와 비만세포가 면역에 중요한 역할
④ 피부 표면의 피지막이 약산성 상태를 유지해 박테리아 성장을 억제
⑤ 각질층은 라멜라구조로 이루어져서 외부로부터 보호

6. 피부 노화

노화란 나이가 들어감에 따라 인체의 기관이 구조적으로 점차 퇴화되는 과정이다. 퇴화 과정에는 유전, 환경, 생활습관 등이 관여하며 신체의 일부인 피부에서도 발생된다.

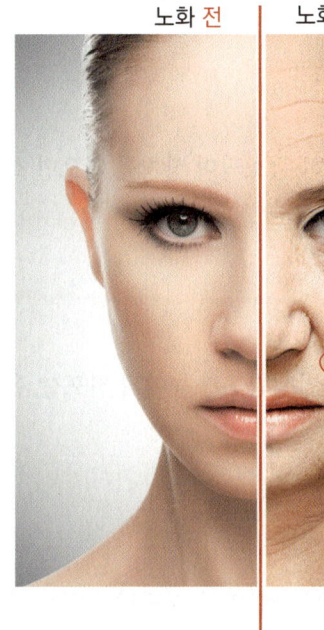

노화 전 | 노화 후

모발
노화에 의해 모발에 나타날 수 있는 대표증상은 탈모다. 최근에는 모발이식수술 등 다양한 치료법이 개발되 빨리 치료를 시작하면 충분히 극복할 수 있다.

눈
노화에 의해 눈꺼풀을 올리는 근육 힘이 약해지면 눈꺼풀이 아래로 처지는 안검하수가 나타난다.
처치는 눈꺼플을 끌어올리는 상하안검수술의 도움을 받을 수 있다.

얼굴주름
피부탄력을 유지하는 콜라겐의 감소로 피부가 처지고 깊게 패이면서 주름이 만들어진다.
이마, 입가 주변 등의 팔자주름이 대표적이다.

피부색소침착
노화에 의해 피부가 얇아질 뿐 아니라 자외선 등의 영향으로 기미, 검버섯 등 피부색소질환도 더 잘 나타난다.

1) 피부 노화의 원인

피지량, 세포간지질, 콜라겐 등의 감소로 피부의 건조 증상, 과 각질로 칙칙하다. 랑게르한스 세포의 감소로 면역기능감소, 피부 색소침착으로 인한 기미, 노인성반점, 진피의 세포 감소로 인한 주름형성과 탄력저하 현상이다.

① 내인성 노화 : 나이가 들면서 자연적으로 발생하는 노화현상
② 외인성 노화 : 냉난방기, 바람, 공해 등의 외부환경 노출에 의해 발생, 자외선에 의해 나타나는 광 노화 현상

2) 피부 노화 현상

피지량, 세포간지질, 콜라겐 등의 감소로 피부의 건조증상이 나타난다. 과각질화로 인해 칙칙해 보인다. 랑게르한스 세포의 면역기능이 떨어진다. 피부 색소 침착으로 인한 기미, 노인성 반점 등이 나타난다. 진피의 세포감소로 인해 주름 형성과 탄력 저하가 나타난다.

(1) 상처 치유 능력의 저하

노화된 피부에서는 표피세포의 분열 속도와 재생속도가 급격히 감소되며 상처를 입으면 회복속도가 느려지게 되고 2차 세균감염의 위험성이 높아진다.

(2) 피부 면역 기능의 저하

면역기능 중 특히 세포 면역이 저하되어 혈청내의 자가항체의 발생빈도가 높아져 천포창, 유천포창과 같은 자기면역 피부질환의 빈도가 높아진다.

(3) 피부 종양 발생의 증가

65세 이상의 노인들은 대부분 1~2개의 양성 종양을 가지고 있는데, 가장 대표적인 양성 종양은 지루각화증이고 악성 종양으로 흔히 발생하는 것은 기저 세포암과 편평 세포이다. 종양의 발생빈도가 높아지는 이유는 누적된 자외선의 영향과 노화된 피부의 멜라닌 세포, 랑게르한스 세포의 감소와 기능저하, 염증반응의 감소 등이 복합적으로 영향을 준다.

(4) 비타민 D 합성 능력 저하

자외선으로 인하여 칼슘대사에 이상이 생기거나 골다공증이 악화될 수 있다.

(5) 항산화 기능 저하

피부는 정상적인 체내 대사와 외부환경 노출로부터 생성된 산소라디칼에 의하여 지속적인 손상을 받고 있어 이를 보호하기 위한 체내 방어시스템을 유지하고 있다. 노화로 인해 피부의 항산화 기능 시스템이 저하되면 피부의 산화손상이 증가 한다.

7. 피부장애와 질환

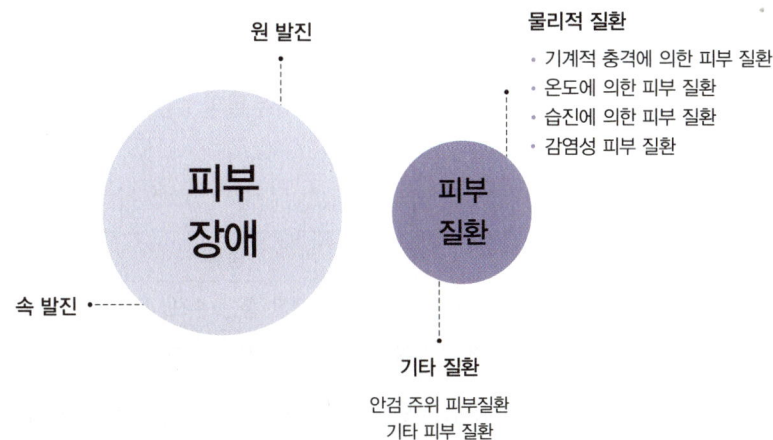

1) 피부 장애

(1) 원발진

피부질환의 초기 병변, 1차적 피부 장애 (반점, 홍반, 구진, 농포, 팽진, 소수포, 대수포, 결절, 종양)

(2) 속발진

원발진이 진행하거나 회복, 외상 및 외적요인에 의해 변화된 상태의 병변, 2차적 증상이 더해져 나타나는 병변 (인설, 찰상, 가피, 미란, 균열, 궤양, 반흔, 태선화)

2) 피부질환 종류

(1) 물리적 질환

① 기계적 충격에 의한 피부 질환 : 티눈, 굳은살, 욕창,

② 온도에 의한 피부 질환 : 화상, 한진, 동상, 동창

③ 습진에 의한 피부 질환 : 접촉성 습진, 지루성 습진, 아토피성 습진, 화폐성 습진, 건성 습진

④ 감염에 의한 피부 질환 : 세균성 피부질환(농가진, 단독, 봉소염, 종기, 모낭염), 바이러스성 피부질환(단순포진, 대상포진, 수두, 사마귀), 진균성 피부질환(족부백선, 조갑백선, 어루러기, 수부백선, 칸디다증, 완선), 여드름성 피부질환(여드름 단계 : 구진→농포→낭포)

(2) 기타 질환

① 안검 주위 피부 질환 : 한관종, 비립종, 켈로이드

② 기타 피부 질환 : **색소성 질환**(과색소침착 질환, 저색소침착 질환), **섬유조직의 질환**(지방종, 섬유종), **모발의 질환**(남성 탈모증, 원형탈모증, 휴지기 탈모), **광과민성 피부질환**(광알레르기, 일광 두드러기), **피부 병변**(주사, 건선, 농가진)

질환		종류
원발진과 속발진	원발진	1차 피부질환(구진, 면포, 팽진, 홍반, 수포, 종양 등)
	속발진	2차 피부질환(원발진+@)(궤양, 찰상, 가피, 미란 등)
여드름 발생		면포(화이트헤드/블랙헤드 단계) → 구진(붓고 간지럽고 아픔) → 농포(염증과 고름) → 결절(내부에서 염증이 커진 상태) → 낭종(고이는 염증)
피부질환	바이러스성	단순포진, 대상포진, 홍역, 풍진, 수두, 사마귀
	세균성	농가진, 종기(절종), 봉소염
	진균성	백선(무좀), 어루러기, 칸디다증
화상의 단계	1도 화상	데임
	2도 화상	수포
	3도 화상	신경손상, 피부의 색상 변화
	4도 화상	근육, 신경, 뼈조직 손상

MEMO

Chapter.8 화장품 분류

1. 화장품의 기초

1) 화장품 정의

(1) 화장품법

2000년 7월 1일부터 시행된 화장품 법 제2조 1항에 의하면, "화장품이라 함은 인체를 청결 미화하여 매력을 더하고 용모를 밝게 변화시키거나 피부-모발의 건강을 유지 또는 증진하기 위하여 인체에 사용되는 물품으로서 인체에 대한 작용이 경미한 것" 이라고 정의

※ 다만, 「약사법」 제2조 제4호의 의약품에 해당하는 물품은 제외한다(화장품법 제2조 정의).

2) 화장품, 의약외품, 의약품 비교

(1) 화장품

청결, 미화, 건강목적, 정상인을 대상으로 장기간 사용해도 부작용이 없어야 한다.

(2) 의약부외품

위생상태유지, 청결 목적, 정상인을 대상으로 장기간 사용해도 부작용이 없어야 한다(염모제, 제모제, 여성청결제).

(3) 의약품

질병치료, 예방목적, 환자를 대상으로 특정기간 일정기간 사용하며 어느 정도 부작용은 감안한다.

3) 화장품 역사

(1) 서양

① 원시시대 : 주술적 의미, 계급, 신분 표시
② 이집트 시대 : 화장도구(화장품)사용, 태양과 곤충으로부터 눈을 보호하기 위해 코흘(Kohl)이란 염료를 칠함, 눈 화장 성행(색조화장)

③ 그리스, 로마시대 : 백색미인의 유행, 공중목욕탕 번성

④ 중세시대 : 암흑시대, 비누산업

⑤ 르네상스, 바로크, 로코코시대 : 동서양의 영향, 알코올 증류법, 향수(감염병 예방)

⑥ 산업혁명시대 : 위생과 청결, 화장품 사용 확대

⑦ 현대 : 미국을 중심으로 유행, 다양한 화장품의 개발과 대중화

(2) 우리나라

① 신라시대 : 백분, 연지가 대중화

② 고려시대 : 은은한 화장, 염모 유행

③ 조선시대 : 상류층과 기생들을 중심으로 화장품과 향낭 사용, 유교의 영향

④ 1916년 : 박가분 등장

⑤ 1930년 : 동동 구리무 등장, 백분(서가분, 서울분)이 나옴

⑥ 2000년대 : 다양한 두피, 모발 제품 활성화, 스파테라피 개념 도입, 나노 기술 도입, 피부 관리를 위한 화장품이 다양하게 개발

4) 화장품 3대 기능

① 보호기능 : 피부 수분 증발 억제

② 보습기능 : 피부 유·수분 공급

③ 활성기능 : 피부 영양 공급

5) 화장품 요건

① 안전성 : 피부에 대한 자극, 알레르기, 독성이 없을 것

② 안정성 : 보관에 따른 변질, 변색, 변취, 미생물의 오염이 없을 것

③ 사용성 : 피부에 사용했을 때 손놀림이 편하고, 피부에 매끄럽게 잘 스며들 것

④ 유효성 : 피부에 적절한 보습, 노화억제, 자외선차단, 미백, 세정, 색채효과 등을 부여할 것.

2. 화장품 분류

1) 화장품 기본 분류

기초용, 세정용, 정발용, 향취용, 색조용, 기능용, 아로마 에센셜

> ⚙ **향장품**

시각적인 면에 중점을 둔 화장품과 후각적인 면에 중점을 둔 방향 화장품의 총칭, 최근에는 화장품과 동의어로 사용되는 경향이 있다.

2) 화장품 사용 목적에 따른 분류

분류	사용목적	주요 제품
기초화장품	세안, 세정, 청결	클렌징 크림, 클렌징 폼, 클렌징 오일, 페이셜 스크럽
	피부정돈	화장수, 로션, 크림류
	피부 보호 및 회복	로션, 모이스쳐 크림, 팩, 에센스
메이크업 화장품	베이스 메이크업	파운데이션, 페이스 파우더, 메이크업 베이스
	포인트 메이크업	립스틱, 아이섀도, 네일 에나멜, 아이라이너, 마스카라, 블러셔
모발 화장품	세정	샴푸
	컨디셔닝, 트리트먼트	헤어린스, 헤어 트리트먼트
	정발	헤어 스프레이, 헤어 무스, 헤어젤, 포마드
	퍼머넌트 웨이브	퍼머넌트 웨이브 로션
	염색, 탈색	염모제, 헤어 블리치
	육모, 양모	육모제, 양모제
	탈모, 제모	탈모제, 제모제
방향 화장품	향취 부여	향수, 퍼퓸, 오데코롱
보디 화장품	신체의 보호 미화, 체취억제, 세정	보디클렌저, 보디오일, 바스토너, 체취방지제, 보디샴푸, 버블 바스 등

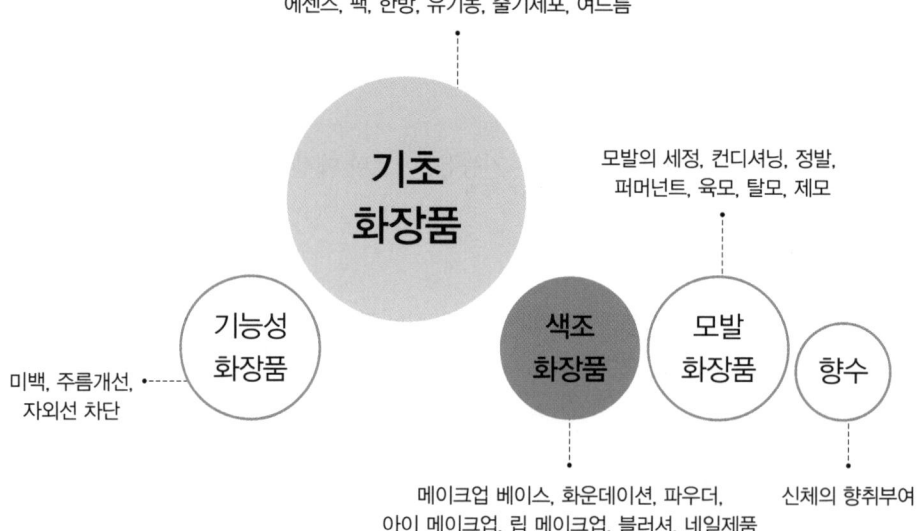

(1) 기초 화장품

① 세안 : 클렌징 크림, 클렌징 로션, 클렌징 오일, 클렌징 폼

② 피부 정돈 : 화장수, 팩, 마사지크림

③ 피부 보호 : 로션, 에센스, 크림

(2) 메이크업 화장품

　메이크업 제품은 색조 화장품이라고 불리며 용모를 아름답게 변화시켜 피부를 아름답게 하는 목적으로 피부색, 체형, 시간, 장소, 목적에 따라 다르게 표현해야 한다. 종류로는 피부색을 균일하게 하고 결점을 커버하기 위한 목적으로 베이스 메이크업과 눈, 입술, 손톱 등 부분적으로 입체감을 높이는 포인트 메이크업으로 구분된다.

① 메이크업 베이스 : 피부 톤 정돈, 인공 피지막 형성, 들뜸 방지, 파운데이션의 밀착성을 높인다.

피부	베이스
붉은 피부	초록색 베이스
누런 피부, 색소침착 피부	보라색 베이스
혈색이 도는 피부	분홍색 베이스
검은 피부	오렌지색 베이스

② 파운데이션 : 자외선으로부터 피부 보호, 피부 결점 커버, 윤기있는 피부표현, 얼굴 수정 가능하다.

파운데이션	특징
리퀴드 파운데이션	O/W형, 로션타입으로 가볍고 산뜻하다.
크림 파운데이션	W/O형, 리퀴드 파운데이션보다 커버력 우수하다.
스틱 파운데이션	W/O형, 커버력 우수, 땀에도 잘 지워지지 않는다.

③ 파우더 : 빛을 난반사(불규칙반사)하여 빛이 사방으로 퍼지는 것을 막아주는 블루밍 효과가 있다. 유분 흡수, 메이크업 지속력 높인다. 피부에 투명감 부여한다. (콤팩트 : 파우더를 압축시킨 형태)

④ 포인트 메이크업 : 색조 메이크업은 일반적으로 눈의 포인트 여부에 따라 달라져 보이므로 화장에서 중요한 역할을 한다. 피부에 대한 안정성이 강조된다.

메이크업 도구	특징
아이브로	눈썹의 비어 있는 부분을 메꿔주고 눈썹 모양 연출
아이섀도	눈 두덩이에 색채감과 입체감 부여
아이라이너	눈매를 또렷하게 표현, 눈 모양 수정
마스카라	속눈썹을 길고 풍성하게 표현
립스틱	입술에 색상 부여, 입술모양 수정, 촉촉함 유지
치크	얼굴의 윤곽 수정과 입체감

(3) 모발 화장품

모발의 세정, 컨디셔닝, 정발, 퍼머넌트, 육모, 탈모, 제모 등

① 세정 : 샴푸

샴푸	모발 세정, 두피마사지 효과, 혈액순환촉진	주원료	음이온 계면 활성제와 비이온 계면 활성제, 고급알코올 합성 세제등이 주원료이고 세정제는 라루릴썰페이트계 음이온 계면 활성제 이용
		부원료	컨디셔닝제, 보습제(글리세린, 프로필렌글리콜), 점증제, 방부제, 색제, 향료, 기능 부여제 등
		종류	프로테인샴푸 : 손상 모발 적합, 비듬 방지 샴푸 산성샴푸 : pH5~6, 손상모발, 약한 두피 적합, 베이비 샴푸

린스	광택부여, 모발 유연성, 대전방지효과 보습효과	주원료	양이온 계면 활성제(모노알킬형, 4급 암모늄염), 유성원료(컨디셔닝효과), 보습제(다가알코올), 실리콘오일(모발에 윤기, 광택 - 메칠폴리실록산, 메칠페닐 폴리실록산)
		종류	산성 린스, 컨디셔닝 린스 (폴리펩티드, 토코페롤, 레시친)

② 트리트먼트 : 손상된 모발 복구

구분	특징
두피 트리트먼트	유수분 보충, 가려움증, 비듬억제
모발 트리트먼트	모발 손상 예방

③ 정발 : 스타일링 제(정발제) 헤어스타일을 만드는 제품, 스타일 고정

구분	특징
정발제	헤어크림, 헤어오일, 헤어 리퀴드
세팅제	헤어무스, 헤어젤, 헤어스프레이, 헤어왁스

④ 웨이브 형성 : 퍼머넌트 웨이브 로션 제1제, 2제, 모발에 반영구적 웨이브(퍼머약)

⑤ 염색·탈색 : 염모제, 헤어 블리치

구분	특징
염색약	모발에 컬러를 입힌다
탈색제	모발의 멜라닌 색소를 분해하여 모발 색상을 밝게 한다(헤어 블리치) ① 제1제(알칼리제) : 암모니아, 모노에탄올아민으로 모발 팽윤과 연화 ② 제2제(산화제) : 과산화수소로 산화작용으로 인한 멜라닌 색소 분해

⑥ 육모·양모 : 육모제, 헤어토닉

구분	특징
양모제	두피의 피지와 비듬제거
스켈프 트리트먼트	두피에 영양공급과 육모촉진

⑦ 제모제 : 제모를 녹이거나 탈각에 도움을 주어 체모를 제거한다. (탈모제, 제모 왁스)

(4) 보디 화장품

신체의 보호 미화, 체취억제, 세정

구분	특징
세정용	비누, 바디샴푸, 바블 바스
신체정돈, 보호	바스 토너, 보디 오일
선 케어	선탠 오일, 선스크린 제품
땀 억제, 체취방지	데오도란트 로션, 파우더
탈모, 제모	제모제

(5) 방향 화장품

신체의 향취 부여, 향의 발산력 희석정도에 따라 나뉜다.

① 퍼퓸(perfume) : 일반적으로 말하는 향수로서 15~40%의 향료를 함유한다. 가장 강한 농도가 강한 향수로서 지속시간도 약 6~7시간이다.

② 오데퍼퓸(Eau de Perfurm) : 퍼퓸보다는 조금 약한 향수로서 9~12%를 함유한다. 지속시간은 5~6시간이다.

③ 오데토일렛(Eau de Toilet) : 향료가 6~8%로서 알코올에 부향시킨 제품으로 지속시간은 3~5시간이다.

④ 오데코롱(Eau de Cologne) : 3~5%의 향료를 함유하고 상쾌한 향이 난다. 지속시간은 1~2시간이다.

⑤ 샤워코롱 : 1~3%의 향료가 함유되어졌으며 qh디용으로 사용한다.

종류	부향률	지속시간	특징
퍼퓸	15~30%	6~7시간	· 일반적인 향수로 향이 매우 강함 · 고가, 분위기 연출(파티)
오데퍼퓸	9~12%	5~6시간	· 퍼퓸에 가까운 향의 지속성이 있음
오데토일렛	6~8%	3~5시간	· 상쾌한 향으로 현재 가장 많이 사용됨
오데 코롱	3~5%	1~2시간	· 처음 접하는 사람에게 적합함 · 과일향이 주로 많음
샤워 코롱	1~3%	약 1시간	· 전신용, 방향 화장품 · 운동 및 샤워 후 사용함

> ### 향수의 부항률

퍼퓸 15~30% 〉 오데퍼퓸 9~12% 〉 오데토일렛 6~8% 〉 오데플로뉴 3~5% 〉 샤워 플로뉴 1~3%

> ### 샤워 플로뉴

샤워 후 보디에 뿌리거나 도포하는 방향 화장품으로 산뜻하고 상쾌함을 가지고 있다.

(6) 네일 화장품

표피가 변화되어 만들어진 네일을 보호하고 손, 발톱 끝을 아름답게 하기 위한 화장품

화장품	용도
네일 강화제	자연네일을 강화시키고 영양을 주는 제품, 베이스 코트 전 단계에 도포
베이스 코트	폴리쉬를 발랐을때 손톱에 착색 방지, 폴리쉬 밀착을 도와준다.
네일 폴리시	네일 애나멜이라고도 하며 손톱에 색감을 입혀주는 제품
톱 코트	네일 폴리쉬가 마른 후 도포하며 코팅과 색감안착을 도와준다.
띠너	끈적거리거나 굳은 폴리쉬를 묽게 해주는 용해제
네일 리무버	폴리쉬 제거 시 사용하는 용액, 니트로셀룰로스와 수지를 용해하는 용제류의 혼합물이 대부분이며 주원료는 아세톤과 같은 비극성 용매로서 인화성이 강하므로 화기에 주의해야 한다.
큐티클 리무버	큐티클을 연화시켜서 큐티클 제거를 용이하게 한다.
큐티틀 오일	큐티클과 손톱에 수분과 유분을 공급하여 부드럽게 해준다.

> ### 수지(resins)

네일 에나멜의 한 성분으로 니트로셀룰로스를 병용하여 밀착성을 증가시키고 막의 광택을 향상시키는 특징을 가진다.

(7) 기능성 화장품

기능성 화장품은 영어로 코스메디컬(comedical) 또는 코스메슈티컬(comeceutical)이라 한다. 코스메디컬은 화장품의 코스메틱(cometices) + 의료의 메디컬(medical)이 합쳐진 말이고 코스메슈티컬은 화장품의 코스메틱(cometices) + 약물의 파머슈티컬(pHamaceutical)이 합쳐진 말이

다. 기능성 화장품은 미백과 주름개선에 도움을 준다. 자외선으로부터 피부를 보호한다. 피부를 곱게 태워준다 등의 기능적인 요소를 도와주는 화장품이다.

① 미백 화장품 : 멜라닌 색소 생성 억제, 티로시나아제 작용 억제(알부틴), 도파의 산화 억제(비타민C), 자외선 차단

◎ 멜라닌의 역할

멜라닌 세포는 기저층에 존재하며 피부에서 발생하는 활성산소나 프리라디칼을 제거하여 자외선으로부터 피부를 보호한다. 멜라닌은 자외선의 자극으로부터 생성되는데 인종에 따라 그 양이 다르다. 표피의 멜라닌 세포 수는 피부색과 관계없이 일정하며 인종 간의 피부색을 결정하는 것은 멜라노솜의 수와 크기이다. 같은 멜라닌이라도 흑인의 경우는 멜라노솜이 산재되어있는 반면 백인은 멜라노솜이 얇은 막에 뭉쳐져 있기 때문에 희게 보인다.

◎ 멜라닌의 합성

티로신 → 도파 → 도파퀴논 → 멜라닌 → 티로시나아제

◎ 미백 메커니즘에 따른 활성성분

ⓐ 자외선 차단(자외선 차단을 통한 멜라닌생성억제- 이산화티탄, 산화아연, 감마-오리지놀, 옥시벤존) ⓑ 사이토카인 조절(멜라닌 합성신호 전달 물질인 사이토카인 작용조절) ⓒ 멜라닌합성 저해제(티로신 반응억제-비타민 C 및 그 유도체, 글루타치온) ⓓ 티로시나아제 활성 저해(티로신 산화 촉매제인 티로시나제 활성 저해 - 알부틴, 감초추출물, 닥나무추출물, 상백피 추출물) ⓔ 멜라닌 세포 파괴(하이드로퀴논)

② 주름개선 화장품 : 진피 조직과 섬유아세포를 촉진시켜 콜라겐과 엘라스틴을 합성한다.

레티놀	지용성 비타민 상피 보호, 쉽게 산화
베타카로틴	피부 재생효과
아데노신	콜라겐과 엘라스틴의 합성 촉진
비타민E, SOD	항산화제 성분으로 활성산소억제와 프리라디칼을 제거

> **주름 발생의 원인**
>
> 나이가 들면 콜라겐과 뮤코다당류(히아루론산, 콘드로이친설페이트)의 수분 결합능력이 떨어져 피부속의 수분이 빠져나가 주름살이 생긴다. 노화된 피부는 활성산소의 영향으로 엘라스틴의 탄력성이 떨어지고 모세혈관과 혈액순환저하로 산소와 영양분의 원활한 공급이 어려워 주름이 심화된다. 장기간 햇빛에 노출된 피부는 광노화로 인해 주름이 생긴다. 자외선이 콜라겐 함량을 감소시키고 엘라스틴의 결합을 증가시켜 피부의 탄력을 감소시킨다.

③ 자외선 차단제 : UVB자외선으로부터 피부보호, 자외선 노출 전에 바르는 것이 효과적, 자외선 흡수제와 산란제로 나뉜다.

자외선 흡수제 (화학적 차단제)	화학적인 방법으로 자외선을 차단하고 흡수하여 피부 침투 막는다. 옥틸디메칠파바, 옥틸메독시신나메이트, 벤조패논 유도체, 캄퍼유도체, 디벤조일메탄유도체, 갈릭산유도체, 파라아미노벤조산
자외선 산란제 (난반사, 물리적 차단제)	분말 상태의 안료로 자외선을 반사시켜 피부 침투를 막는다. 산화아연(징코옥사이드), 이산화티탄(티타늄디옥사이드), 규산염, 탈크
자외선 차단 지수 SPF	최소홍반량(MED)-자외선에 대한 피부 홍반에 의해 측정, UVB에 대한 차단 지수
PA 지수	UVA에 대한 차단지수, + 표시가 많을 수록 차단지수가 높다. 최소지속 흑화량(MPPD) – 자외선 차단정도를 나타내는 수치

④ 태닝(선텐) 제품 : 자외선에 의한 홍반을 막고 멜라닌 색소의 양을 늘려 피부를 건강하고 균일하게 태운다. 자외선으로 부터 피부를 보호하는 산란제 흡수제가 배합된다.

⑤ 리포좀 화장품 : 리포좀은 세포막의 구성성분인 인지질로 이루어진 이중막으로 된 내부가 비어있는 구형의 공과 같은 모양을 말한다. 천연 계면활성제(레시친)을 물에 녹이면 영양물질의 피부흡수를 증가시킨다. 리포좀 제조시에 사용되는 대표적인 인지질은 난황에 함유된 레시친이다. 레시친은 친수성 머리에 두개의 친유성 꼬리가 결합된 천연 계면 활성제이다. 물에 녹이면 작은 공과 같은 모양을 만들며, 내부에 영양물질을 안정하게 담아둘수 있고 영양물질의 피부흡수를 증가 시킬 수 있다.

⑥ 여드름 화장품 : 여드름 유발물질(유동 파라핀,바셀린,라놀린, 올레인산, 라우릴 알코올 등)과 논-코메도제닉(non-comedogenic) (화장품 여드름 유발 성분이 함유되지 않은 화장품)이 있다.

의약품	벤조일퍼옥사이드, 유황, 살리실산
화장품	피지억제(인삼,우엉,로즈마리 추출물), 피지분비 정상화(비타민 B6)

> **여드름 예방**

청결 자극이 적은 세안제로 딥클렌징, 유성성분이 많은 화장품을 피하고 짙은 화장 피하기, 여드름 부위 만지지 않기, 여드름 유발 물질 함유된 화장품 피하기, 지방 많은 음식 피하기, 스트레스 관리하기등을 유의한다.

3) 화장품의 안정성 평가

화장품은 사용 중에 피부자극, 알레르기에 의한 피부트러블 등이 일어나지 않는 제품을 소비자에게 제공하는 것이 중요하다. 이 때문에 고객 개개인에게 화장품 안전성 검사를 행하는 것이 좋다.

(1) 첩포 실험(patch test)

화장품 중 특정 성분이 관리하고자하는 사람의 피부에 부작용을 초래하는지 예견하고자하는 실험

(2) 자극반응

1차 자극 (즉각반응/독성)	피부에 처음으로 접촉했을 때 국소독성이 나타나는 것으로 피부나 점막에 접촉하는 것이기 때문에 가장 먼저 실시하는 중요한 항목이다. 적용시간은 24~48시간이며 떼어낸 후 30분 후 판정한다.
2차 자극 (누적반응/알레르기)	피부 반복 접촉 후에만 나타나는 것으로 보통 화장품을 오래 사용하는 것이기 때문에 연속사용으로 인한 누적 자극성 테스트를 해야 한다. 시험물질의 단순도포를 1일 1회 되풀이하고 누적반응 후 반응을 홍반, 부종등과 함께 평가한다. 실험기간은 1주일~1개월 단위가 바람직하다.
광 자극 (광감작성)	피부자극이 광선을 통해서 발생하는 것이다. 이 시험에서 주로 자외선 중 UVA, UVB의 반응을 시험하는 것이다.
비타민E, SOD	항산화제 성분으로 활성산소억제와 프리라디칼을 제거

(3) 첩포 실험 부위

얼굴은 피하는 것이 좋고 민감한 부위인 팔 안쪽 귀 뒤쪽 부위에 적용한다. 또는 여러 가지 화장품 첩포 시는 서로 비교하기 위하여 등에도 적용한다.

3. 화장품의 성분과 원료

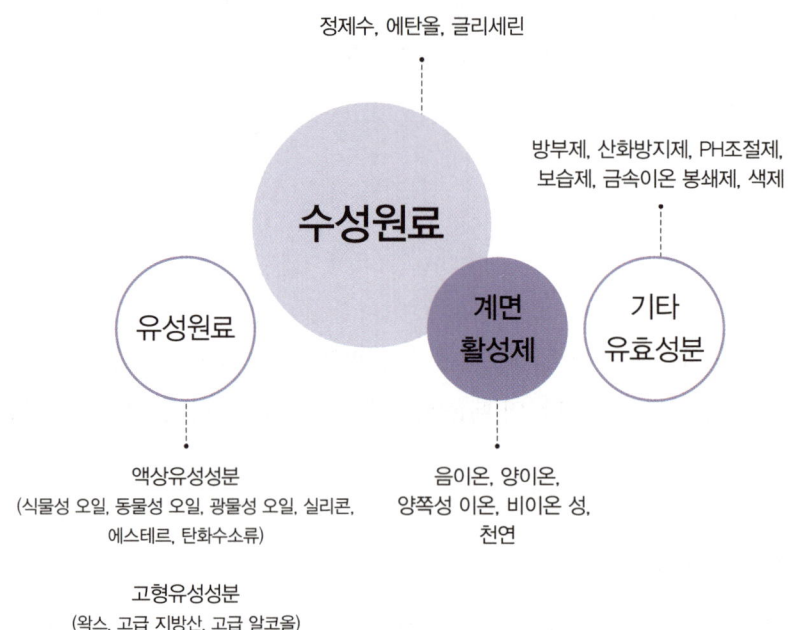

1) 화장품 주요성분

화장품 원료로 이용되고 있는 원료는 향, 색소 이외에도 2,500여종에 이르고 있으며, 그 중 피부 보호 작용에 대표적으로 사용되는 유지, 왁스, 합성오일(유도체)가 차지하는 비율이 매우 높다. 화장품에는 유지, 왁스 등의 지용성 성분 이외에도 보습제, 고분자화합물 등 수용성 성분 그리고 첨가제로서 계면활성제, 산화방지제, 방부제, pH 조절제 및 피부 활성성분으로서 비타민, 미네랄, 아미노산, 자외선차단성분, 산화 방지제 등으로 이루어져있다.

2) 화장품 원료(수용성 원료)

물, 정제수, 알코올 등으로 화장수에 함유된 알코올은 10% 전후이다

(1) 물(water, aqua, purified water, deionized water, DI water)

화장품에서 가장 기본적으로 사용되는 성분으로서 화장수, 로션, 크림 등에 가장 많이 사용되는 성분이다. 일반적으로 가장 깨끗한 물로 화장품을 만들어야 화장품의 변질에 대한 우려가 없기 때문에 활성탄 여과, 금속이온 여과, 자외선 소독 등의 과정을 거친 정제수가 사용된다.

(2) 에탄올(ethanol = ethyl alcohol)

알코올은 화장품에 사용 시 주로 지성, 여드름 피부에 사용된다. 알코올은 청량감과 탈지효과 및 수렴효과를 부여하므로 지성, 여드름 피부에는 도움이 되나, 건성피부, 예민 피부, 노화 피부에는 피부장벽 구조 손상을 초래할 수 있으므로 주의하여 사용하여야 한다. 종류로는 수렴화장수 (astringent), 남성용 화장수가 있다.

(3) 카보머(carbomer)

제품의 점도를 조절하는 목적으로 사용되고, 천연 점액질로서는 젤라틴, 펙틴, 스타취, 알긴산, 한천 등이 있으나, 최근에는 합성 점액질이 많이 사용되며 그 종류에 따라서 carbomer 941은 로숀 및 에센스, carbomer 940은 젤 및 크림의 점도를 나타낸다.

3) 화장품 원료(지용성 원료)

오일, 지방산, 지방 알코올, 수분의 증발억제와 사용 감촉을 향상시킨다.

(1) 식물유

식물유	특징
올리브유 (olive oil)	피부의 매우 좋은 윤활성을 지니며 표피의 각질형성세포, 진피의 콜라겐, 엘라스틴과 같은 물질의 합성력이 있다.
피마자유 (castor oil)	피부에 유년작용이 탁월하며 피부에 윤기 및 광택이 탁월하다. 순도가 낮을 경우에는 피부에 자극을 줄 수 있다.
마카다미아넛유 (macadamianut oil)	우수한 피부 침투력과 퍼짐성, 사용감이 좋고 끈적이지 않는다. 피부 각질층의 지질과 지방산 조성이 비슷하여 피부 장벽 구조의 기능을 돕는다. 피부 자극이 없다.
해바라기유 (sunflower oil)	피부에 진정 효과가 강하며 리놀레인산 등의 필수(불포화) 지방산의 혼합비가 높다, 여드름을 유발하지 않는다.
포도씨유 (grapeseed oil)	피부진정, 항 박테리아 효과가 있다.
셰어버터 (shea butter)	피부진정, 항 박테리아 효과가 있다.
호호바유 (jojoba oil)	호호바 오일에서 추출하므로 정식 명칭은 호호바 오일이다. 사람의 각질층 지질과 성분이 유사하여 피부 장벽구조의 역할을 하며 전체적으로 보습 및 유연 효과가 탁월하다. 또한, 피부 침투력이 매우 좋고 여드름을 유발시키지 않는다.

식물유	특징
윗점오일 (wheat germ oil)	불포화 지방산이나 다량의 비타민 E가 함유되어 있어 산패되지 않고 피부 재생효과가 탁월하다. 밀 배아에서 얻는다.
칸데릴라 왁스 (candelilla wax)	오일 및 왁스를 결합하여 인체에 사용하며 칸데릴라 식물에서 얻는다. 립스틱, 크림에 사용된다.

(2) 동물유

동물유	특징
난황유 (egg oil)	계란 노른자에서 추출하며 레시틴, 비타민 A를 함유하고 피부 진정작용이 탁월하다.
밍크유 (mink oil)	밍크의 피하조직에서 추출되며 피부 친화성, 퍼짐성, 보호 작용이 우수하다.
라놀린 (lanolin)	양모에서 추출하며 천연 왁스 종류이다. 보습력을 지닌 피부 유연제이며 수분 흡수력도 매우 좋다. 그러나 정제도가 저하될 경우 여드름을 유발할 수 있다는 보고가 있다.
향유 고래유 (spermaceti)	향유고래의 뇌 기름 종류로서 최근에 합성해서 사용한다. 제품의 점도를 높여주고 광택을 나타낸다.
밀납	벌집에서 추출되며 유연한 감촉을 부여한다. 크림, 로션 및 마스카라 등 화장품에 전반적으로 사용된다. 그러나 피부 알레르기를 유발할 수 있다.
경납	고래에서 추출하며 피부보호작용이 탁월하다. 최근에는 포경금지와 더불어 서경납의 주성분인 세틸 팔미네이트가 사용된다.

(3) 합성오일(유도체)

합성오일	특징
스테아린산 (stearic acid)	많은 동물성 및 식물성 유지류에서 추출하며 유화제, 증점제로 많이 활용되며 여드름을 일으킬 수도 있는 포화 지방산이다.
팔미틴산 (palmitic acid)	주로 팜유에서 얻으며 피부 보호 작용을 하며 보조유화제로 사용되는 포화 지방산이다.
라우린산 (lauryc acid)	거품을 내는 성질을 가지고 있으며 약간의 피부 자극이 있다.
미리스틴산 (myristic acid)	대부분의 동식물성 지방에서 얻으며 계면활성제, 클렌징제와 결합하면 매우 풍부한 거품을 발생시킨다. 여드름 유발 가능성이 있다.
스테아릴 알코올 (stearyl alcohol)	고급 포화 알코올류로서 유화 안정제 및 점도조절 작용을 하고 화장품에 사용된다.

합성오일	특징
피토스테롤 (pHytosterol)	식물성 스테로이드 형태로사 수분 및 진정작용이 탁월하고 동물성 스테로이드와 같은 부작용이 없다.
이소프로필 미리스테이트 (isopropyl mirystate)	에스테르로서 유연제, 보습제로 사용되고 침투력이 우수하여 사용감이 매끄럽다. 여드름을 유발한다.
이소프로필 팔미테이트 (isopropyl palmytate)	에스테르로서 유연제, 보습제로 사용되고 침투력이 우수하여 사용감이 매끄럽다. 알레르기와 피부독성을 나타내지 않으나 여드름을 유발한다.

4) 화장품 원료(첨가제)

활성성분, 계면활성제, 방부제, 산화방지제, 보습제, 색제, 금속이온 봉쇄제

(1) 건성 피부 활성 성분

성분	특징
콜라겐(collagen)	피부에서는 진피의 주성분이나 화장품으로 사용 시는 고분자 단백질로서 보습작용이 우수하다. 사용감은 촉촉하여 우수한 편이나 열에 약하여 파괴되기 쉽다. 3중 나선 구조로 만들어진 형태이며 종류로는 동물성 콜라겐, 식물성 콜라겐이 있으며, 동물성 콜라겐은 보습력이 우수하나 독성이 나타날 수 있고, 식물성 콜라겐은 피부 자극이 거의 없으므로 최근 많이 사용되고 아테로 콜라겐은 테로펩티드라는 독성을 제거하여 피부에 안전하고 보습효과가 높은 편이다.
엘라스틴(elastin)	피부에서는 진피의 주성분이나 화장품으로 사용 시는 표면 보호제로서 수분증발 억제의 보습효과를 지니므로 건성 및 노화피부에 활용된다.
솔비톨(sorbitol)	글리세린 대체물질이다. 체리, 건포도, 복숭아, 사과, 해초 등에서 추출 가능하며 보습력이 우수하며 독성이 없으나 고분자 이므로 끈적이는 느낌이 있다.
소듐 피로리돈 카르복실릭 엑시드 (sodium P.C.A / pyrrolidone carboxylic acid)	천연보습인자(NMF)의 성분으로 아미노산에서 추출하여 얻을 수 있는 천연 성분으로 피부의 수분 증발을 막아준다.
아미노 엑시드 (amino acid)	천연보습인자(NMF)의 주요성분으로 보습력이 강하며 피부자극이 없다.
해초(seaweed)	대표성분은 알긴산(algae)으로서 제품의 형상은 젤 타입으로 보습, 순환능력 및 아이오딘를 함유하고 있으므로 독소제거에 효과가 탁월하다.
히알루론산 (hyaluronic acid)	진피조직의 글라이코스아미노글라이칸(glycosaminoglycan)의 주요성분으로서 가진 질량의 최소 수 백배의 수분을 흡수할 수 있는 능력이 있으며 촉촉한 느낌이 부여된다. 예전에는 주로 닭벼슬에서 추출했으나 최근에는 유전자 배양을 통해서 만들어진다.

성분	특징
레시틴(lecithin)	보습제, 유연제로 주로 사용되며 리포좀의 원료 및 천연 유화제로 사용된다. 콩, 계란 노른자에서 많이 추출된다.
세라마이드 (ceramide)	각질층 지질의 주성분으로 수분증발 억제, 유해물질 침투 억제, 각질사이에 접착제 역할을 담당하며 피부에 자극이 없다. 피부에서 천연적으로 만들어지고 동·식물에서 얻어진다.
알로에(aloe)	선인장과의 식물로서 수분을 잡는 능력이 우수하여 보습력이 대표적인 효능이다. 그 외에도 항염증, 항미생물, 진정, 치유작용이 있으므로 건성, 노화피부에는 보습, 염증성 여드름 및 예민피부에는 진정과 치유 작용이 있다. 무향 무취이다.

(2) 지성피부, 여드름피부 활성 성분

성분	용도
캄포(campHor)	사철나무에서 주로 추출하며 피지조절, 항염증, 살균, 수렴, 냉각 작용이 대표적 효능으로 여드름 및 지성피부에 사용되며 간혹 혈액순환촉진 작용과 관련하여 다크서클용 눈가제품에도 자주 활용된다. 향기는 유칼립투스와 비슷하다.
유황(sulfur)	유황은 조직을 건조화시키는 능력이 있으므로 각질탈락, 피지억제, 살균작용을 지니고 있으므로 염증성 여드름에 효과가 좋다. 약 2~10%로 사용되며 노란색을 띤다. 단 예민한 피부는 자극이 심할 수 있다.
살리실산 (salicylic acid)	BHA(β-hydroxy acid)로도 불리며 살균 및 피지 억제 작용이 강하므로 염증성 여드름에 효과가 탁월하다. 단, 예민한 피부는 자극이 심할 수 있다.
카오린(kaolin), 벤토나이트(bentonite), 무어(moor), 머드(mud) etc.	진흙계열로 불용성 물질이며 피지흡착 능력이 뛰어나며 흰색 또는 노르스름한 색상이다. 비슷한 진흙 계열로서 벤토나이트는 흰색상이며 그 외에도 무어, 머드 등이 있다.

(3) 노화용 활성 성분

성분	용도
비타민 E (tocopHerol)	지용성 비타민으로서 항산화, 항노화, 재생, 산화방지의 효과가 있으며, 지용성이므로 경피 흡수력이 우수하다.
레티놀(retinol) 레티닐 팔미테이트 (rretinyl-ralmitate)	비타민 A(상피보호 비타민)의 유도체로서 피부 정상화물질로 알려져 있다. 항산화제 및 노화예방, 재생목적으로 사용되는 대표적 성분이다. 안정성은 레티닐 팔미테이트가 우수하다.
플라센타 (placenta)	피부 신진대사, 재생, 혈액순환촉진의 효과가 있어 노화피부에 매우 좋으며 과거에는 소의 태반에서 추출하였으나 광우병으로 인하여 최근에는 돼지에서 주로 추출한다.

성분	용도
AHA (α-hydroxy acid)	5가지 과일산으로 만들어진 성분으로서, 각질제거 및 재생의 효과가 있다. 피부에 도포 시 따가운 느낌을 준다. ※ 구성 추출 특징 - 글리콜산(glycolic acid), 젖산(lactic acid), 사과산(능금산)(malic acid), 주석산(포도산)(tartaric acid), 구연산(citric acid)
레티노이드	비타민 A에 속하는 물질로서, 피부 정상화 물질로 알려져 있어, 노화된 각질이 탈락하고 콜라겐 재생에도 도움을 준다. 노화 및 미백피부에 많이 사용된다.
SOD (superoxide - dismutase)	프리라디칼 억제 효소로서 활성산소에 대해 효과적으로 방어한다.
알란토인 (allatoine)	보습력과 치유작용이 강하여 노화용 성분으로 많이 사용되며 농도가 강할 시 피부에 약간의 따가운 느낌을 부여하기도 한다. 구더기에서도 추출되었으나 최근에는 컴프리 뿌리에서 추출한다.
프로폴리스 (propolis)	피부 진정, 치유, 항염증 작용 및 면역력 향상 효과가 있다. 각종 비타민, 아미노산이 함유되어져 신진대사에 효과도 좋다.

(4) 예민 피부 활성 성분

성분	용도
은행잎 추출물 (ginko)	은행잎에서 추출하며 항산화, 항노화 성분으로서 혈액순환촉진 효과가 있다. 또한 혈관벽에 긍정적인 보호 작용을 한다.
비타민 P	수용성 비타민으로 모세혈관벽 강화 능력이 있다.
비타민 K	지용성 비타민으로 모세혈관벽 강화 능력이 있기에 예민용 크림에 많이 사용된다.
아줄렌(azulene)	항염증, 진정작용이 탁월하여 부종을 방지하는 효과가 있으므로 예민, 여드름 피부에 주로 사용된다. 카모마일에서 주로 추출하며 지용성 성분으로 파란 색상을 나타낸다.
위치하젤 (witch hazel)	홍반, 선번(Sun burn), 피부자극에 사용되며 항염증, 치유효과가 있다.
클로로필 (chlorohyl)	피부진정, 치료효과가 있다.
리보플라빈 (rivoflavin)	피부 유연 효과, 피부트러블 방지 효과가 있다. 비타민 B2로도 불린다.
판테놀 (panthrnol)	보습 및 치유작용을 지니고 있다. 피부를 선번(Sun burn)으로부터 보호하고, 기존의 선번을 진정시킨다. 또한 항염증제로도 많이 사용된다. 비타민 B5로도 불린다.

(5) 미백용 활성 성분

성분	용도
하이드로퀴논 (hydroquinone)	미백효과가 가장 뛰어난 성분 중 하나이다. 현재는 의약품에서만 사용된다.
비타민 C (ascorvic acid)	수용성 비타민으로서 항산화, 항노화, 미백, 재생, 모세혈관 강화 효과가 있으며, 천연 비타민 C는 흰색으로서 빛과 공기 중에 약하므로 비타민 C 성분이 함유된 화장품을 갈색병 또는 밀폐된 용기에 담는 것을 원칙으로 한다.
코직산 (kojic acid)	누룩에서 추출되므로 누룩산이라고도 불리며, 티로시나아제 활성을 억제하므로 미백효과가 있다. 화장품에서는 2%까지 함유될 수 있다.
알부틴(albutin)	하이드로퀴논과 유사한 구조로서 하이드로퀴논과 글루코스를 혼합하면 알부틴이 나오므로 하이드로퀴논 글루코스라고도 불린다. 주로 월귤 나무과에서 추출된다.
감초(licorice)	감초 뿌리와 줄기에서 추출하며 항 알레르기, 자극완화, 해독, 독성제거, 소염, 상처 치유효과가 우수하며 감초 뿌리에서 추출한다. 특히, 최근에는 티로시나아제 활성을 억제하는 효과가 있으므로 코직산 보다 더 효과적이며, 비타민 C보다 약 75배 더 효과적이라고 문헌에서 밝히고 있다.

(6) 자외선차단 활성 성분

피부에 노화, 과색소, 일광화상(burn), 피부암 등을 일으킬 수 있는 자외선에 대한 피해를 막아주는 화장품 성분을 일컫는다.

성분	용도
자외선 산란제	① 명칭 : 난반사인자, 미네랄 필터, 물리적 필터 등의 표현으로도 사용되어진다. ② 원리 : 피부에서 자외선의 반사로 피부를 보호한다. ③ 구체적인 성분 : 이산화티탄(TiO_2), 산화아연(ZnO) ④ 장점 : 피부에 안전하여 예민 피부에도 사용 가능하며, 자극이 낮다. ⑤ 단점 : 입자가 클 경우는 피부에 뿌옇게 밀릴 수 있다.
자외선 흡수제	① 명칭 : 화학적 필터 등의 표현으로도 사용되어진다. ② 원리 : 자외선 흡수제의 화학적인 성질로 자외선의 화학에너지를 미세한 열에너지로 바꾸어 피부 밖으로 방출 ③ 구체적인 성분 : 옥틸 디메칠 파바, 옥틸 메톡시신나메이트, 벤조페논-3 등 ④ 장점 : 색상이 없고 사용감이 산뜻하다. ⑤ 단점 : 피부에 화학적인 반응이 자극을 줄 수 있다.

성분	용도		
SPF (sun-protection-factor)	① 정의 : 자외선 중에서 UVB에 대한 차단력을 가지는 수치로서, 피부 일광화상 예방효과를 나타낸다. ② 계산법 : SPF = 자외선 차단제를 도포한 피부의 최소 홍반량(MED), 자외선 차단제를 도포하지 않은 대조 부위의 최소 홍반량(MED)		
	SPF 자외선 차단		
	성분	이산화티탄, 산화아연, 탈크	
	자외선 차단지수	SPF =	자외선 차단제를 사용했을 때 최소 MED / 자외선 차단제를 사용하지 않았을 때 최소 MED
		MED : 홍반을 일으키는 최소한의 자외선 량	
	설명	SPF(Sun Protection factor) 수치 50은 약 8시간 지속	

4) 계면 활성제

서로 섞이지 않은 다른 물질의 경계면에 활성을 주어 섞어주는 물질로서, 한 분자 내에 친수기와 소수기(친유기)로 나뉘고, 이때 친수기의 종류에 따라서 양이온, 음이온, 양(쪽)성, 비이온 계면활성제로 나뉜다.

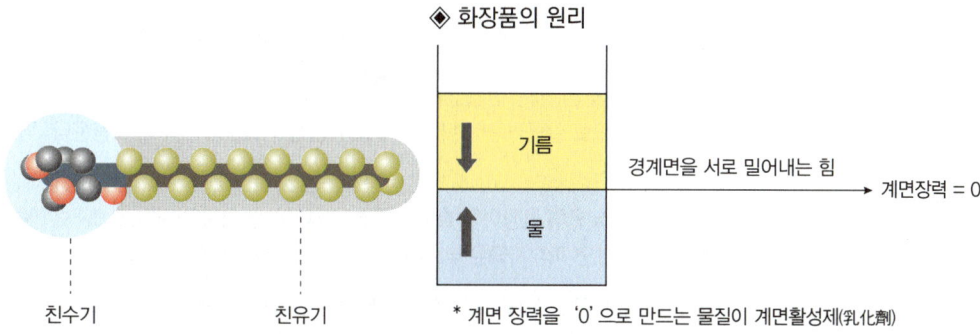

◆ 화장품의 원리

* 계면 장력을 '0'으로 만드는 물질이 계면활성제(乳化劑)

① 양이온 계면활성제(cationic surfactant) : 세정작용보다는 살균이나 정전기 방지제 등으로 사용된다. 종류로는 헤어린스, 헤어트리트먼트, 섬유 정전기 방지제 등이 있다.

② 음이온 계면활성제(anionic surfactant) : 세정력이 강하고 기포형성 작용이 우수하여 비누, 샴푸 등에 많이 사용되면 에멀션의 유화제 역할도 하나 피부 자극이 강하다.

③ 양(쪽)성 계면활성제(ampHoteric surfactant) : 음이온 계면활성제에 비하여 세정력이 약하나 피부자극이 약하므로 베이비 샴푸 등에 주로 사용되며, 최근 피부나 점막에 대한 작용이 완

화한 계면활성제로 사용되고 있다.

④ 비이온 계면활성제(nonionic surfactant) : 피부 자극이 가장 낮아서 주로 클렌징, 화장수, 에센스 크림 등의 기초화장품류에 많이 사용된다.

종류	특징	제품
양이온성 계면활성제	· 살균, 소독, 유연, 정전기발생억제 · 피부자극이 강함	· 헤어트리트먼트제, 헤어린스
음이온성 계면활성제	· 세정작용, 기포형성 우수 · 탈지력이 강해 피부가 거칠어짐	· 비누, 샴푸, 클렌징 폼
양쪽 이온성 계면활정제	· 음이온성과 양이온성을 동시에 가지고 있음 · 피부자극과 독성이 적고 정전기 발생의 억제 · 세정력과 피부 안정성이 좋음	· 베이비 샴푸, 저자극 샴푸
비이온성 계면활성제	· 물에 용해되어도 이온화되지 않음(비이온화) · 피부 자극이 적어 기초 화장품에 많이 사용함	· 화장수의 가용화제, 크림의 유화제, 클렌징 크림의 세정제 · 분산제로 이용

5) 기타 유효 성분

(1) 방부제

성분	특징
에탄올(ethanol)	인체 소독용으로 살균작용이 뛰어나 주로 염증성 여드름용 제품에 사용된다. 피부 자극이 있다.
벤조산(benzoic acid)	피부 자극이 낮으며 곰팡이와 효모의 증식을 억제하는 작용을 한다. 0.05~0.1% 농도로 사용되면 피부자극은 낮으나 간혹 알레르기를 유발할 수 있다.
파라옥시 안식향산 (paraben)	파라옥시 안식향산(paraben) : 화장품에 가장 흔하게 사용되는 방부제로서 화장품에 안전한 것으로 여겨지면, 알레르기 반응이 낮다. 농도는 0.03~0.30% 사이로 사용된다. ① 에틸 파라벤(ethyl paraben) : 수용성 물질에 대한 방부 ② 메틸 파라벤(methyl paraben) : 수용성 물질에 대한 방부 ③ 프로필 파라벤(propyl paraben) : 지용성 물질에 대한 방부 ④ 부틸 파라벤(butyl paraben) : 지용성 물질에 대한 방부
이미다졸리디닐 우레아 (Imidazolidinyl Urea, Imidazolidyl Urea)	가장 흔하게 사용되는 방부제 종류로서 보존제 역할도 한다. 일반적으로 파라벤류에 대한 보조 방부제로 사용된다.

(2) 산화방지제

성분	특징
EDTA (ethylendiamine-tetraacetic acid)	방부제의 종류
BHT (butylhydroxytoluene)	항산화 물질로서 톨루엔 베이스인 방부제이다. 피부미용 제품에는 드물게 사용되는데 피부에 자극이 있다.
BHA (butylhydroxyanisol)	항산화 능력이 있는 방부제이다. 항산화제로서 방부제 기능을 부여한다.

(3) pH 조절제

화장품 법규상 화장품에서 사용가능한 pH는 pH3 ~ 9이다.

시트러스 계열 (citrus fruit)	항산화 성질을 지니고 낮은 자극성의 방부제로도 활용되면서, 화장품의 pH를 산성화 시키는 목적으로 사용된다.
암모니움 카보나이트 (ammonium-carbonate)	화장품의 pH를 알칼리화 시키는 목적으로 사용된다.

(4) 보습제

 피부를 촉촉하게 하는 물질로 건강한 상태인 각질층의 수분 15~20% 함유, 글리세린, 프로필렌글리콜, 솔비톨, 부틸렌글리콜, 폴리에틸렌글리콘, 소디움, PCA, 천연보습인자, 히알루론산 나트륨 등이 있다.

(5) 금속이온 봉쇄제

 EDTA의 나트륨염

(6) 색제

색제	특징
염료	시각적인 색상효과
안료	무기안료(체질안료, 착색안료, 백색안료), 유기안료, 레이크 등
천연색	헤나, 카르타민, 클로로필 등

4. 화장품의 제조

1) 화장품 제조의 원리

기초용, 세정용, 정발용, 향취용, 색조용, 기능용

(1) 미셀

계면 활성제의 분자모형, 미셀은 친수성과 친유성을 동시에 갖고 있다. 계면 활성제의 농도가 증가할수록 계면활성제의 분자나 이온물의 결합체를 형성한다.

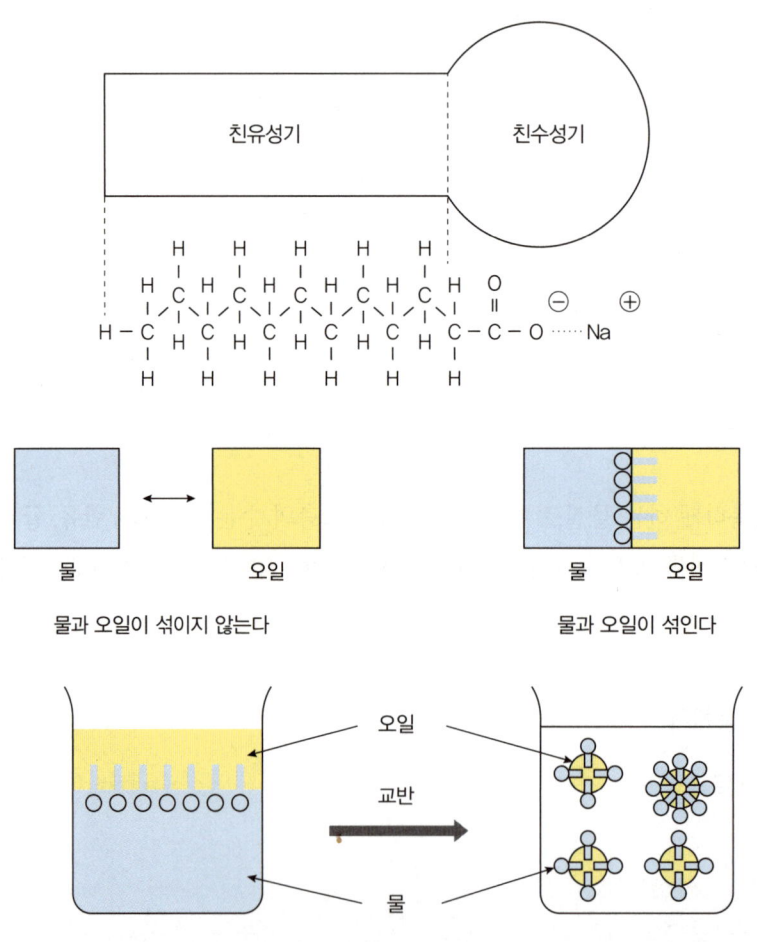

2) 화장품 제조의 3대 기술

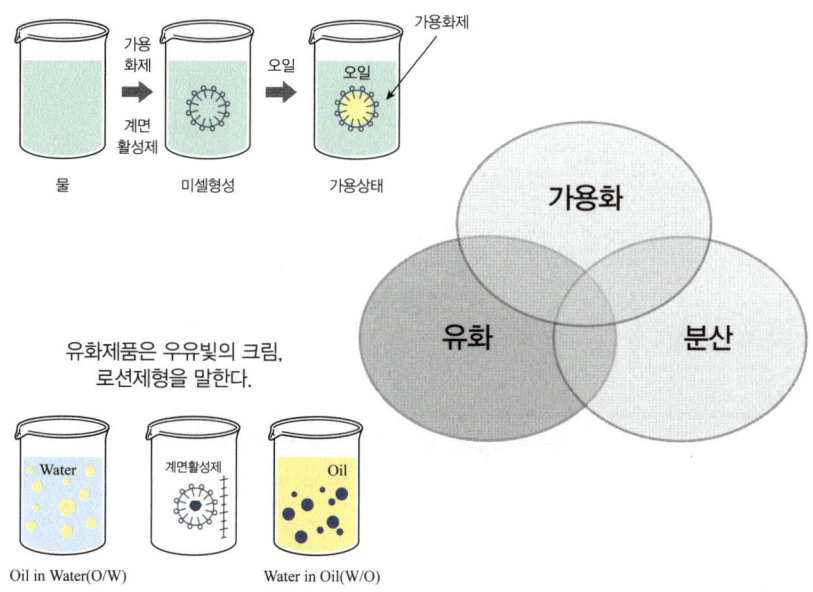

가용화상태로 투명한 스킨, 로션, 에센스 등이 해당된다.

유화제품은 우유빛의 크림, 로션제형을 말한다.

(1) 가용화 기술

① 원리 : 물 + 소량의 오일, 계면활성제에 의해 투명하게 용해

② 미셀(micelle)이 작아 가시광선이 통과되므로 투명하게 보인다.
  (미셀 : 계면활성제에 의하여 오일 성분 주위에 만들어지는 작은 집합체)

③ 종류 : 화장수, 에센스, 헤어토닉, 향수 등

(2) 유화 기술

① 원리 : 비교적 대등한 용량의 수분+유분, 계면활성제에 의해 뿌옇게 섞인 제품

② 미셀이 커서 가시광선이 통과되지 못하므로 뿌옇게 불투명한 색상으로 보인다. 가용화제에 비하여 미셀이 약 1,000배 크다

③ 에멀션 : Oil in Water type(W/O형, 유중수형), Water in Oil type(O/W형, 수중유형), 다상 에멀션(W/O/W, O/W/O)

④ 종류 : 크림(cream), 유액(lotion)

⑤ 유화기기 : 호모믹서, 마이크로 플루다이저

(3) 분산 기술

① 원리 : 물 또는 오일 + 고체입자, 계면활성제의 혼합된 형태

② 종류 : 파운데이션(리퀴드 / 크림), 트윈케이크, 아이섀도, 마스카라

3) 화장품 제형 : 세정, 피부 정돈, 피부 보호

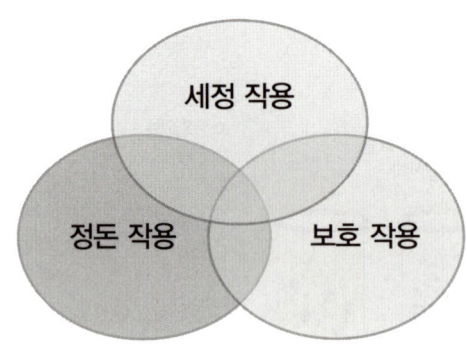

(1) 기초 화장수 제품

클렌징 후 피부의 pH 조절, 피부정돈, 수분공급 등의 효과를 부여하며 다량의 정제수에 보습제를 기본으로 배합한다.

① 유연 화장수(스킨) : pH 조절, 유·수분을 보충한다, 각질층을 촉촉하고 부드럽게 한다. 각질 제거 용이하다.

② 수렴화장수(아스트리젠트) : 에탄올을 함유한 모공 수축, 소독 효과가 있다. 지성 피부, 여드름 피부에 적합하다.

③ 소염 화장수 : 살균 소독 진정 효과 및 염증 완화 효과, 염증성 피부, 여드름 피부에 적합하다. 최근에는 모공수축효과가 거의 없고 건성, 노화, 예민 피부에는 자극을 부여하므로 그다지 많이 사용되지 않는다.

④ 로션(유액) : 수분이 약 60~80%로서 점성이 낮은 O/W형의 유화형 크림으로 피부에 퍼짐성이 좋고 빨리 흡수되며 사용감이 적당하다. 피부 타입으로는 건성용, 정상용, 지성용, 복합성용, 예민형, 노화용으로 구분하며, 사용 목적으로는 클렌징, 보습용, 자외선 차단용으로 구분한다.

⑤ 크림 : 피부의 정상적인 보호막(피부장벽구조)이 지나치게 강한 클렌징이나 건성, 노화피부의 경우는 인공적인 보호막으로 보충해져야 되는데 이때 사용할 수 있는 제품. 사용 목적은 피

부를 외부 자극으로부터 보호, 보습, 활성성분을 통한 피부 신진대사 활성화를 돕는다. 배합성분에 따라서 O/W, W/O형으로 구분된다.

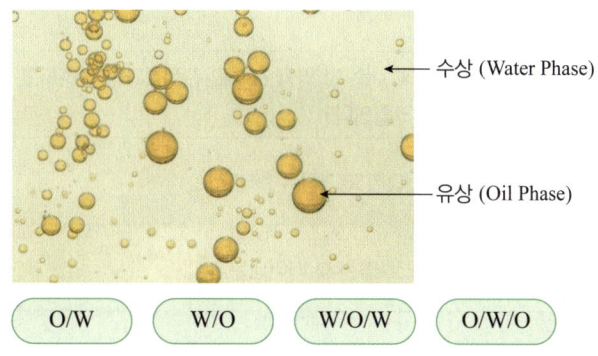

O/W형 에멀션	물 > 오일 : 흡수빠름, 시원함, 로션류
W/O형 에멀션	오일 > 물 : 흡수느림 무거움, 크림류
W/O/W 에멀션 O/W/O 에멀션	물/오일/물, 오일/물/오일의 3중 구조 : 안정적임, 영양크림, 보습크림

⑥ 에센스 : 영양, 수분, 미백 등의 성분이 고농축으로 함유 되어서 미량사용 또는 빠일 시일 내에 높은 효과가 기대되므로 최근 인기가 높은 형태이다.

⑦ 팩과 마스크 : 용어의 유래 : package라는 '포장하다' 또는 '둘러싸다'에서 유래되는 마로서 마스크(mask)라는 말과 혼용되고 있다.

ⓐ 효과 : 팩(마스크)의 건조되는 과정으로 인하여 피부에 긴장감 부여, 온도가 상승되는 종류는 혈액순환 촉진과 활성 성분 침투력 증가, 종류에 따라서 청결해짐은 피부의 노폐물 제거

ⓑ 팩과 마스크 정리 : 팩(얼굴에 바른 후 공기가 통할 수 있도록 하며 굳지 않는다.

ⓒ 마스크(얼굴에 바른 후 공기가 통하지 않으며 굳는다.)

ⓓ 종류

종류	특징
필 오프 타입 (peel off type)	팩(마스크)가 건조된 후 떼어내는 타입이므로 피부에 건조되면서 긴장감을 부여하며, 청량감을 부여함과 동시에 보습, 진정 및 베이스 제품의 침투력이 향상된다. 비슷한 유형으로 코팩과 같은 패치(patch) 타입이 있다.

종류	특징
워시 오프 타입 (wash off type)	크림, 젤, 머드 등의 클레이 타입이 주류를 이루며 20여분 후에 물로 제거한다. 크림 타입은 영양, 보습, 진정작용, 젤타입은 보습, 진정작용, 머드타입은 각질 제거에 효과적이다.
티슈 오프 타입 (tissue off type)	크림 팩은 안면에 보습 및 영양 그리고 진정효과를 부여하고 티슈로 닦아내는 일반적인 티슈 오프 타입이다.
시트 타입 (seat type)	시트를 올려놓았다가 제거하는 형태
패치 타입 (patch type)	패치를 부분적으로 붙인 후 떼어내는 형태

⑧ 핸드 새니타이져 : 알코올을 함유한 살균, 소독 제품으로 물을 사용하지 않고 손에 찍어서 직접 바르는 핸드 케어 제품

(2) 세정용 제품

① 비누 : 클렌징 효과가 우수하나 탈지현상을 일으켜 피부건조유발 가능, 사용 후, 피부 당김 현상

② 클렌징

종류		특징	
클렌징 폼	물을 만나면 거품이 일어나고 세정효과 우수, 이중 세안으로 적당, 보습제 함유.	아미노산계 클렌징 폼	피부에 자극이 적고 약산성으로 피부의 pH와 맞추어져 있으나 기포력과 세정력이 낮다.
		알칼리 타입 클렌징 폼	비누를 주성분으로 제조되었으며 거품 생성이 우수하고 헹굼성이 좋으나 지나친 세정력은 피부 장벽구조를 손상시켜 건조를 유발한다.
		비이온성 클렌징 폼	피부 장벽에 도움을 주기 위하여 유분량을 증가시키면 세안 후 미끌거림이 남을 수 있다.
클렌징 크림	친유성(W/O 유중수형)으로 세정력이 뛰어나다. 두꺼운 화장을 지우기에 적당, 클렌징 크림을 사용한 후 반드시 이중 세안. 광물성 오일이 40~50% 정도 함유 되어 피부의 기름때를 잘 제거하기 때문인데 광물성 기름은 피부에 호흡을 방해하므로 반드시 추가세안을 해야 한다. 이때 지나친 피부 문지름은 피부에 자극을 주므로 주의해야 한다.		

종류	특징		
클렌징 로션	친수성(O/W 수중유형)으로 물에 잘 용해된다. 가벼운 화장을 지우기에 효과적, 끈적임이 없고, 클렌징 크림보다는 세정력이 약하다. 클렌징 크림보다는 소량의 광물성 오일이 함유 되어져 있고 수분을 많이 함유하고 있다. 사용감은 부드러운 느낌을 주나 짙은 메이크업에는 적절치 않다.		
클렌징 젤	오일이 전혀 함유되지 않는 세안제로 물로 제거 가능, 세정력 우수. 여드름, 지성피부, 민감성 피부에 적합하다.	유성타입 클렌징 젤	짙은 화장도 깨끗하게 지워진다.
		수성타입 클렌징 젤	유성 타입에 비해 세정력은 떨어지나 사용감이 우수하다. 단 짙은 화장 세정력은 떨어진다.
클렌징 워터	주로 가벼운 화장을 지우는 데 사용되며 가용화제로 만들어진다.		
클렌징 오일	수용성 오일로 물에 쉽게 용해된다. 피부자극 없고, 진한 메이크업을 지우기에 효과적이고 노화피부, 민감성 피부, 건성피부에 적합하다.		

③ 각질 제거용 제품

종류	특징
고마지	도포 후 마르면 근육결 방향대로 밀기
스크럽	미세한 알갱이가 연마제 역할로 피부 노폐물과 각질 제거
효소(엔자임)	단백질 분해 효소(파파인, 브로멜린, 펩신)가 각질 제거
AHA(알파하이드록시산)	(아하)과일산으로 각질을 녹이고 피부 턴 오버 기능, 수용성으로 피부 표면 각질 제거에 용이
BHA(베타하이드록시산)	(바하)지용성으로 각질, 모공 속 블랙헤드 제거에 효과적

Chapter.9 손발의 구조와 기능

Nail

1. 뼈(골)의 형태 및 발생

1) 세포의 구조 및 작용

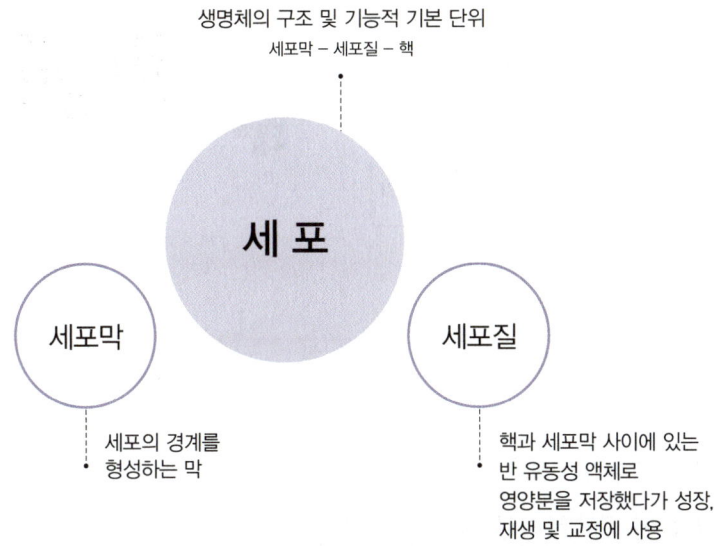

① 세포의 구조 : 세포는 핵, 세포막, 세포질로 구성되어있다. 다만, 성숙된 적혈구인 경우에는 핵이 없는 세포도 있다.

② 세포막 : 세포질 주위를 둘러싸고 있는 막으로 세포의 경계를 형성한다. 세포막에는 여러 가지 효소(단백질)가 있어 각종 화학반응을 촉매한다.

③ 세포질 : 원형질이라고도하며 세포막과 핵 사이에 있는 부분으로 세포막으로 둘러싸여 있고 일정한 형태가 없는 반유동성 물질인 세포기질과 그 속에 작은 여러 물체들인 세포기관 및 세포 함유물로 구성되어 있다.

2) 조직구조 및 작용

세포 → 조직 → 기관 → 개체, 조직은 크게 상피조직, 결합조직, 근육조직, 신경조직으로 나뉜다.

세포 → 조직 → 기관 → 기관계 → 개체

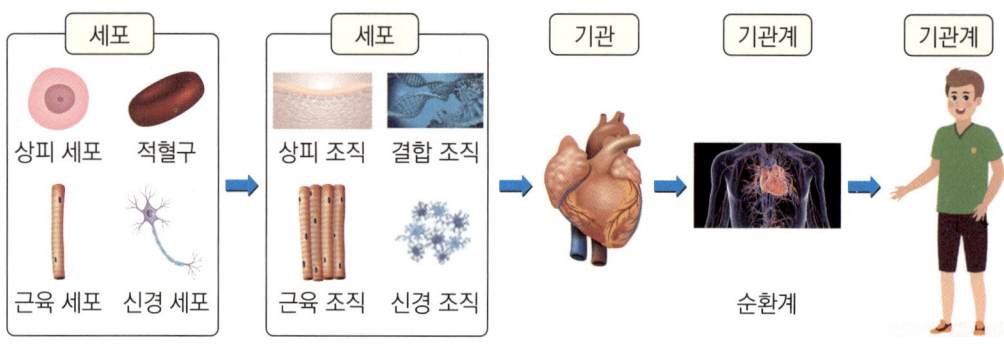

3) 골격의 기능

① 보호기능 : 뇌 및 내장기관 보호

② 저장기능 : 칼슘, 인 등의 무기질 저장

③ 지지기능 : 인체를 지지

④ 운동기능 : 근육의 운동

⑤ 조혈기능 : 골수에서 혈액생성

4) 뼈의 구조

① 골막 : 뼈의 보호, 뼈의 영양, 성장 및 재생

② 골조직 : 치밀골(뼈의 표면) 과 해면골(뼈의 중심부)

③ 골수강 : 치밀골, 내부의 골수로 차있는 공간

④ 골단 : 장골의 양쪽 끝부분 (연골 – 골과 골 사이의 충격을 흡수하는 결합조직)

5) 뼈의 형태에 따른 분류

① 장골(긴뼈) : 상완골, 요골, 척골, 대퇴골, 경골, 비골 등

② 단골(짧은뼈) : 수근골, 족근골

③ 편평골(납짝뼈) : 견갑골, 늑골, 두개골

④ 불규칙골 : 척추골, 관골

⑤ 종자골(종강뼈) : 씨앗모양, 슬개골
⑥ 함기골(공기뼈) : 전두골, 상악골, 사골, 측두골, 접형골

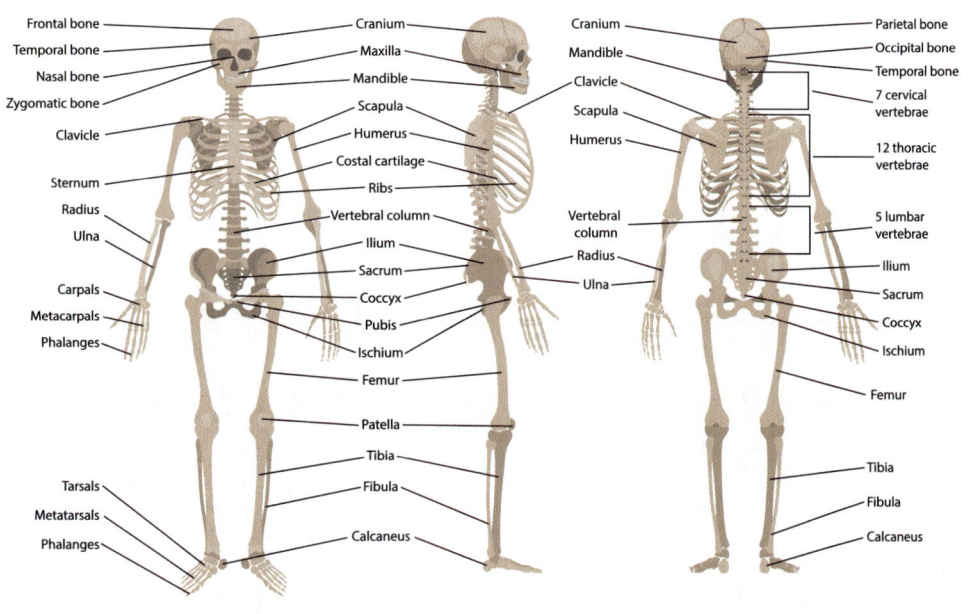

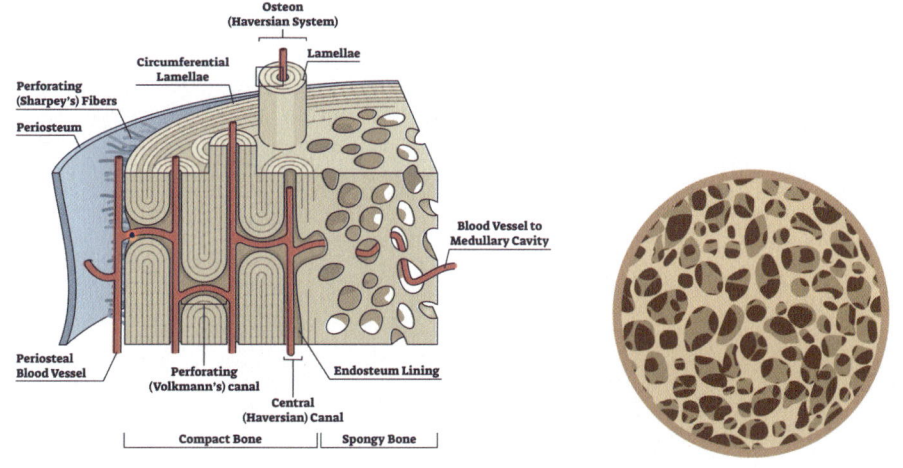

2. 손과 발의 뼈대(골격)

1) 손의 뼈

한쪽 손의 뼈는 27개로 양쪽 손은 총 54개이며, 뼈와 뼈 사이에는 관절과 연골 및 인대로 구

성되어 있다.

① 수근골 : 손목을 구성하는 8개의 뼈

② 중수골 : 손바닥을 구성하는 5개의 뼈

③ 수지골 : (엄지)기절골과 말절골로 구성, (나머지)기저골, 중절골, 말절골

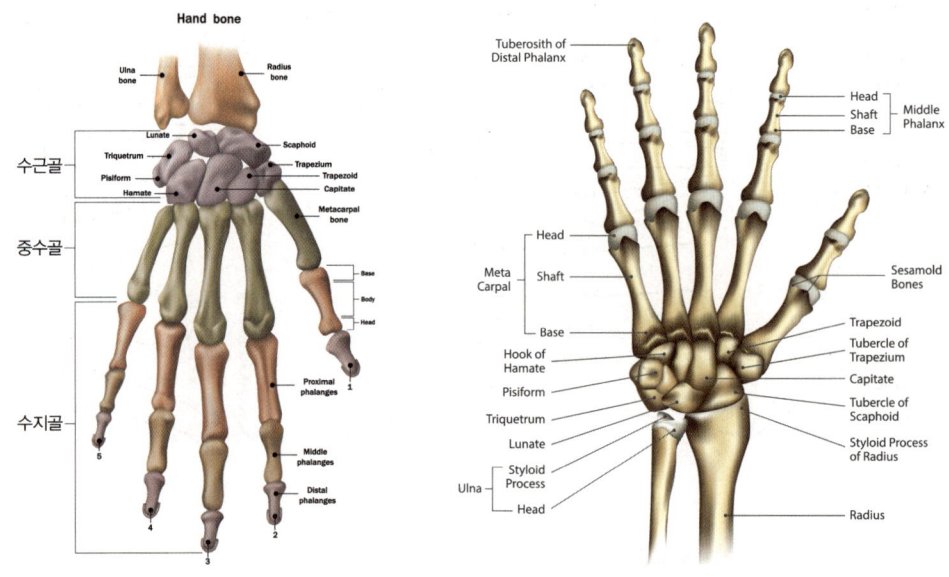

2) 발의 뼈

한쪽 발의 뼈는 26개로 양쪽 발은 총 52개로 구성된다.

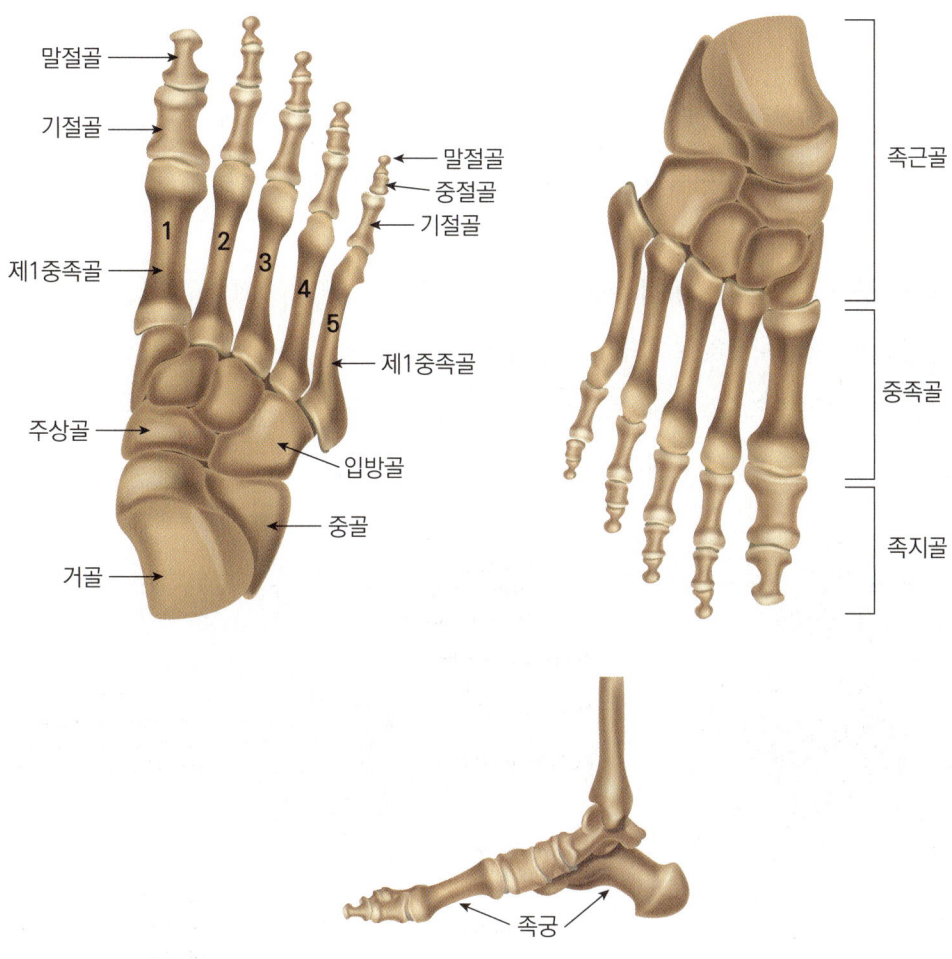

① 족근골 : (근위족근골) 거골, 종골, 주상골

   (원위족근골) 제1설상골, 제2설상골, 제3설상골, 입방골

② 중족골 : 족근골과 족자골 사이의 발바닥을 형성하는 5개의 뼈

    제1중족골 ~제5중족골

③ 족지골 : 총 14개로 구성

④ 족궁 : 발바닥 안쪽의 아치모양의 뼈

3. 손과 발의 근육

근육세포로 이루어진 근육은 뼈세포로 이루어진 뼈를 움직인다.

1) 손의 근육

① 신근 : 손목과 손가락을 벌리거나 펴개하여 내외측 회전과 내외항에 작용

② 굴근 : 손목을 굽히고 내외향에 작용하며 손가락을 구부리게 하는 근육

③ 외전근 : 손가락 사이를 벌어지게 하는 근육

④ 대립근 : 물건을 잡을 때 사용하는 근육

⑤ 내전근 : 손가락을 나란히 붙이거나 모을 수 있게 하는 근육

⑥ 회내근 : 손을 안쪽으로 돌려서 손등이 위로 향하게 하는 근육

⑦ 회외근 : 손을 바깥쪽으로 돌려서 손바닥이 위로 향하게 하는 근육

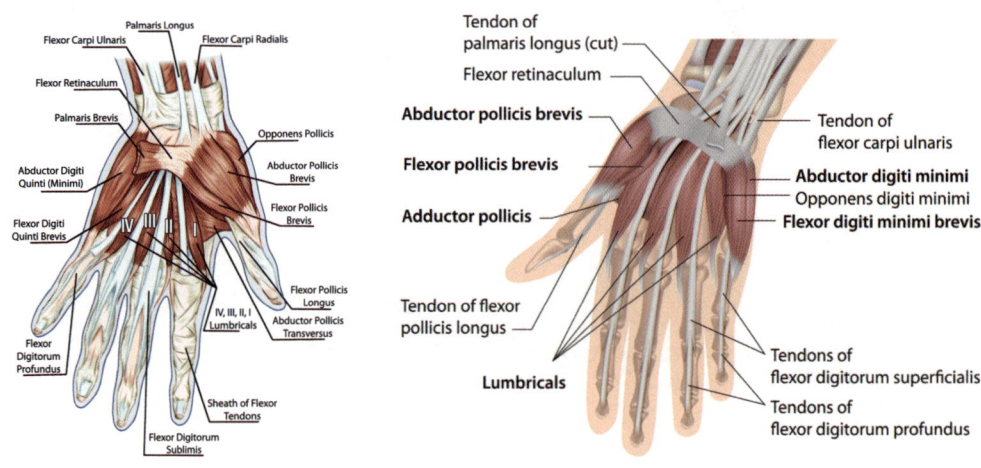

2) 발의 근육

발에는 19개의 근육과 건이 있는데 그중 18개는 발의 바닥에 있다.
 또한 13개의 하지(다리)의 건들이 연장되어 발의 각각의 부분과 붙어 있다. 그러므로 총 32개의 근육과 건(힘줄)이 발에 연결되어 있다. 발의 근육 중에서 정확히 같은 근육은 없다.
 각각은 제각기 고유의 기능이 있다. 근육과 건에는 차이가 있는데 근육은 중심 부분이며 신축적 조직체인 반면 건은 근육의 가늘어진 끝부분으로 근육을 뼈에 연결하는 부분이다.

우리 몸의 총근육 650개중 우리의 의지대로 움직이는 수의근의 수는 약 1/3을 차지하는데 발과 다리의 모든 근육들은 이러한 수의근에 속한다.

(1) 발등근육

표층면(짧은발가락폄근, 짧은엄지폄근, 긴발가락폄근, 긴엄지폄근, 짧은종아리근, 셋째종아리근)

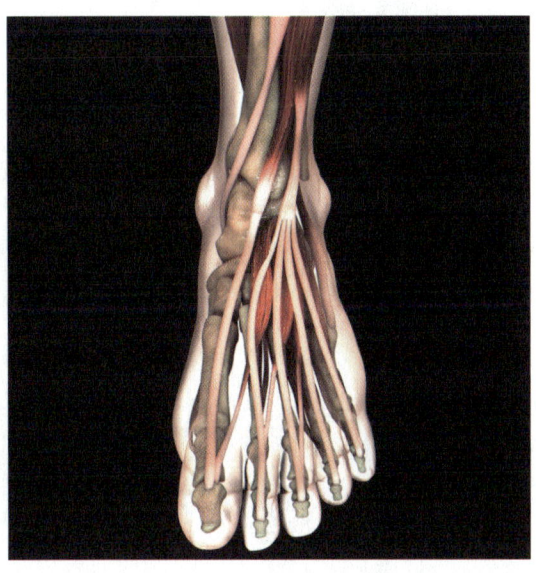

(2) 발바닥근육

① 첫째층 : 엄지벌림근, 짧은발가락굽힘근, 새끼벌림근

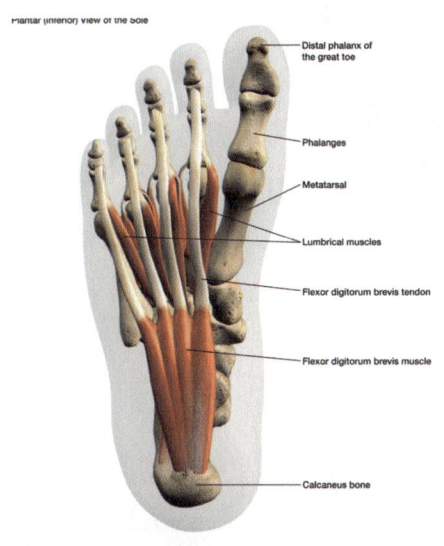

② 둘째층 : 벌레근, 발바닥네모근, 긴엄지굽힘근, 긴발가락굽힘근

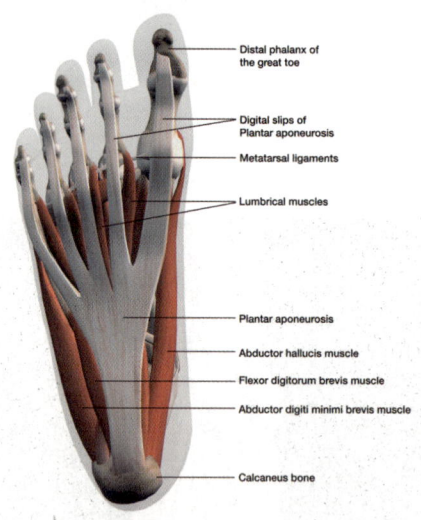

③ 셋째층 : 짧은엄지굽힘근, 엄지모음근, 짧은새끼굽힘근

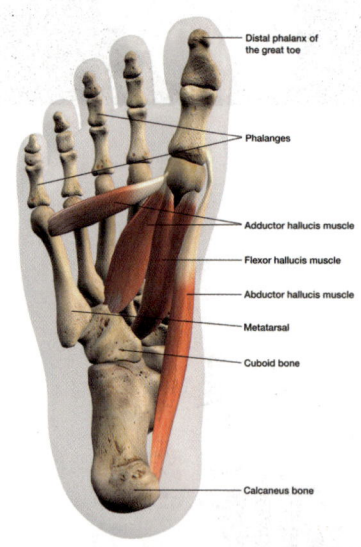

④ 넷째층 : 등쪽뼈사이근, 바닥쪽뼈사이근, 뒤정강근, 긴종아리근

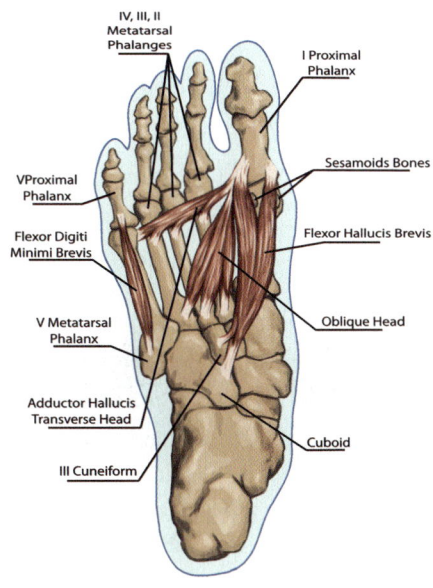

(3) 발꿈치근육

표층면(가자미근, 장딴지빗근, 장딴지근)

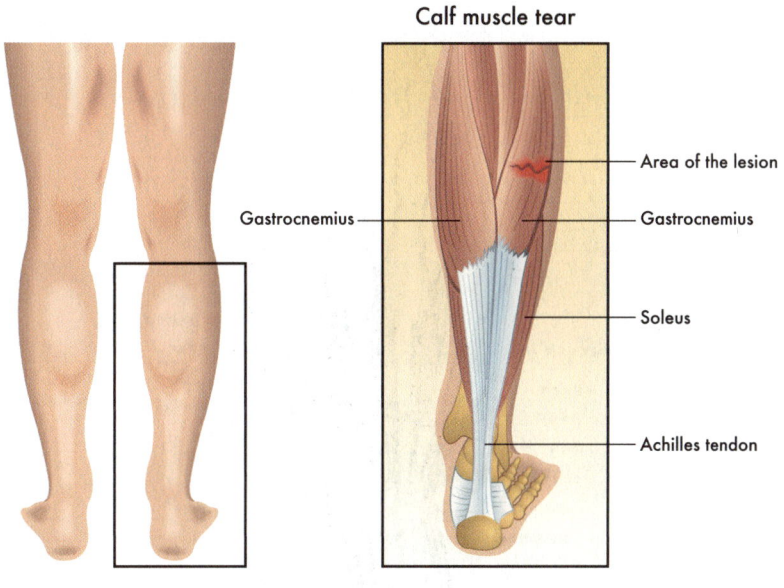

4. 손과 발의 신경

근육을 어떻게 움직이라고 지시하는 것은 신경세포이다. 지각신경이나 운동신경은 뇌와 척수로부터 신체에 모든 부위에 퍼져있는데 이를 말초 신경계라하고 이들의 기능은 중추신경계로부터 지시를 받거나 전달하는 역할을 한다.

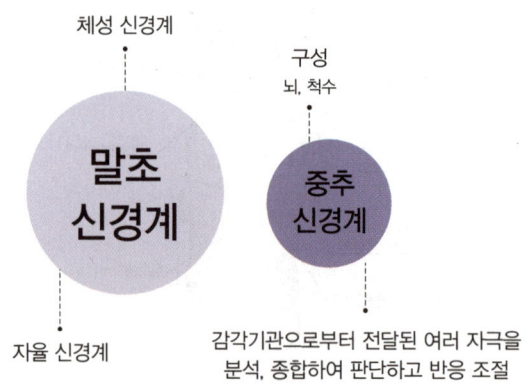

1) 손의 신경

손에서 느끼는 모든 감각은 모두 대뇌피질의 체성감각영역에 전달된다.

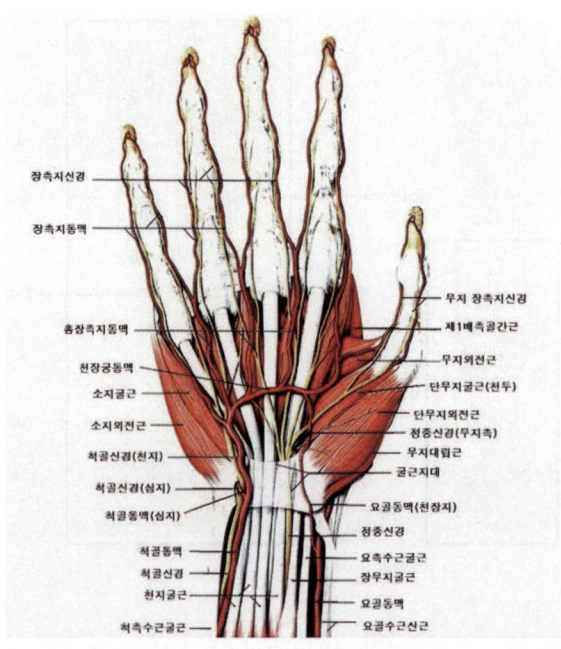

* 출처 : https://blog.daum.net/jaga75/1718725

2) 발의 신경

발바닥 내측은 내측 족저 신경이 지배하고, 발바닥 외측은 외측 족저 신경이 지배한다.

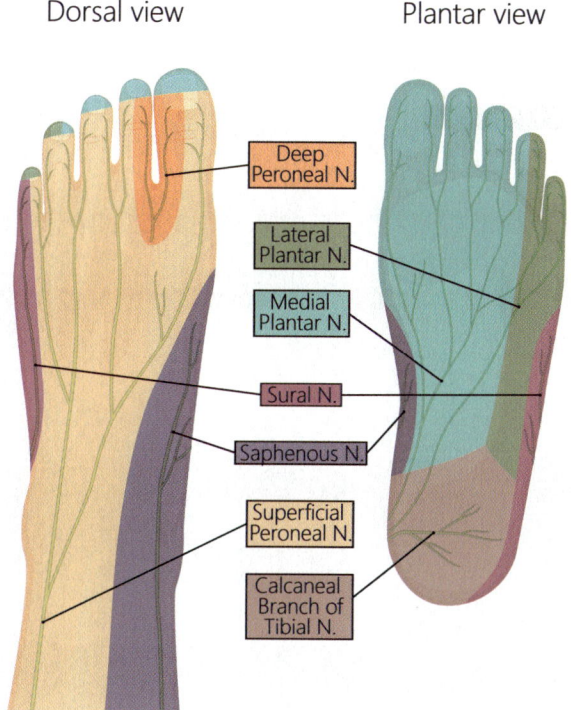

Zaha Hadid

PART 02

네일 화장품 제거

- **Chapter.1** 일반 네일 폴리시 제거
- **Chapter.2** 젤 네일 폴리시 제거
- **Chapter.3** 인조 네일 제거

Chapter.1 일반 네일 폴리시 제거

1. 일반 네일 폴리시 성분

1) 일반 네일 폴리시 화장물 유형

일반 네일 폴리시는 자연 건조되는 특징이 있다. 일반 네일 폴리시 화장물은 니트로셀룰로스가 주성분으로 일반 네일 폴리시 화장물을 제거할 때는 일반 네일 폴리시리무버를 선택하여 제거해야 한다.

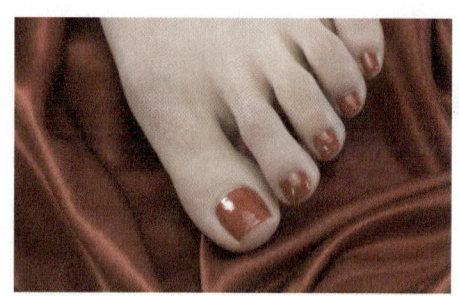

2) 일반 네일 폴리시 제거제

아세톤, 에틸아세테이트 성분에 보습을 도와주는 오일, 글리세린 등에 성분을 혼합한 제거제로 아세톤 성분이 비교적 조금 함유되어 있다. 아세톤 성분이 적기 때문에 자연 네일의 백화 현상을 최소화 하여 비교적 두께감이 없는 일반 네일 폴리시 화장물의 제거제로 사용한다.

Nail Polish Remover

N/A Nail Polish Remover

> ### 논 아세톤 (Non'-Acetone) 아세톤 프리(Acetone Free)
> 아세톤 성분을 포함하지 않은 제품을 말한다. 메틸아세테이트, 이소프로필 미리스테이트, 토코페롤아세테이트 등의 성분으로 구성되어 있고 아세톤 성분이 없으므로 제거 시 백화 현상이 없다.

2. 일반 네일 폴리시 제거 작업

1) 제거 시 필요 재료

디스펜서　　화장솜　　우드스틱　　샌딩파일　　디스크패드　　더스트 브러시

2) 일반 네일 제거 매뉴얼

순서	작 업	내 용
1	제거제 적용	탈지면에 일반 네일 폴리시리무버를 적셔 손톱 위에 올려둔다.
2	화장물 제거	탈지면으로 손톱을 꼬집듯 위로 올려 아래로 미끄러지듯이 내려서 일반 네일 폴리시 화장물을 제거한다.
3	제거 확인	잔여 화장물은 오렌지 우드스틱에 탈지면을 말아서 구석구석 꼼꼼히 제거한다.
4	표면 정리	제거한 후에는 네일 표면이 건조하기 때문에 부드러운 샌딩 파일을 사용하여 표면을 정리한다.
5	분진 제거	더스트 브러시로 손톱의 표면과 손톱 밑 분진들을 깨끗하게 털어준다.
6	이물질 제거	멸균 거즈를 사용하여 손을 닦아주고 잔여물과 이물질을 제거한다.
7	제거 확인	제거 상태를 확인하고 정리한다.

3) 제거 시 주의사항

① 네일 화장물 제거제 사용 시에는 호흡기를 보호하기 위해 마스크를 착용해야 하며 항상 환기에 신경써야 한다.
② 네일 화장물 제거제는 인화성 물질로 화기 옆에 두지 않아야 한다.
③ 네일 화장물 제거제는 휘발성이 강한 액체로 과도한 사용은 네일과 네일 주변 피부를 건조하게 할 수 있으므로 과도한 사용은 피해야 한다.
④ 네일 화장물 제거 후에는 자연 네일 손상을 방지하기 위해 네일 강화제를 도포하는 것이 적절하며, 주변 피부에 보습을 위해 큐티클 오일과 로션을 발라주는 것이 좋다

Chapter.2 젤 네일 폴리시 제거

1. 젤 네일 폴리시 성분

1) 젤 네일 폴리시 화장물 유형

 자연 건조되지 않고 젤 램프기기에 경화해야지만 굳는 특징을 가지고 있다. 젤 네일 폴리시는 밀착력을 높이기 위해 처음에 사용하는 투명한 베이스 젤과 젤 네일 폴리시를 보호하고 광택을 부여하는 톱 젤로 구분된다. 젤 네일 폴리시 화장물은 경화되면 딱딱해지기 때문에 일반 네일 폴리시로는 제거가 되지 않으며, 젤 네일 폴리시리무버나 퓨어 아세톤을 선택하여 제거해야 한다.

 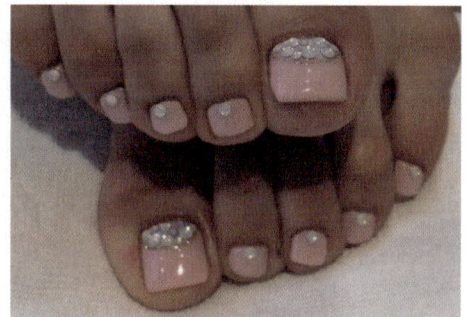

2) 젤 네일 폴리시 제거제

 아세톤, 에틸아세테이트 성분에 보습을 도와주는 오일, 글리세린 등에 성분을 혼합한 제거제로 일반 네일 폴리시와 비슷한 성분에서 아세톤에 함량이 높은 특징이 있다. 아세톤 함량이 높으므로 백화 현상이 나타나며 경화 된 젤 네일 폴리시 화장물의 제거제로 사용한다.

 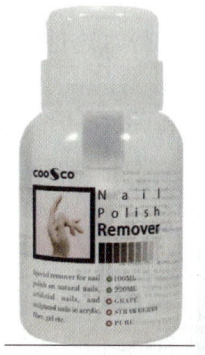

Gel Nail Remover　　　　　　　　N/A Nail Polish Remover

3) 네일 파일과 그릿 단위 개념

네일 파일은 그릿(grit) 수로 구분하여 사용된다. 그릿은 네일 파일의 거칠기를 구분하는 단위로 사방 1인치인 사각 면적 위에 사용되는 연마제의 양(수)을 표시하는 단위이다. 네일 파일 숫자가 높을수록 연마제의 입자가 작아져 같은 면적에 더 많은 입자를 올릴 수 있게 되며, 그릿 수가 클수록 부드러운 입자의 네일 파일을 의미한다.

구분	150그릿↓	150~180그릿	180~240그릿	240~400그릿	400그릿↑
용도	인조 네일의 두께 조절, 길이 조절	인조 네일의 형태 잡기, 표면 정리/자연 네일의 표면 에칭	인조 네일의 표면 정리/자연 네일의 형태 조형, 표면 정리	표면을 부드럽게 정리	표면 광택
거친 정도	크 다 ←				→ 작 다
연마	거칠다 ←				→ 부드럽다

2. 젤 네일 폴리시 제거 작업

1) 제거 시 필요 재료

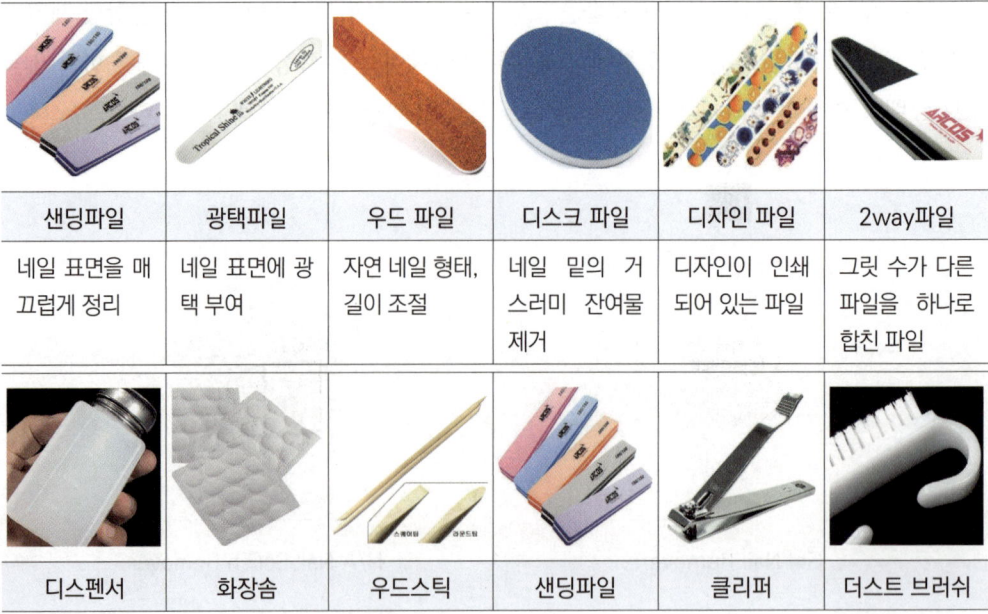

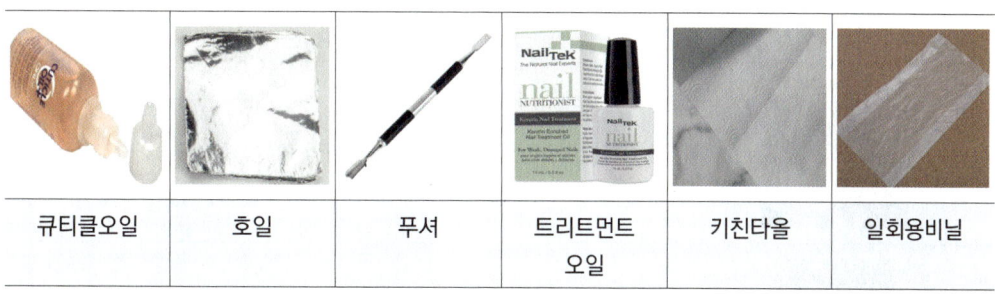

| 큐티클오일 | 호일 | 푸셔 | 트리트먼트 오일 | 키친타올 | 일회용비닐 |

2) 젤 네일 제거 매뉴얼

순서		작업	내용
1		젤 폴리시 제거	젤 네일 폴리시의 두께를 제거한다.
2		화장물 적용	젤 네일 폴리시 제거제를 적시고 손톱 위에 중앙에 올린다.
3		호일 적용	젤 네일 폴리시 제거제가 휘발되지 않도록 호일을 감싸준다.
4		화장물 제거	제거하고자 하는 곳에 제거제를 적용하고 약 10분 정도 유지한다.
5		이물질 제거	용해된 젤 네일 폴리시를 큐티클 푸셔 또는 오렌지 우드스틱으로 들뜬 네일 화장물을 가볍게 제거한다.
6		표면 정리	자연 네일의 표면을 정리하고 형태를 조형한다.

순서		작업	내 용
7		분진 제거	더스트 브러시로 네일의 표면과 주변 분진을 깨끗하게 제거한다.
8		제거 확인	제거 상태를 확인하고 정리한다.

3) 제거 시 주의사항

① 네일 파일로 전부 갈아서 제거 하는 방법 : 젤 네일 폴리시 중 제거제로 제거가 되지 않는 제품인 경우에 해당된다.

② 제거제만 사용하여 완전히 제거하는 방법 : 젤 네일 폴리시 자체의 두께감이 있어, 제거를 용이하게 하기 위해 네일 파일을 활용하여 일정부분의 두께를 제거한 후 제거제를 사용하여 제거한다.

③ 드릴 제거 방법 : 네일 스킨을 체크할 수 있는 숙달된 시술자가 제거하는 것이 좋다.

MEMO

Chapter.3　인조 네일 제거

1. 인조 네일 제거 방법 선택

1) 인조 네일 폴리시 화장물 유형

아크릴 네일, 팁 네일, 랩 네일, 젤 네일 등을 말하며 기본적으로 두께가 있으며 밀착력이 강하기 때문에 제거제 중 가장 강한 퓨어 아세톤을 선택하여 제거해야 한다.

 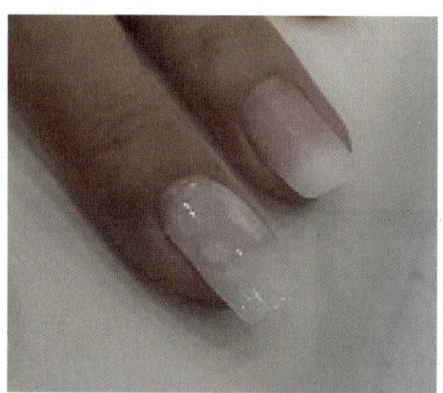

2) 인조 네일 폴리시 제거제

아세톤은 네일 산업에서 많이 사용되는 용매제로 휘발성과 인화성이 강한 무색의 액체이다. 일반 네일 폴리시의 제거 때는 강한 백화 현상으로 인하여 사용하지 않으며 젤 네일 폴리시의 제거와 아크릴, 젤 네일, 네일 팁 등의 인조 네일 제거제로 사용한다.

Acetone

Pure Acetone

2. 인조 네일 제거 작업

1) 제거 시 필요 재료

샌딩파일	광택파일	우드 파일	디스크 파일	디자인 파일	2way파일
네일 표면을 매끄럽게 정리	네일 표면에 광택 부여	자연 네일 형태, 길이 조절	네일 밑의 거스러미 잔여물 제거	디자인이 인쇄되어 있는 파일	그릿 수가 다른 파일을 하나로 합친 파일
디스펜서	화장솜	우드스틱	샌딩파일	클리퍼	더스트 브러쉬
큐티클오일	호일	푸셔	트리트먼트 오일	키친타올	일회용비닐

2) 인조 네일 제거 매뉴얼

순서	작업	내용
1	길이 재단	네일 클리퍼를 사용하여 인조 네일의 길이를 잘라낸다.
2	두께 제거	네일 파일을 사용하여 인조 네일의 두께를 제거한다.
3	분진 제거	네일 더스트 브러시를 사용하여 분진을 제거한다.

순서		작업	내 용
4		오일 도포	큐티클 오일을 손톱 주변에 도포한다.
5		제거제 적용	퓨어 아세톤을 탈지면에 적셔 인조 네일 위에 올린단
6		호일 적용	알루미늄 호일로 탈지면과 함께 감싸 준다.
7		제거 작업	큐티클 푸셔나 오렌지 우드스틱 등으로 녹은 화장물을 제거한다.
8		표면 정리	네일 파일 또는 샌딩 파일로 자연 네일의 표면을 정리한다.
9		프리에지	네일 파일로 프리에지를 정리한다.
10		분진 제거	네일 더스트 브러시를 사용하여 분진을 제거한다.
11		제거 확인	제거 상태를 확인하고 정리한다.

3) 제거 시 주의사항

① 자연 네일의 경계선을 파악한 뒤, 연장된 인조 네일의 프리에지 길이를 재단한다.

② 하이포니키움의 위치에 유의하여 상처가 나지 않도록 한다.

③ 인조 네일 화장물의 두께를 파일링으로 제거할 때에는, 자연 손톱과 주변의 피부에 상처가 생기지 않도록 세심한 주의를 기울인다.

Zopii

PART 03

네일 기본관리

Chapter.1 프리엣지 모양 만들기

Chapter.2 큐티클 부분 정리

Chapter.3 보습제 도포

── Chapter.1 프리엣지 모양 만들기

1. 네일 파일 사용

1) 네일 파일 사용 방법

우드 파일을 선택하여 네일 파일의 1/3 지점을 가볍게 잡아 엄지로 네일 파일을 받치고 나머지 손가락으로 가볍게 쥔다.

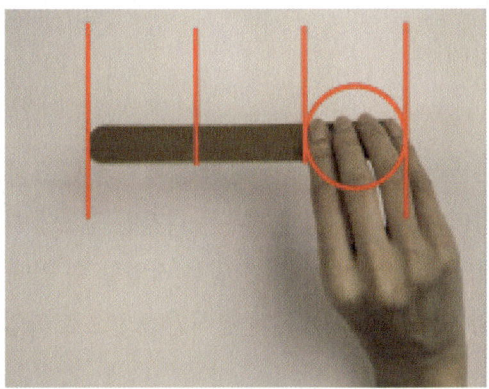 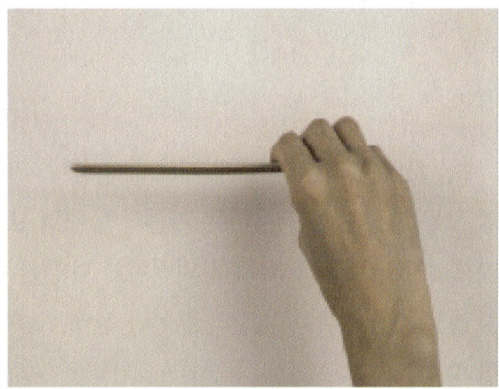

2) 네일의 길이 조절

네일 파일을 프리에지에 90°로 세워서 가볍게 긋듯이 한 방향으로 파일링 한다. 네일의 정면 직선라인 정리를 위해 네일 파일을 사용한다.

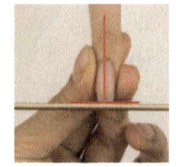 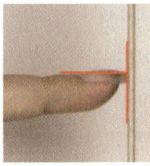 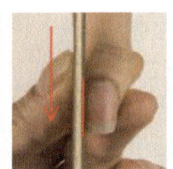 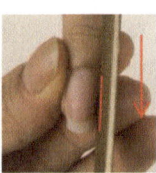 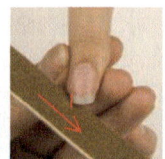 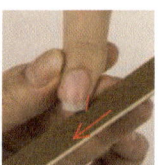

3) 자연 네일의 표면 정리

샌딩 블럭(버퍼)은 엄지와 약지로 양 옆을 가볍게 쥐고 나머지 손가락은 모아 쥔다. 샌딩 파일의 1/3 지점을 검지와 중지 사이에 네일 파일을 끼우고 엄지로 반대편의 네일 파일 위를 가볍게 얹는다. 샌딩 파일의 끝 부분을 엄지와 중지로 가볍게 쥐고 나머지 손가락을 가지런히 얹는다.

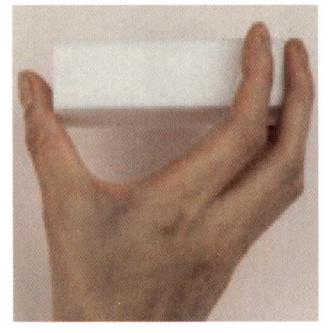 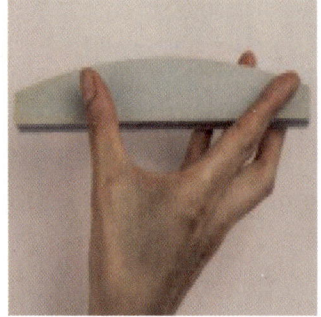 

4) 네일의 모양

네일 모양은 기본적인 5가지로 구분한다. 기본 5가지의 네일 모양은 자연 네일과 인조 네일 모두 가장 많이 적용하는 기본적인 네일 모양이다. 인조 네일의 경우는 디자인 의도에 따라서 스틸레토형 등 더욱 창의적이고 다양한 네일의 모양으로 네일 모양을 작업할 수 있다. 자연 네일의 경우는 네일의 길이와 상태, 고객의 요구에 따라 기본 중간적인 모양으로 작업할 수 있다.

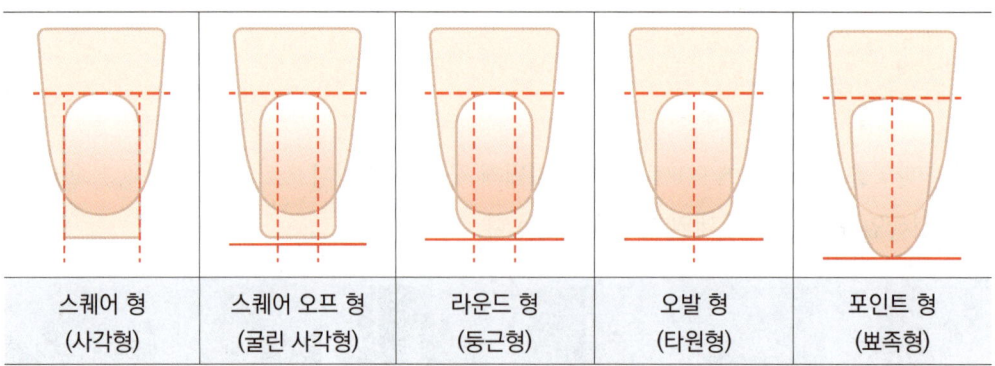

① 스퀘어형(사각형) : 강한 느낌의 사각 모양으로 네일의 양끝 모서리 부분이 90°인 모양, 네일 대회에서 기술의 검증을 위해 많이 활용되는 모양

② 스퀘어 오프형(굴린 사각형) : 사각형의 네일 모양에서 양끝 모서리만을 부드럽게 파일링한 모양, 손끝을 자주 사용하는 사람에게 적합한 비교적 충격에 강한 네일 모양

③ 라운드형(둥근형) : 스트레스 포인트부터 프리에지까지 직선을 유지하며 프리에지는 둥글린 모양, 남녀노소 가장 많이 활용되는 대중적인 모양

④ 오발형(타원형) : 스트레스 포인트에서 스트레스 포인트까지 프리에지 전체를 동그랗게 굴린 모양, 부드럽고 우아한 곡선의 여성스러운 모양

⑤ 포인트형(뾰족형) : 타원형과 유사하나 프리에지의 중심 부분을 뾰족하게 잡고 모서리를 굴려 만든 모양, 손이 길고 가늘어 보이나 부러지기 쉬운 약한 형태

2. 자연 네일 프리에지 모양

네일 보디	일반적으로 부르는 손톱과 발톱을 말하며, 단단하고 반투명한 케라틴 세포로 이루어져 있다.
프리에지	손톱과 발톱의 끝부분에 손가락과 분리되어 자라나는 네일 부분을 말한다. 네일의 형태와 길이 정리가 가능한 부분이다.
스트레스 포인트	네일 보디의 양 옆의 프리에지가 시작되는 지점을 말하며 외부의 충격에 의해 쉽게 찢어지는 부분을 말한다.

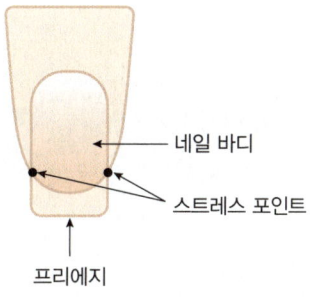

Chapter.2 큐티클 부분 정리

1. 자연 네일의 구조

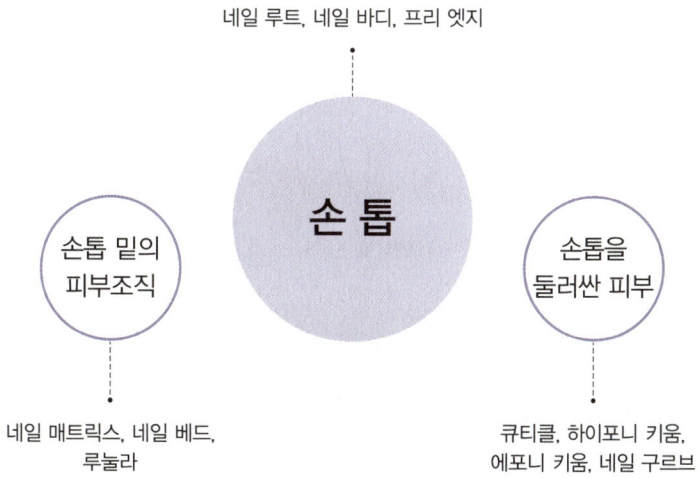

1) 손톱

① 조근(네일루트, NAIL ROOT) : 손톱이 자라기 시작하는 부분

② 조체(네일보디, NAIL BODY) : 육안으로 보이는 손톱 표면

③ 자유연(프리에지, FREE EDGA) : 손톱의 끝 부분

2) 손톱 밑의 피부 조직

① 조모(네일 메트릭스, NAIL MATRIX) : 손톱을 만드는 세포를 생성하고 성장시키는 역할

② 조상(네일 베드, NAIL BED) : 손톱의 핑크빛을 띄는 부위

③ 반월(루눌라, LUNULA) : 네일 베드, 매트릭스, 네일 루트를 연결하는 역할

3) 손톱을 둘러싼 피부

① 큐티클(조소피, CUTICLE) : 손톱 부분을 덮고 있는 피부

② 하이포니키움(하조피, HYPONYCHIUM) : 프리에지 밑의 돌출된 피부

③ 에포니키움(상조피, EPONYCHIUM) : 루눌라를 덮고 있는 손톱위의 얇은 피부

④ 네일 그루브(조구, NAIL GROOVE) : 손톱 옆 손톱을 감싸는 피부

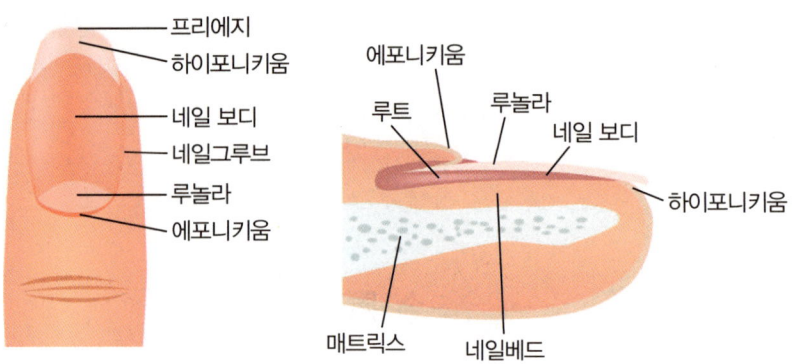

2. 자연 네일의 특징

 일반적으로 건강한 손·발톱은 유연하고 탄력이 풍부하지만 건강하지 못한 손·발톱은 단단하고 부서지기 쉽다. 손·발톱은 손가락과 발가락 끝을 보호하는 역할을 하고, 손으로 물건을 잡는 데 도움을 준다. 손·발톱은 빛이 통과될 정도로 투명한 백색이나, 맑은 연분홍빛이 나면서 자연스러운 광택이 도는 것을 볼 수 있다. 손·발톱은 케라틴(Keratin)이라는 단백질 섬유로 구성되어 있고, 이 케라틴에 의해 조직이 딱딱하게 변하면서 앞으로 밀려 자라 나오게 된다. 손톱은 1일 평균 약 0.1~0.15㎜, 1달에 약 3~5㎜ 길이로 자라난다. 손톱이 탈락한 후 완전히 재생하는 기간은 약 4~6개월이 소요되며, 발톱은 손톱의 1/2 정도로 늦게 자란다.

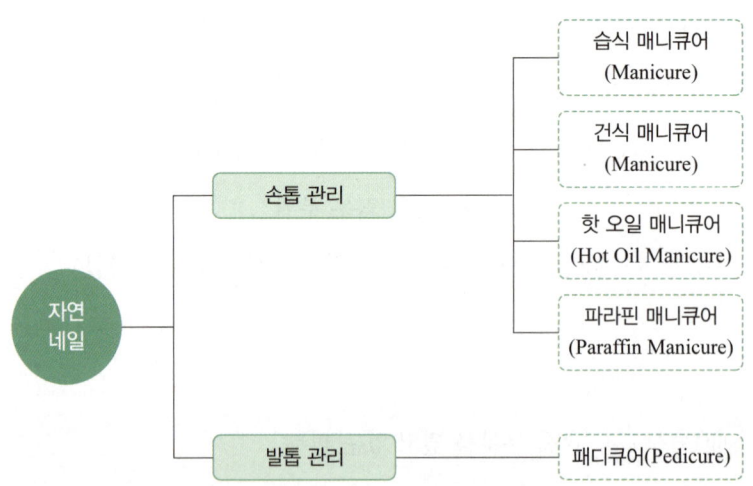

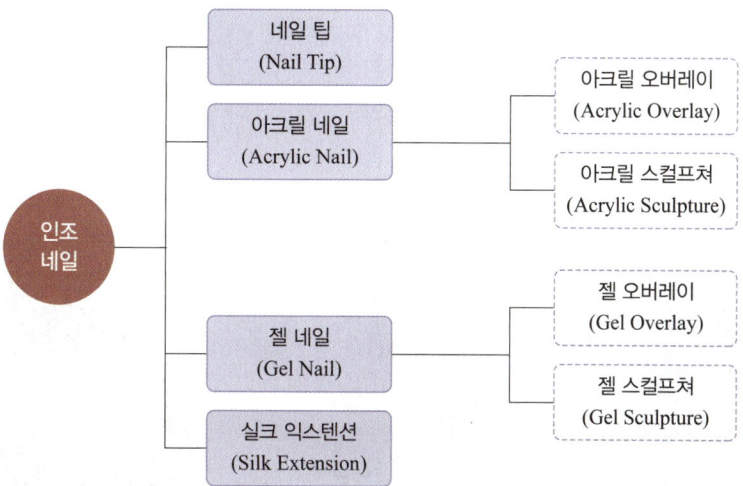

3. 큐티클 부분 정리 작업

큐티클 연화 방법의 혼합은 큐티클 연화의 시간 단축을 할 수 있다. 큐티클 연화제의 산성분의 비율을 확인하여 안전한 제품을 선택하도록 한다. 인조 네일과 젤 폴리시 컬러링을 위한 큐티클 부분 정리의 경우 수분을 이용한 큐티클 연화의 과정 없이 물리적 파일링으로 큐티클을 정리한다

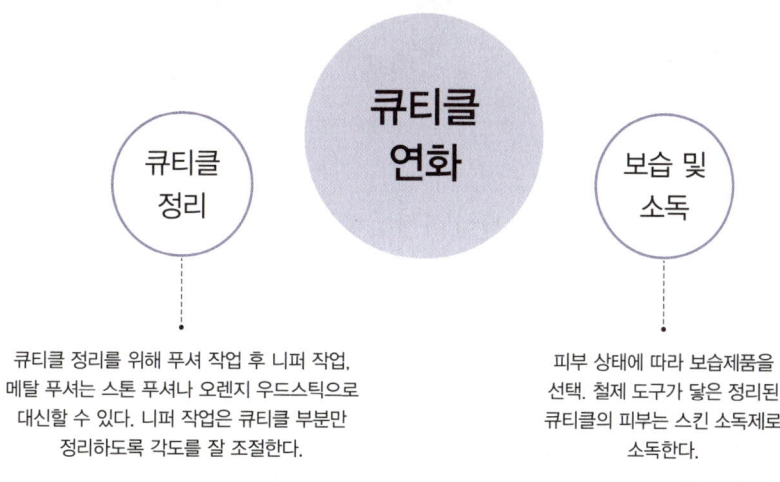

1) 큐티클 연화

물이나 연화제를 사용하여 큐티클을 연화한다.

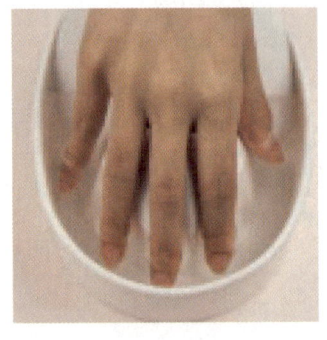  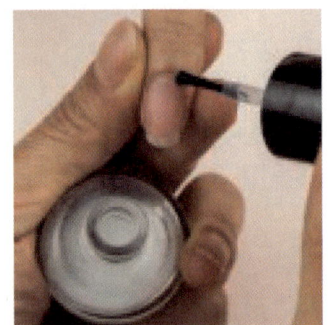

| 핑커볼을 이용 | 족욕기를 이용 | 유연화 제품 이용 |

2) 큐티클 정리

① 푸셔 사용법 : 네일 보디와 푸셔 와의 각도를 45° 정도 유지한다.

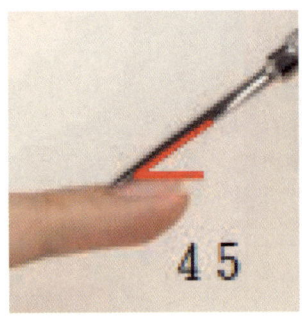 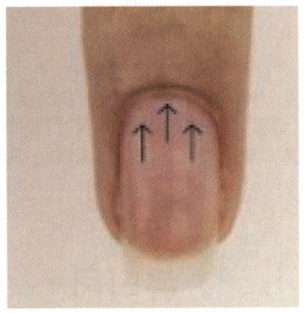 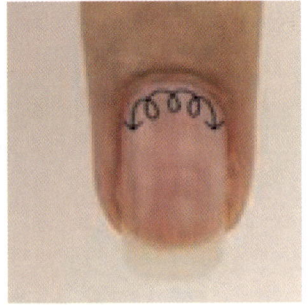

② 니퍼 사용법 : 손바닥 위에 니퍼의 날이 아래로 향하도록 올려놓고 가볍게 쥔다. 니퍼 결합 부분의 윗 쪽에 엄지를 가볍게 얹어 중심을 잡는다. 중지, 약지, 소지로 니퍼의 손잡이를 움직인다. 큐티클 부분과 니퍼 날의 각도를 45° 정도 유지한다. 니퍼의 날을 큐티클 부분의 라인에 맞추어 평행이 되도록 한 후 뒤로 빼듯이 잘라낸다.

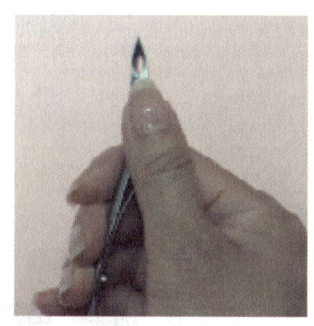 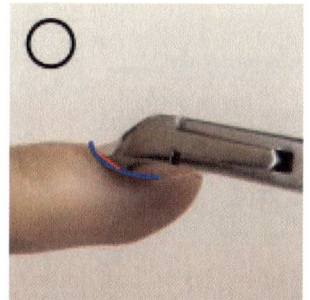 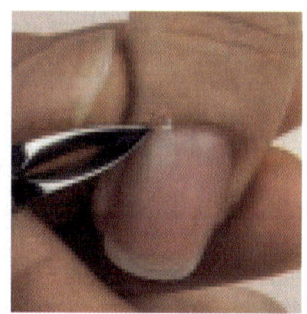

3) 큐티클 정리 수행 순서

순서	작업	내 용
1	손 소독	멸균 거즈에 스킨 소독제를 뿌리고 손을 소독한다.
2	큐티클 연화	물과 핑거볼을 사용하여 손의 큐티클 부분을 연화한다.
3	물기 제거	물을 사용한 연화 후 타월로 물기를 제거한다.
4	유연화제 연화	제품으로 큐티클 부분을 연화한다.
5	푸셔 작업	큐티클 푸셔를 활용하여 큐티클을 민다.
6	니퍼 작업	큐티클 니퍼를 활용하여 큐티클을 정리한다.
7	거스르미 제거	멸균거즈로 정리된 큐티클 라인을 거스르미 제거한다.
8	손 소독	멸균 거즈로 네일 보디 주변과 아래를 소독한다.
9	보습 정리	보습제를 바른다.

4. 큐티클 부분 정리 도구

1) 기본관리 재료 및 도구

프리에지 모양 만들기, 큐티클 정리, 소독에 필요한 도구와 재료를 파악한다.

디스펜서	화장솜	우드스틱	샌딩파일	클리퍼	더스트 브러쉬
큐티클오일	니퍼	푸셔	트리트먼트 오일	키친타올	일회용비닐
샌딩파일	광택파일	우드 파일	디스크 파일	큐티클 리무버	안티셉틱

2) 네일 기본관리 테이블 세팅

폴리시 및 스킨소독제 등의 재료는 바구니에 개별 정리하고 네일 파일은 파일꽂이에 정리한다. 큐티클 정리를 위한 도구는 소독용기에 넣어 준비하고 솜과 멸균거즈는 뚜껑이 있는 개별용기에 정리한다.

| 왼손잡이 바구니 위치 | 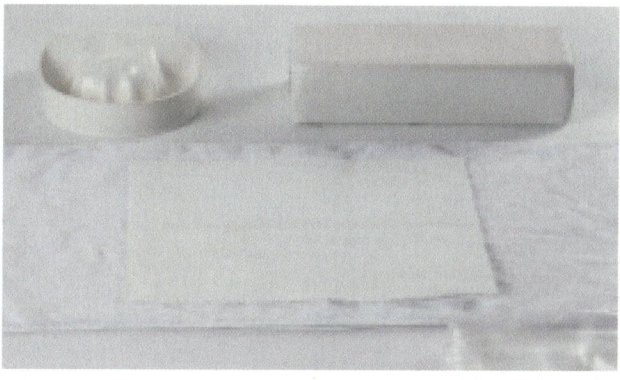 | 오른손잡이 바구니 위치 |

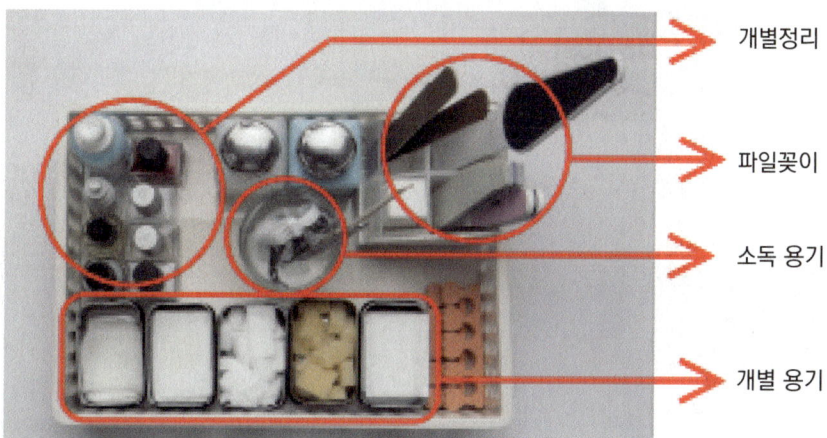

개별정리

파일꽂이

소독 용기

개별 용기

Chapter.2 | 큐티클 부분 정리

Chapter.3 보습제 도포

1. 네일 미용 보습 제품 적용

피부 상태에 따라 보습 제품을 선택한다.

유형	종류	기능	적용피부
화장수	수렴, 유연, 영양화장수	수분·보습공급 및 피부정돈, pH균형	지성, 건성피부
유액	로션, 에센스	수분·보습·유분공급	지성, 건성피부
크림	크림	수분·보습·유분공급, 혈행 촉진	건성피부
팩	팩	수분·보습·유분공급	지성, 건성피부

  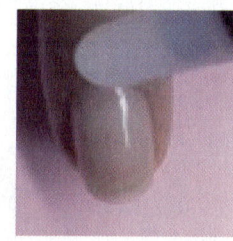 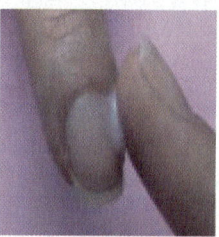

오일형 큐티클 보습제   크림 타입 큐티클 보습제

Zoë iii.

PART 04

네일 화장물 적용 전 처리

- **Chapter.1** 일반 네일 폴리시 전 처리
- **Chapter.2** 젤 네일 폴리시 전 처리
- **Chapter.3** 인조 네일 전 처리

Chapter.1 일반 네일 폴리시 전 처리

1. 네일 유분기 및 잔여물 제거

네일 표면의 유분기는 네일 화장물의 유지력이 떨어지는 이유가 되므로 네일 화장물의 적용 전 제거하도록 한다.

1) 물리적 제거

180그릿 이상의 파일을 사용하여 자연 네일 표면을 파일링 하여 유분기를 제거해 준다. 과도한 파일 작업 시에는 자연 네일이 얇아지는 등의 손상이 생길 수 있다.

2) 화학적 제거

아세톤 성분을 포함한 용제를 사용하여 멸균 거즈 및 탈지면에 용제를 적셔 네일 표면을 전체적으로 쓸어준다. 과도한 작업 시 네일의 탈수와 주위 피부의 건조함을 유발할 수 있다

2. 일반 네일 폴리시 전 처리 작업

거즈를 감은 엄지손가락에 폴리시리무버를 묻힌 후 네일 표면의 유분기를 제거한다.

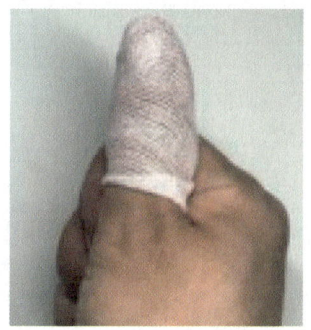  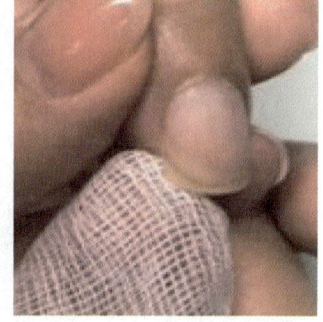

Chapter.2 젤 네일 폴리시 전 처리

1. 젤 네일 폴리시 전 처리 작업

1) 전 처리제

전 처리제는 네일 화장물이 네일 보디에 잘 접착되도록 도움을 주어, 인조 손톱의 리프팅을 최소화함으로써 유지력을 높이고 곰팡이 생성을 예방하는 목적으로 사용된다. 네일의 탈수제 역할로 자연 네일의 유·수분을 제거를 하며 강한 산성으로 네일 표면이 네일 화장물과 접착이 잘되도록 한다.

2) 전처리제 구분

프리 프라이머	pH 밸런스를 위해 사용하는 제품으로 손톱을 알칼리성으로 만들어 주면서 유·수분기를 빠르게 제거해 준다.
프라이머	강한 산성으로 접착제 역할을 한다. 사용 시 눈과 피부와 호흡기의 안전 예방을 위해 보안경과 마스크 착용을 추천한다.

Chapter.3 인조 네일 전 처리

1) 인조 네일 전 처리 작업

전 처리제가 네일 화장물의 유지력을 높일 수 있다. 네일 화장물을 적용하기 전에 사용하는 제품으로 네일 프라이머, 네일 본더 등의 화학적인 방법을 사용하여 전 처리한다.

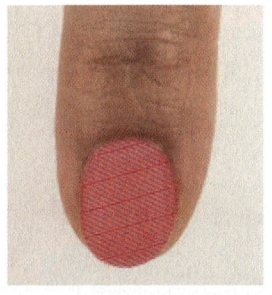 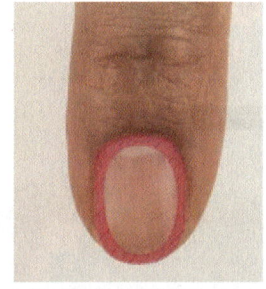

전처리제 도포부위

No. 11

PART 05

네일 보강

- **Chapter.1** 자연 네일 보강
- **Chapter.2** 네일 랩 화장물 보강
- **Chapter.3** 아크릴 화장물 보강
- **Chapter.4** 젤 화장물 보강

Chapter.1 자연 네일 보강

1. 자연 네일 보강

 자연 네일 보강이란 기본적인 자연 네일에서 약해지거나 손상되거나 찢어진 네일을 다양한 네일 재료를 적용하여 두께를 적용하여 보강하는 것을 의미한다. 자연 네일의 길이를 연장하는 인조 네일 과는 차이점이 있다.

1) 보강이 필요한 자연 네일

① 약해진 자연 네일 : 육안으로 보았을 때는 큰 손상은 없으나 탄성이 없고 두께가 얇아 약해진 상태
② 손상된 자연 네일 : 자연 네일 표면이 뜯겨져 손상되어 있는 상태
③ 찢어진 자연 네일 : 자연 네일이 물리적 충격에 의해 찢어져 있는 상태

2) 자연 네일 보강의 분류

구 분	특 징
네일 랩	네일 랩, 네일 접착제, 필러 파우더를 적용하여 자연 네일을 보강
아크릴	아크릴 브러시를 사용하여 아크릴 파우더와 아크릴 리퀴드를 혼합하여 보강
젤	베이스 젤, 클리어 젤, 톱 젤을 젤 램프기기에 경화하여 자연 네일을 보강

Chapter.2 네일 랩 화장물 보강

1. 네일 랩 화장물 보강 작업 및 도구

1) 네일 랩 화장물 보강 재료

네일 랩	필러 파우더	글루	경화 촉진제
실크는 한 면에 접착제가 붙어 있으며 조직이 얇고 가볍다.	손상된 부분을 메우거나 두께를 보강하기 위해 사용	네일 랩을 고정하거나 두께를 주거나 네일 랩을 보호	경화를 빠르게 도와주는 역할

글루 칸에는 스틱 글루, 브러시 글루가 표시됨.

2) 네일 랩 화장물 보강 작업

① 전체 보강

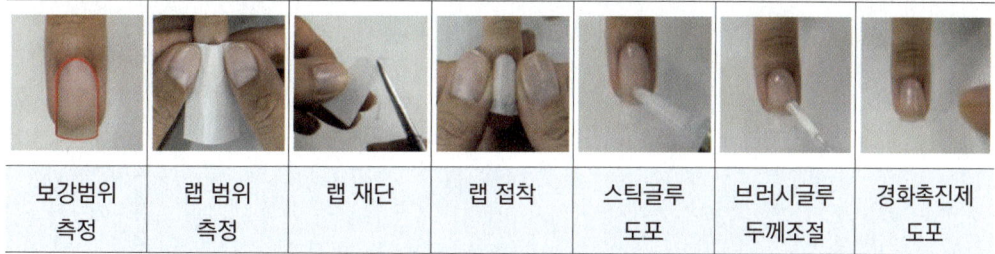

| 보강범위 측정 | 랩 범위 측정 | 랩 재단 | 랩 접착 | 스틱글루 도포 | 브러시글루 두께조절 | 경화촉진제 도포 |

② 부분 보강

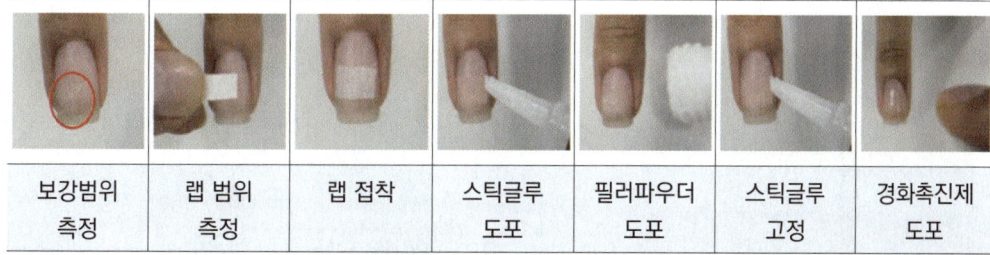

| 보강범위 측정 | 랩 범위 측정 | 랩 접착 | 스틱글루 도포 | 필러파우더 도포 | 스틱글루 고정 | 경화촉진제 도포 |

Chapter.3 아크릴 화장물 보강

1. 아크릴 화장물 보강 작업 및 도구

1) 아크릴 화장물 보강 재료

아크릴 파우더	아크릴 리퀴드	디펜디시	아크릴 브러시
분말 형태로 아크릴 리퀴드와 결합하면 굳어지는 특징	아크릴 파우더와 혼합하여 사용하는 액상의 제품	아크릴 리퀴드를 덜어서 사용하는 도구	네일의 형태를 조형하기 위해서 사용하는 도구

2) 아크릴 화장물 보강 작업

(1) 전체 보강

보강범위 측정	아크릴 볼 적용	자연네일과 연결	핀칭주기

(2) 부분 보강

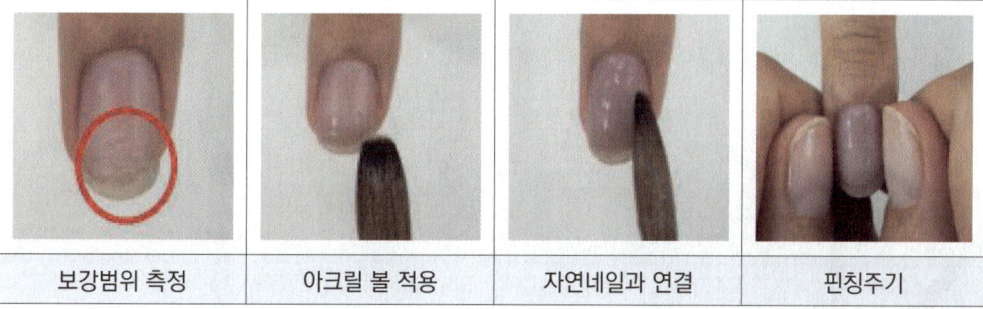

보강범위 측정	아크릴 볼 적용	자연네일과 연결	핀칭주기

Chapter.4 젤 화장물 보강

1. 젤 화장물 보강 작업 및 도구

1) 젤 화장물 보강 재료

베이스 젤	톱 젤	클리어 젤	젤 브러시
분말 형태로 아크릴 리퀴드와 결합하면 굳어지는 특징	아크릴 파우더와 혼합하여 사용하는 액상의 제품	아크릴 리퀴드를 덜어서 사용하는 도구	네일의 형태를 조형하기 위해서 사용하는 도구

젤 램프	젤 클렌저	전 처리제	젤 와이퍼
베이스 젤, 클리어 젤, 톱 젤을 경화하는 기기	미경화 젤을 제거할 때 사용하는 제품	유·수분 밸런스 조절로 젤의 밀착 도움	미경화 젤을 제거하는 용도

2) 젤 화장물 보강 작업

(1) 전체 보강

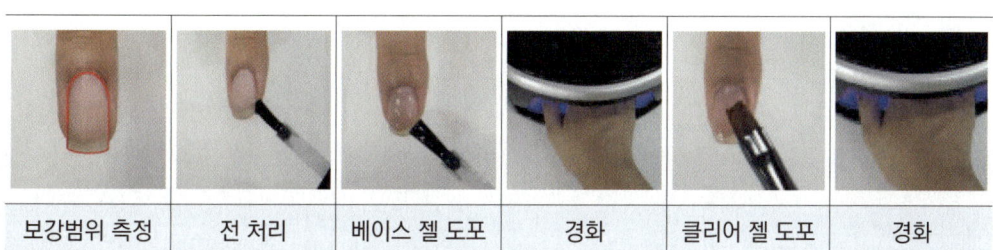

| 보강범위 측정 | 전 처리 | 베이스 젤 도포 | 경화 | 클리어 젤 도포 | 경화 |

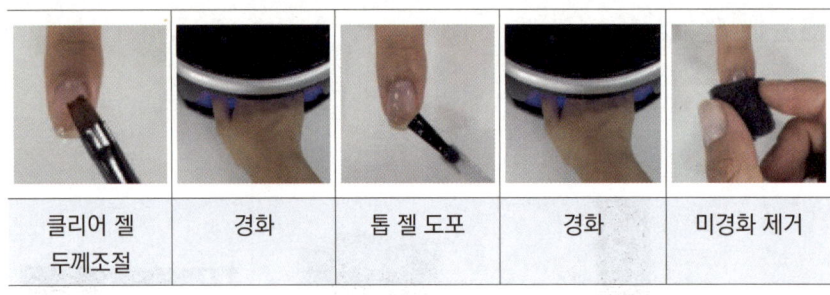

| 클리어 젤 두께조절 | 경화 | 톱 젤 도포 | 경화 | 미경화 제거 |

(2) 부분 보강

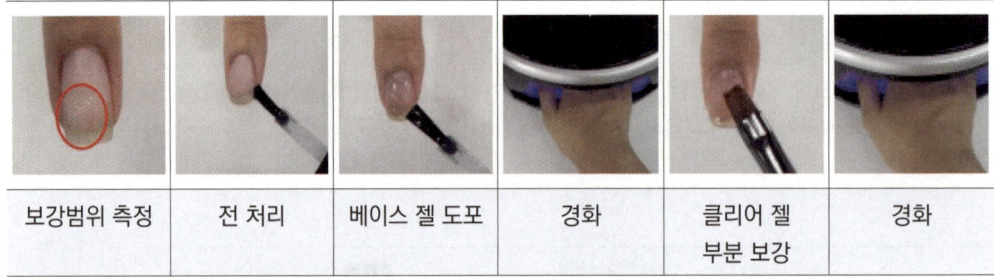

| 보강범위 측정 | 전 처리 | 베이스 젤 도포 | 경화 | 클리어 젤 부분 보강 | 경화 |

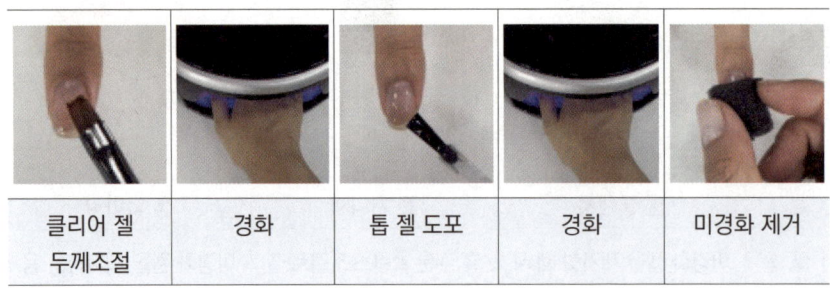

| 클리어 젤 두께조절 | 경화 | 톱 젤 도포 | 경화 | 미경화 제거 |

MEMO

Zo.
Ii.

PART 06

네일 컬러링

- Chapter.1 풀 코트 컬러 도포
- Chapter.2 프렌치 컬러 도포
- Chapter.3 딥 프렌치 컬러 도포
- Chapter.4 그러데이션 컬러 도포

Chapter.1 풀 코트 컬러 도포

1. 풀 코트 컬러링

1) 컬러링 방법

(1) 폴리시 잡는 방법

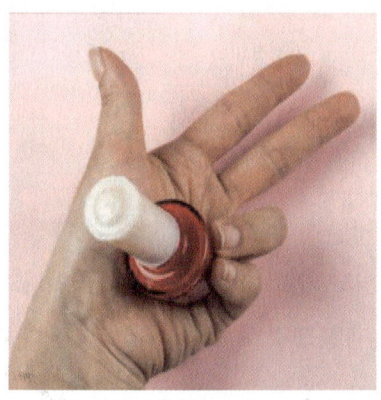 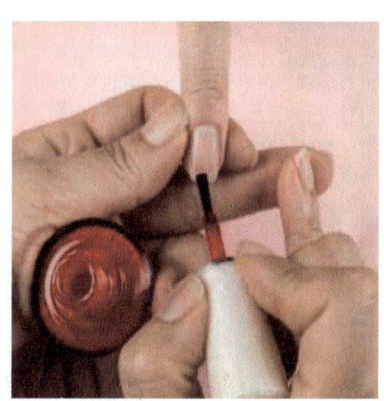

(2) 네일 폴리시 양 조절 방법

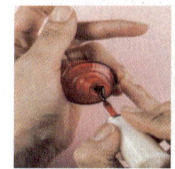 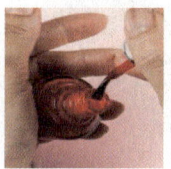 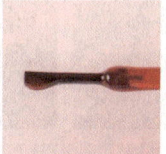 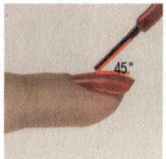  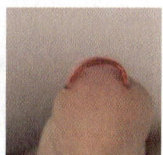

2) 방향에 따른 컬러링 방법

(1) 양방향 풀 코트 컬러링

프리에지에 컬러링을 해주고 네일 보디의 중앙에서 큐티클 라인에 맞춰 올렸다가 내린다. 왼쪽 큐티클 라인을 따라 컬러링하고, 다시 오른쪽 큐티클 라인을 따라 컬러링한 후 연결 부분을 네일 폴리시 브러시로 정리한다.

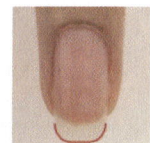 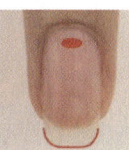 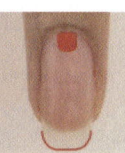 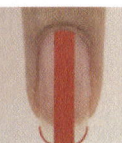   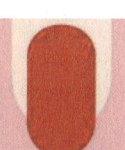

(2) 한 방향 풀 코트 컬러링

프리에지에 컬러링을 해주고 네일 보디의 왼쪽부터 큐티클 라인을 따라 프리에지 방향으로 내리면서 컬러링한다. 큐티클 라인을 따라 조금씩 중첩하며 전체를 반복하여 오른쪽 끝선까지 연결하여 컬러링한다.

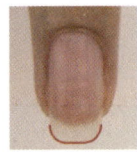 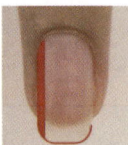 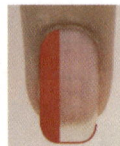 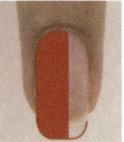   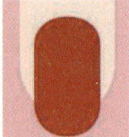

(3) 일반 네일 폴리시 풀 코트 컬러링

베이스 코트는 착색을 방지하고 발림성 향상을 위해 가장 먼저 도포하며, 컬러링의 마지막에 컬러의 유지와 광택을 위해 톱코트를 도포한다. 네일 보강제(Nail Strengthner)를 바를 시에는 베이스 코트를 도포하기 전에 사용한다.

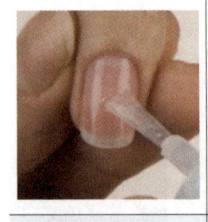		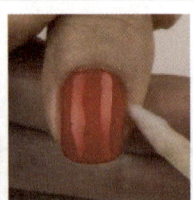	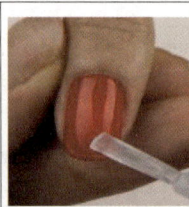	
베이스 코트	폴리시 2콧	컬러 수정	톱 코트	최종 완성

(4) 젤 네일 폴리시 풀 코트 컬러링

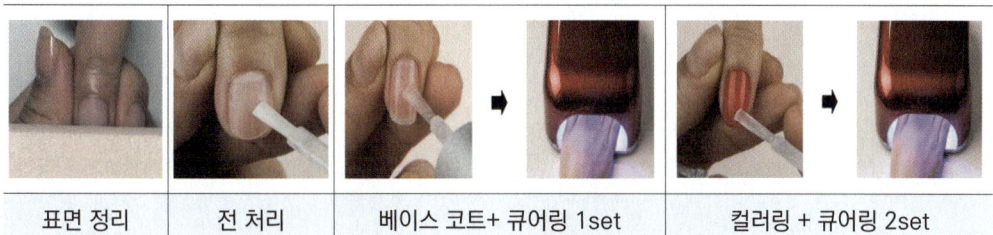

| 표면 정리 | 전 처리 | 베이스 코트+ 큐어링 1set | 컬러링 + 큐어링 2set |

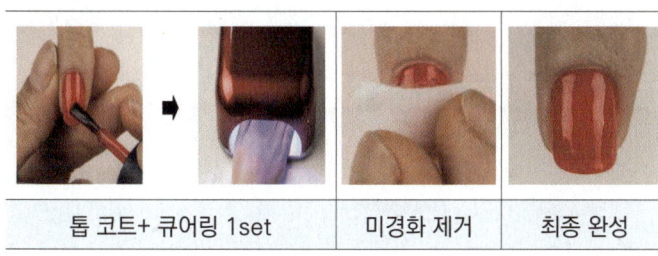

| 톱 코트+ 큐어링 1set | 미경화 제거 | 최종 완성 |

Chapter.2 프렌치 컬러 도포

1. 프렌치 컬러링

1) 프렌치 종류

(1) 깊이에 따른 프렌치 종류

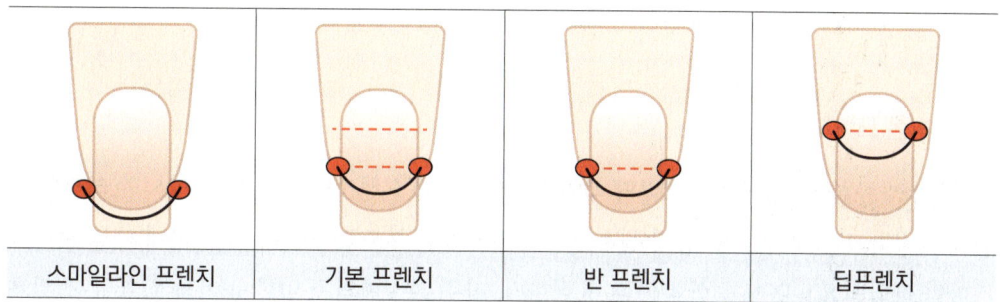

(2) 모양에 따른 프렌치 종류

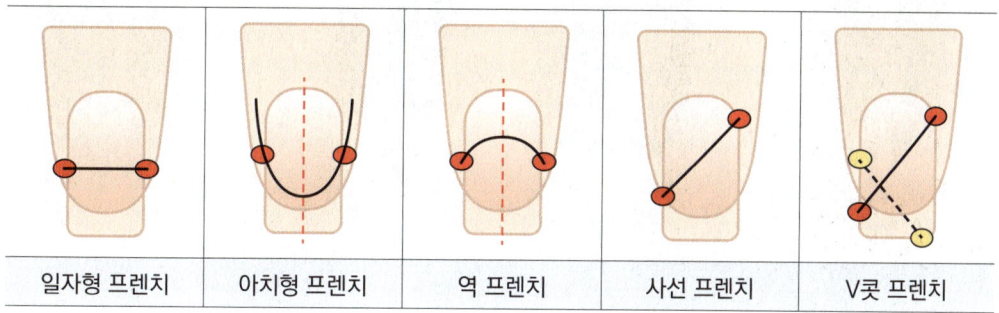

2) 프렌치 컬러링 방법

(1) 양방향 프렌치 컬러링

  프렌치의 종류에 따라 네일 보디의 네일 월 부분 높이를 선정하고, 네일 보디의 사이드 끝부분에서 시작하여 네일 보디의 중앙을 향하여 사선 프렌치를 표현하고 같은 높이의 스마일 라인 시작점에 맞춰 반대편 곡선 프렌치를 올려 두 라인을 자연스럽게 연결하는 기법이다.

  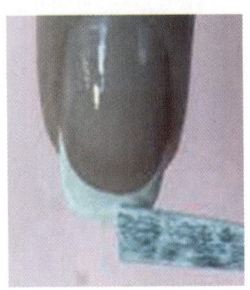 

(2) 한 방향 프렌치 컬러링

 프렌치의 종류에 따라 네일 보디의 네일 월 부분 높이를 선정하고, 네일 폴리시 브러시를 가볍게 고정하고 긴장감을 준 상태에서 고객의 손가락을 부드럽게 180° 회전하여 네일 보디에 스마일 라인의 80~90%를 한 붓으로 표현한다. 마주보는 면의 동일한 높이의 월 부분에 짧게 연결하여 스마일라인을 완성한다.

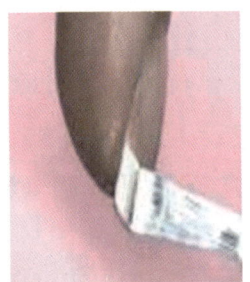  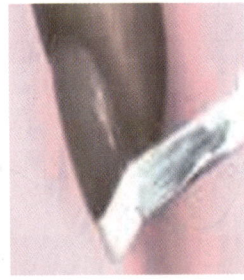 

(3) 일반 네일 폴리시 프렌치 컬러링

 화이트 네일 폴리시를 준비하여 브러시에 양 조절을 한다. 오른손잡이를 기준으로 왼쪽 월을 1/3 지점에서 시작하여 왼쪽에서 오른쪽 방향으로 프리에지의 가로 너비 2/3 지점까지 사선을 긋는다. 반대 월 부분에서 오른쪽 월 부분과 높이를 맞춰서 왼쪽방향으로 프리에지의 가로 너비 1/3 지점까지 사선을 긋는다. 두 마주보는 사선을 스마일라인을 만들면서 연결한다.

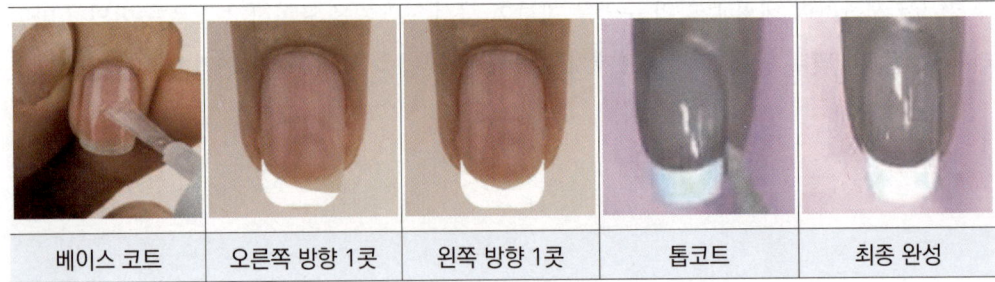

| 베이스 코트 | 오른쪽 방향 1콧 | 왼쪽 방향 1콧 | 톱코트 | 최종 완성 |

(4) 젤 네일 폴리시 프렌치 컬러링

네일 보디의 스마일 라인에 유의하며 1코트 컬러링한다. 젤 램프기기에 손을 넣고 큐어링 한다. 네일 보디에 2코트 컬러링한다. 젤 클렌저로 흐트러진 컬러링을 수정한다. 큐어링 타임을 설정하고 젤 램프기기에 손을 넣고 큐어링 한다.

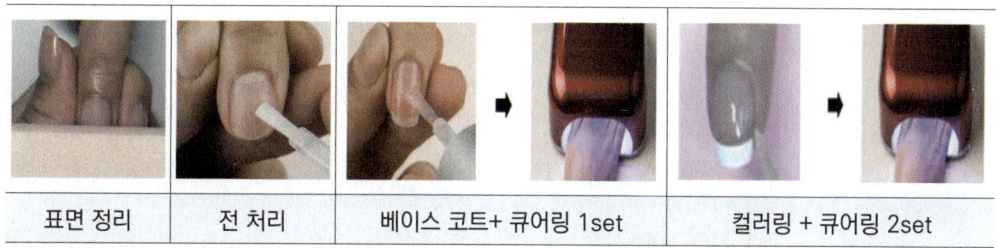

| 표면 정리 | 전 처리 | 베이스 코트+ 큐어링 1set | 컬러링 + 큐어링 2set |

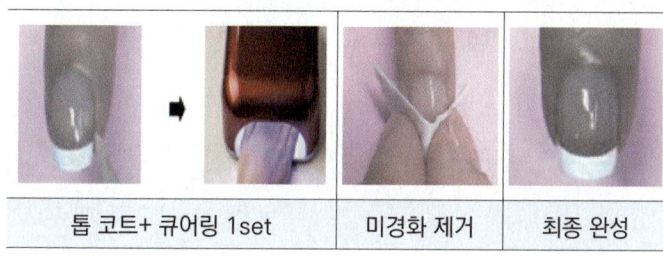

| 톱 코트+ 큐어링 1set | 미경화 제거 | 최종 완성 |

Chapter.3 딥 프렌치 컬러 도포

1. 딥 프렌치 컬러링

　네일 바디의 1/2 이상 부위부터 프리에지까지 스마일라인을 컬러링한다. 딥 프렌치 스마일 라인의 왼쪽 시작점에서 한 방향 풀 코트 컬러링 방법으로 빠르게 컬러링 한다. 브러시 컬러 라인을 중첩해 가면서 오른쪽 스마일라인 끝까지 프리에지 방향으로 네일 폴리시를 끌어내리며 컬러링을 정리한다.

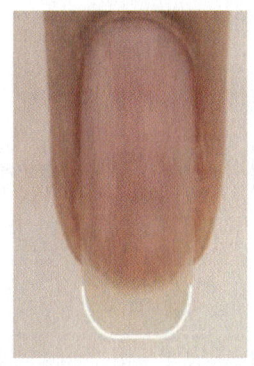   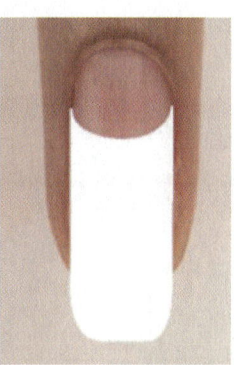

# Chapter.4 그러데이션 컬러 도포

Nail

1. 그러데이션 컬러링

1) 그러데이션 종류

(1) 방향에 따른 그러데이션 종류

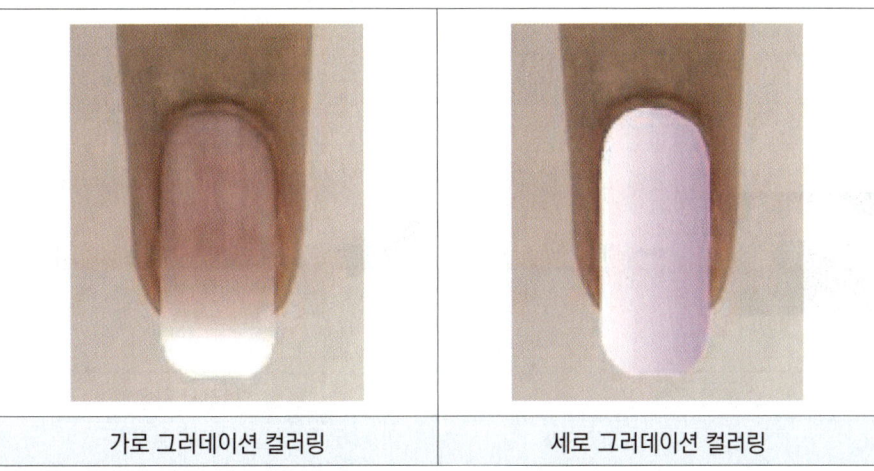

| 가로 그러데이션 컬러링 | 세로 그러데이션 컬러링 |

(2) 컬러 수에 따른 그러데이션 종류

한 컬러 그러데이션	스펀지를 이용하여 프리에지부터 표면을 터치하며 두드려 그러데이션 컬러링할 수 있다.
다색 컬러 그러데이션	스펀지를 이용하여 네일 보디의 1/2 부분을 터치하며 두드린 후 추가된 색으로 프리에지 표면을 터치하는 그러데이션을 한다.

(3) 면적에 따른 그러데이션 종류

프렌치형	프렌치 컬러링 형태로 큐티클 부분은 색을 올리지 않고 프리에지 방향으로 내리면서 컬러가 또렷해지는 방법으로 연결하며 그러데이션 컬러링을 표현한다.
풀 코트형	풀 코트 컬러링 형태로 2가지 이상의 컬러를 네일 브러시를 이용하여 프리에지 방향으로 내리면서 연결하며 그러데이션 컬러링을 표현한다.

2) 그러데이션 컬러링 방법

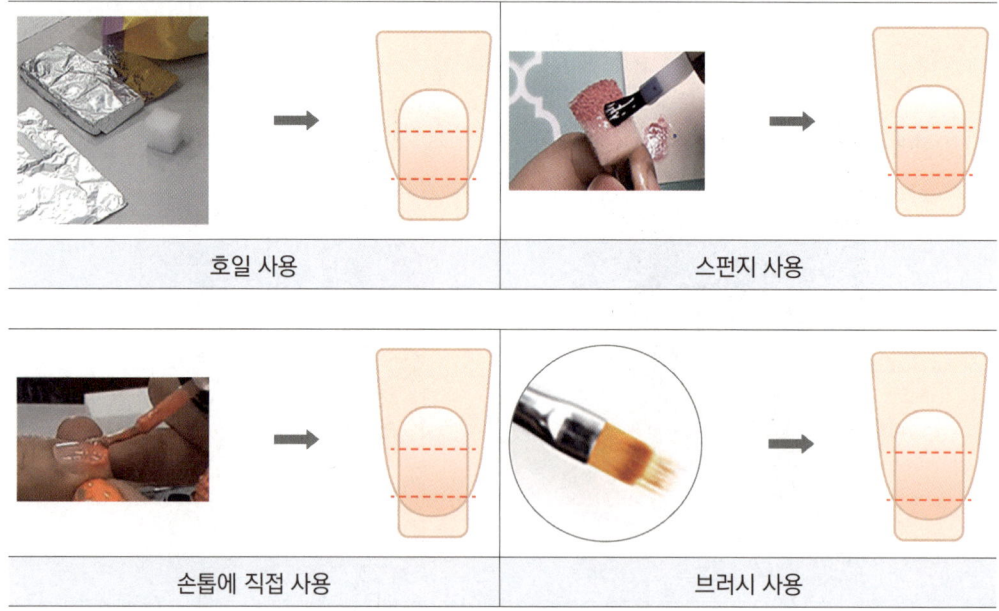

(1) 그러데이션 컬러링

스펀지에 컬러 네일 폴리시와 베이스 젤을 추가하고 팔레트에 두드려 양을 조절 해준다. 팔레트에 스펀지를 가볍게 두드려서 그러데이션 상태를 확인한 후 프리에지부터 1/3 지점 정도까지 똑같은 방법으로 2코트 컬러링 한다.

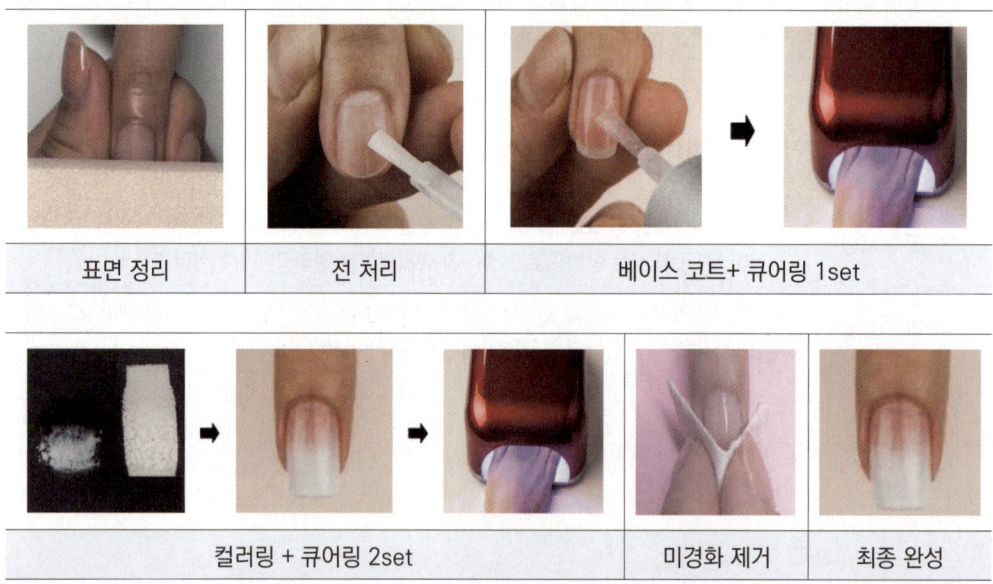

MEMO

Ζ

Ω

ι.

ι

PART 07

네일 폴리시 아트

- **Chapter.1** 일반 네일 폴리시 아트
- **Chapter.2** 젤 네일 폴리시 아트
- **Chapter.3** 통젤 네일 폴리시 아트

Chapter.1 일반 네일 폴리시 아트

1. 기초 색채 배색 및 일반 네일 폴리시 아트 작업

1) 기초 색채 배색

(1) 유사색상 배색

유사한 색상을 조합하는 방법으로 편안한고 안정적인 배색기법이다.

(2) 반대색상 배색

강렬하고 자극적인 배색으로 부드러움과 강렬함을 느낄 수 있는 강렬한 배색이다.

(3) 동일 색상 그러데이션

단색 그러데이션은 색상의 이미지와 함께 그러데이션을 통한 명도와 채도의 변화를 표현하므로 색이 주는 심리적 메시지와 편안함을 줄 수 있는 배색이다.

2) 네일 폴리시 아트 작업

(1) 네일 디자인 참고자료를 수집

 일반 네일 폴리시 디자인의 표현 주제를 선정하여 주제에 맞는 폴리시 디자인에 적용할 네일 디자인 참고자료를 수집한다.

(2) 네일 디자인 스케치

 디자인 참고 자료를 활용하여 일반 네일 폴리시 디자인을 스케치한다.

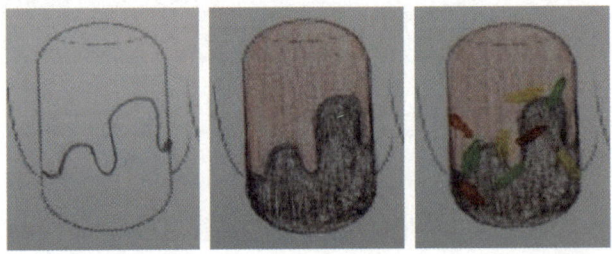

(3) 네일 미용 도구로 디자인 표현

 디자인에 맞게 일정한 두께로 일반 네일 폴리시를 바르고 전체적인 색상의 조화를 이루어지게 한다.

MEMO

Chapter.2 젤 네일 폴리시 아트

1. 기초 디자인 적용 및 젤 네일 폴리시 아트 작업

1) 기초 디자인 적용

(1) 점을 활용한 네일 디자인

닷 툴 등 네일 미용 도구를 사용하여 점 네일 디자인에 적용할 네일 디자인 참고 자료를 수집하고 표현한다.

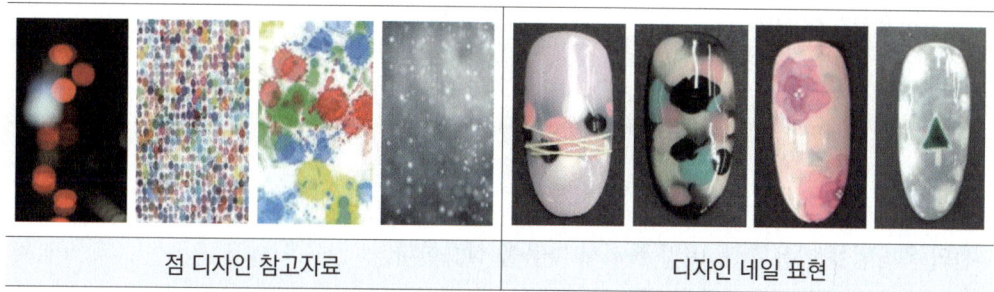

| 점 디자인 참고자료 | 디자인 네일 표현 |

(2) 형을 이용한 네일 디자인

디자인 계획에 맞는 컬러로 젤 네일 폴리시를 사용하여 디자인을 표현한다.

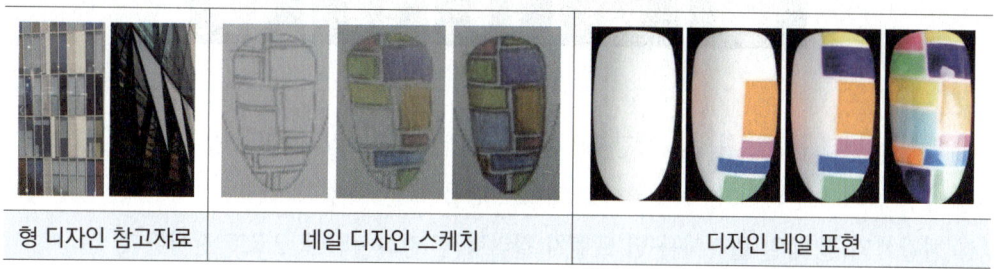

| 형 디자인 참고자료 | 네일 디자인 스케치 | 디자인 네일 표현 |

(3) 선을 이용한 네일 디자인

 젤 네일 폴리시로 선을 표현하기 위해 세필 젤 네일 브러시를 이용하여 젤 네일 폴리시 선 디자인을 표현한다.

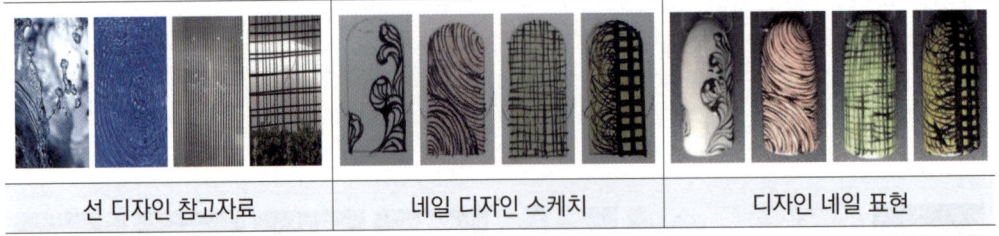

| 선 디자인 참고자료 | 네일 디자인 스케치 | 디자인 네일 표현 |

2) 젤 네일 폴리시 아트 작업

 선의 움직임을 이용한 젤 네일 폴리시 마블을 실습한다.

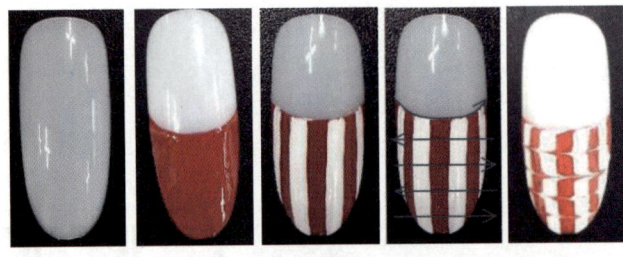

① 베이스 젤과 톱 젤, 흰색과 빨강색의 유색 젤 네일 폴리시와 세필 붓을 준비한다.
② 네일 팁의 표면과 모양을 정리하고 베이스 젤을 바른 후 경화시킨다.
③ 빨간색의 젤 네일 폴리시를 딥 프렌치 컬러링 후 경화시킨다. 2코트 진행한다.
④ 빨강과 흰색의 젤 네일 폴리시를 세로의 직선 형태로 선형의 형태로 도포한다.
⑤ 세필 브러시를 이용하여 세로 선형 폴리시를 가로지르는 직선의 가로 움직임으로 마블 디자인을 적용한다.
⑥ 주변의 잔여 젤 네일 폴리시를 정리한 후 경화시킨다.

MEMO

Chapter.3 통젤 네일 폴리시 아트

1. 네일 폴리시 디자인 도구 및 통 젤 네일 폴리시 아트 작업

1) 통 젤 네일 폴리시의 종류

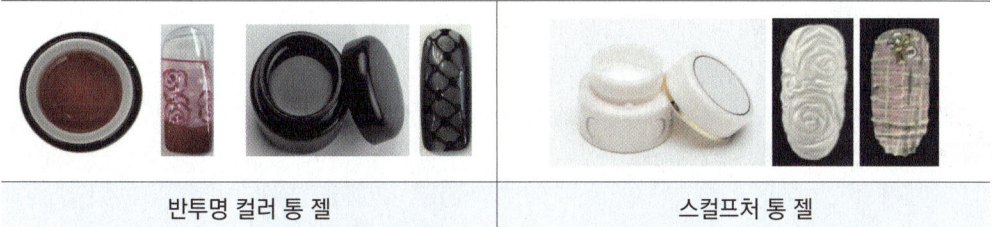

반투명 컬러 통 젤	스컬프처 통 젤
컬러 통 젤	글리터 통 젤

2) 통 젤 네일 폴리시 아트 작업

통 젤 네일 폴리시의 특성을 적용하여 디자인한다.

① 네일 팁과 젤 페인팅 브러시 등 네일 미용도구를 준비한다.
② 네일 기본관리를 참조하여 팁의 프리에지 형태와 큐티클 부분을 정리한다.
③ 그러데이션의 범위와 색상을 결정한다.
④ 자연스러운 그러데이션 표현을 위해 작은 글리터와 큰 글리터의 통 젤 네일 폴리시를 준비한다.
⑤ 글리터 통 젤 네일 폴리시의 그러데이션 아트를 마무리한다.
⑥ 톱 젤을 도포하고 경화한다.

Ω
—.
—

PART 08

팁 위드 파우더

- **Chapter.1** 네일 팁 선택
- **Chapter.2** 풀 커버 팁 작업
- **Chapter.3** 프렌치 팁 작업
- **Chapter.4** 내추럴 팁 작업

Chapter.1 네일 팁 선택

1. 네일 팁 특징

팁 네일	특 징
팁 위드 파우더	네일 팁으로 길이를 연장하고 필러 파우더를 사용하여 오버레이
팁 위드 랩	네일 팁으로 길이를 연장하고 네일 랩을 사용하여 오버레이
팁 위드 아크릴	네일 팁으로 길이를 연장하고 아크릴을 사용하여 오버레이
팁 위드 젤	네일 팁으로 길이를 연장하고 젤을 사용하여 오버레이

2. 네일 상태에 따른 네일 팁 선택

1) 처진 자연 네일

옆선이 일직선인 네일 팁을 선택하면 네일이 아래로 처져 보이는 현상을 줄일 수 있다.

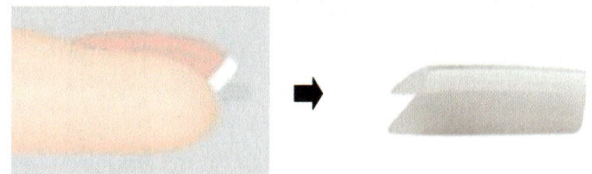

2) 위로 솟아오른 자연 네일

옆선에 커브가 있는 네일 팁을 선택하면 옆선에 자연스러운 곡선을 나타낼 수 있다.

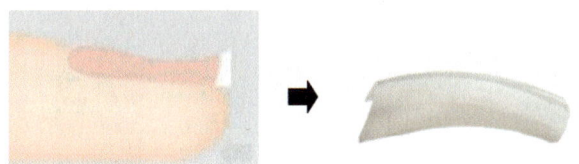

3) 프리에지 부분이 크고 넓은 자연 네일

끝부분이 좁아지는 내로(narrow) 팁을 선택하면 네일이 길고 좁게 보여지는 효과를 얻을 수 있다.

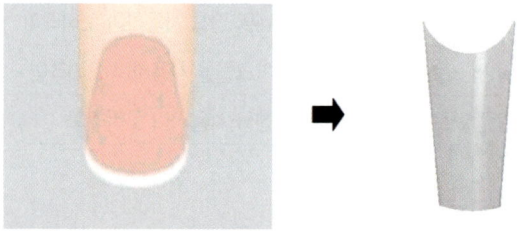

4) 보디가 많이 짧은 자연 네일

프리에지가 일정한 경우에는 네일 팁을 적용할 수 있으며 접착 면이 넓은 풀 웰을 선택하는 것이 적절하다.

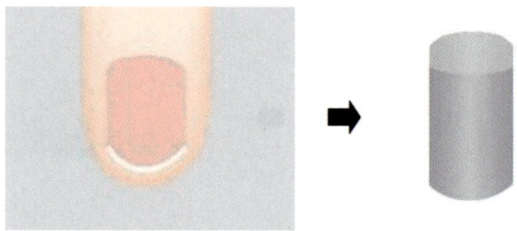

5) 양쪽 옆면에 커브가 심하거나 각이 있는 자연 네일

하프 웰로 얇은 네일 팁을 선택하면 네일 팁 양쪽 끝부분의 접착을 용이하게 할 수 있다

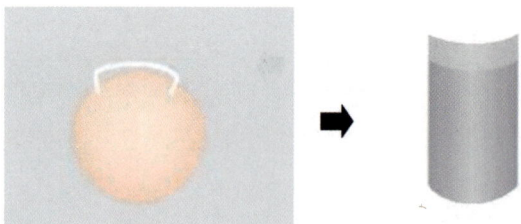

MEMO

Chapter.2 풀 커버 팁 작업

Nail

1. 풀 커버 팁 활용 및 도구

1) 풀 커버 팁 분류

풀 커버 팁은 큐티클 라인에 맞추어 자연 네일 전체를 덮는 네일 팁으로, 일반적으로 자연 네일의 프리에지에 접착하여 자연스럽게 손톱의 길이를 연장하는 네일 팁과 달리 자연 네일 전체의 길이를 연장함으로써 부자연스러워 잘 사용하지 않으나 최근엔 길이 연장이 목적이 아닌 이미 아트가 되어 있는 아트 팁을 적용할 때 많이 활용한다.

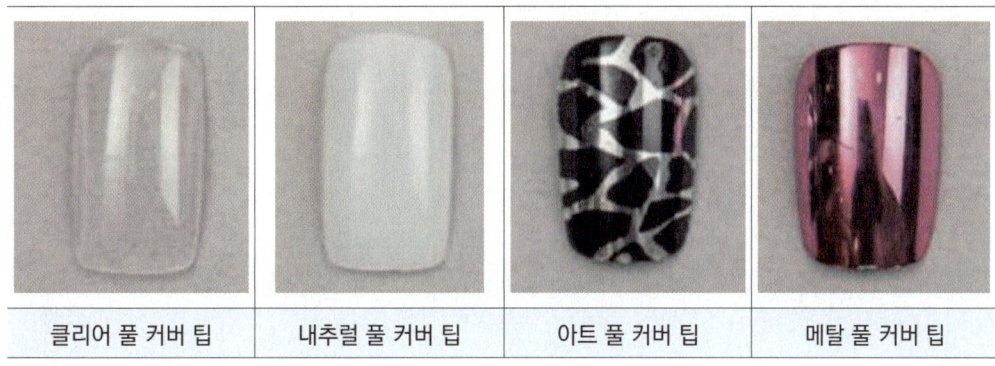

| 클리어 풀 커버 팁 | 내추럴 풀 커버 팁 | 아트 풀 커버 팁 | 메탈 풀 커버 팁 |

2) 풀 커버 팁 작업

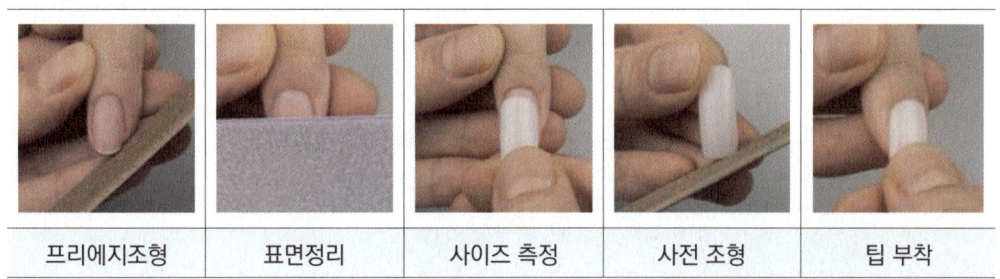

| 프리에지조형 | 표면정리 | 사이즈 측정 | 사전 조형 | 팁 부착 |

Chapter.3 프렌치 팁 작업

1. 프렌치 팁 활용 및 도구

1) 웰의 정지선(Position Stop)과 프리에지 형태

웰은 네일 접착제를 도포하는 부분으로 웰의 정지선이란 네일 접착제가 넘치지 말아야 하는 선을 말한다. 웰의 정지선은 라운드 형태와 오발의 형태로 구분되며 하프 웰 네일 팁의 선택 시에는 웰의 정지선의 형태에 따라 자연 네일의 프리에지 형태를 조형하고 프리에지 단면과 웰의 정지선을 맞추어 자연 네일의 크기와 모양에 알맞은 네일 팁을 선택한다.

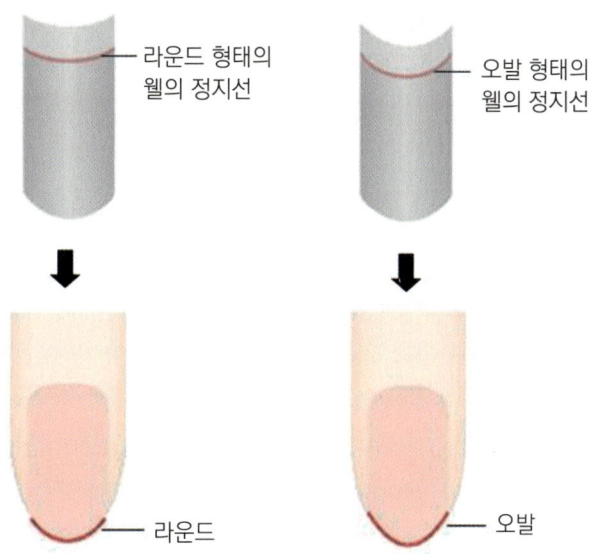

2) 프렌치 팁 작업

(1) 프렌치 팁 접착 시 주의사항

프렌치 하프 웰 팁은 웰의 정지선을 넘지 않게 주의하여 하프 웰 부분에 네일 접착제를 도포한다. 프렌치 라인으로 네일 접착제가 넘치지 않게 주의하며 접착한다.

(2) 프렌치 팁 작업

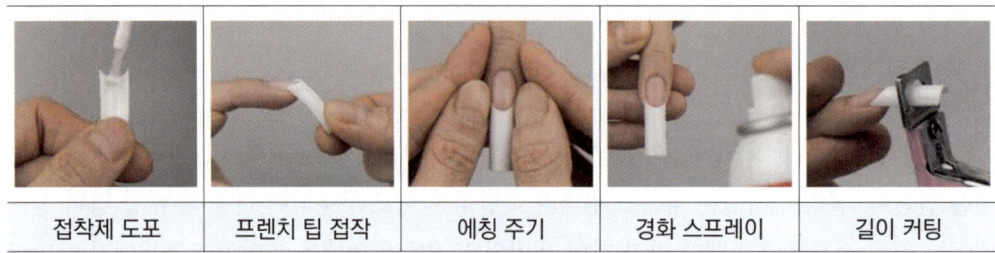

| 접착제 도포 | 프렌치 팁 접착 | 에칭 주기 | 경화 스프레이 | 길이 커팅 |

MEMO

Chapter.4 내추럴 팁 작업

Nail

1. 내추럴 팁 활용 및 도구

1) 내추럴 팁 분류

내추럴 팁이란 자연 네일의 프리에지와 가장 비슷한 컬러의 네일 팁으로 자연 네일의 길이를 자연스럽게 연장하기 위해서 주로 사용한다. 내추럴 팁은 접착 후 자연 네일을 연장한 것을 자연스럽게 보이기 위해 팁 턱 부분을 제거해야 하며, 웰에 따라 풀 웰 팁, 하프 웰 팁, 웰이 없는 네일 팁으로 구분된다.

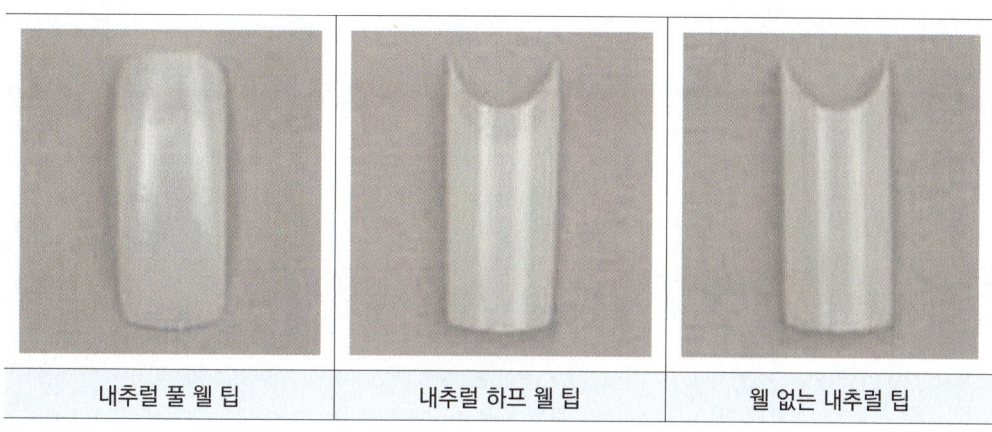

| 내추럴 풀 웰 팁 | 내추럴 하프 웰 팁 | 웰 없는 내추럴 팁 |

2) 내추럴 팁 작업

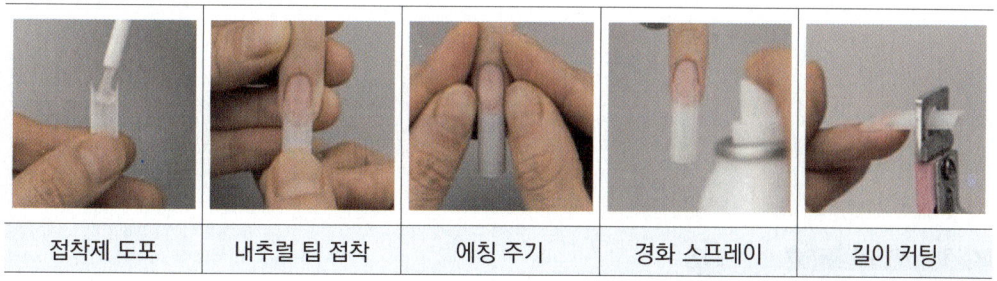

| 접착제 도포 | 내추럴 팁 접착 | 에칭 주기 | 경화 스프레이 | 길이 커팅 |

Zoli.

PART 09

팁 위드 랩

- Chapter.1 팁 위드 랩 네일 팁 적용
- Chapter.2 네일 랩 적용

Chapter.1　팁 위드 랩 네일 팁 적용

1. 네일 팁 턱 제거 및 적용 작업

1) 네일 팁 턱 제거

자연 네일과 웰이 없는 내추럴 팁의 팁 턱을 정확히 구별한다. 잘 보이지 않을 경우 팁 턱 부분을 손으로 만져 정확히 확인한다.

(1) 내추럴 팁의 팁 턱 제거 부분

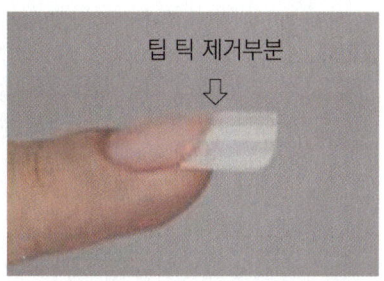

2) 네일 팁 턱 제거 적용

자연 네일의 손상에 주의하며, 180그릿 이상의 인조 네일용 파일을 사용하여 자연 네일과 연결이 자연스럽게 형성되도록 자연 네일의 곡선을 따라 웰이 없는 내추럴 팁의 정면 부분의 팁 턱을 제거한다.

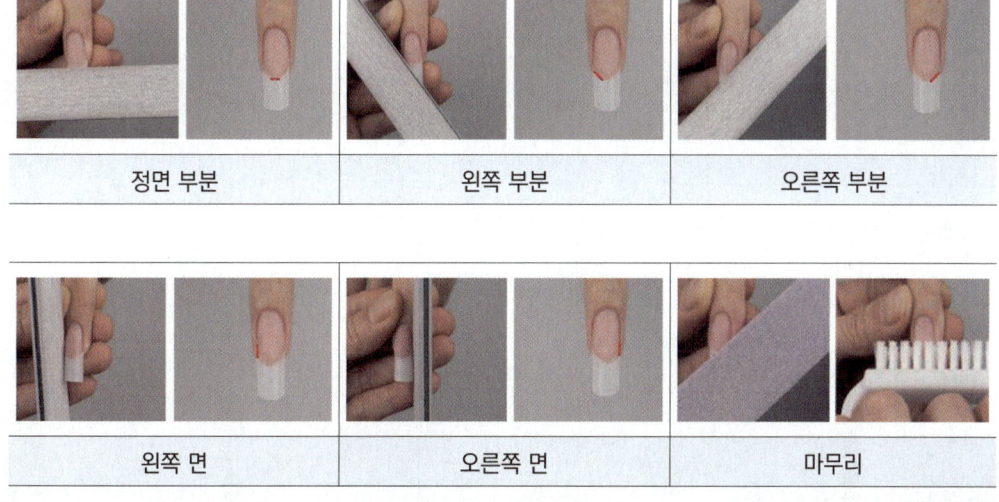

Chapter.2 네일 랩 적용

Nail

1. 네일 랩 오버레이 및 네일 랩 적용 작업

 네일 랩이란 가공된 직물 소재로 만들어진 원단을 말하며, 자연 네일에 덧붙여 자연 네일을 보강하거나 인조 네일 위에 덧붙여 견고하게 보존시키면서 길이를 연장하는 목적으로 사용된다. 인조 네일의 보강을 위하여 네일 랩을 적용할 수 있다.

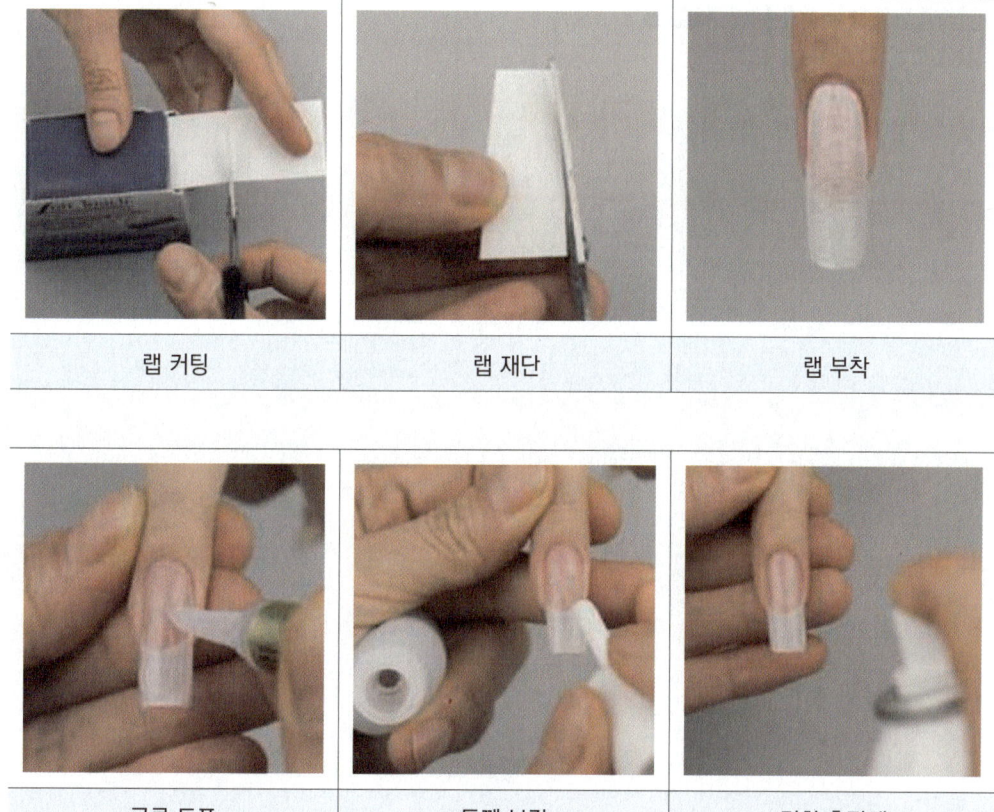

| 랩 커팅 | 랩 재단 | 랩 부착 |
| 글루 도포 | 두께 보강 | 경화 촉진제 |

Zoli.

PART 10

랩 네일

- **Chapter.1** 네일 랩 재단
- **Chapter.2** 네일 랩 접착
- **Chapter.3** 네일 랩 연장

Chapter.1 네일 랩 재단

1. 네일 랩 재료 및 작업

1) 네일 랩 재료

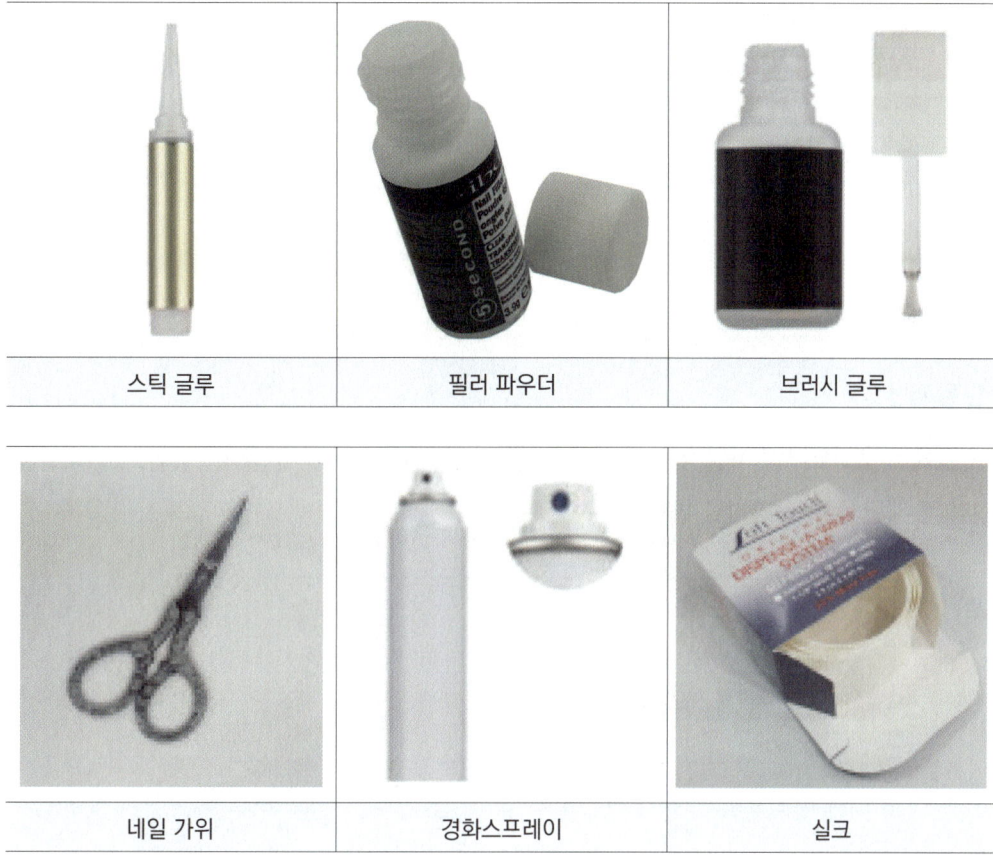

2) 네일 랩 작업

네일 랩을 재단 시 네일 가위로 네일 주변 피부가 다치지 않게 주의하여 재단한다.

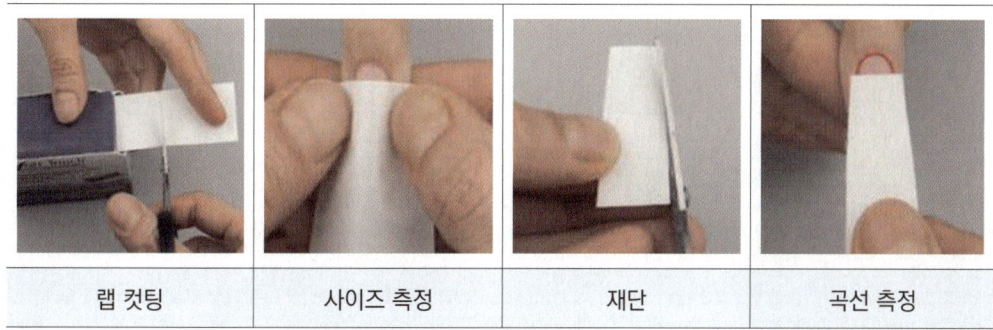

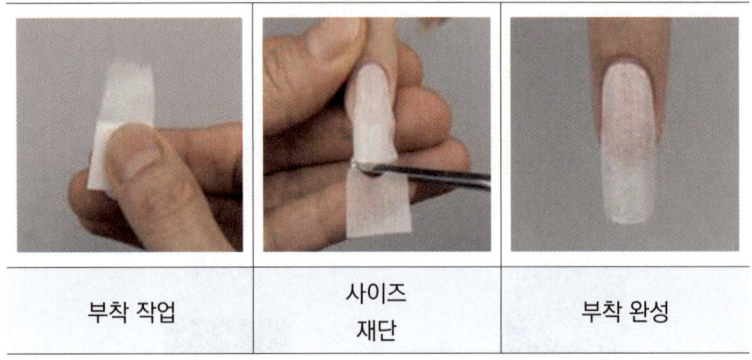

| 부착 작업 | 사이즈 재단 | 부착 완성 |

3) 네일 랩 재단 방법

(1) 완 재단

스트레스 포인트부터 자연 네일보다 넓게 사다리꼴로 네일 랩을 재단하는 방법으로, 네일 랩 접착 전 재단을 하는 방법을 말한다.

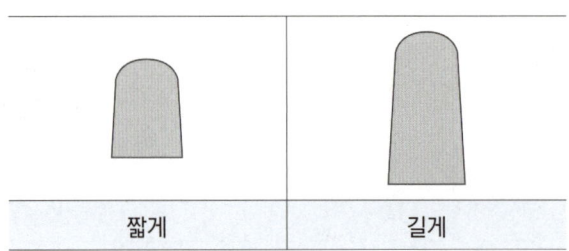

| 짧게 | 길게 |

(2) 반 재단

네일 랩의 한쪽 면을 재단하고 접착 후 나머지 면을 재단하는 방법을 말한다.

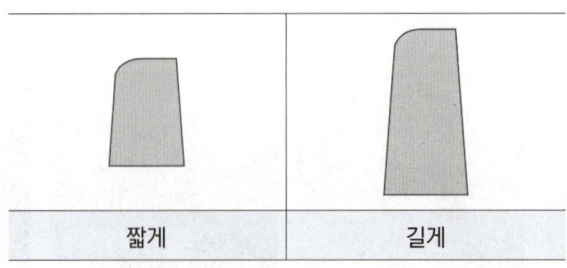

| 짧게 | 길게 |

MEMO

Chapter.2 네일 랩 접착

Nail

1. 네일 랩 접착제 및 접착 작업

1) 완 재단 접착 방법

완 재단한 네일 랩을 큐티클 라인에서 약 0.1~0.2cm 정도 남기고 접착한다. 자연 네일의 크기와 모양에 알맞게 자연 네일의 곡선에 따라 접착한다. 네일 랩이 들뜨지 않게 완전히 눌러 접착한다.

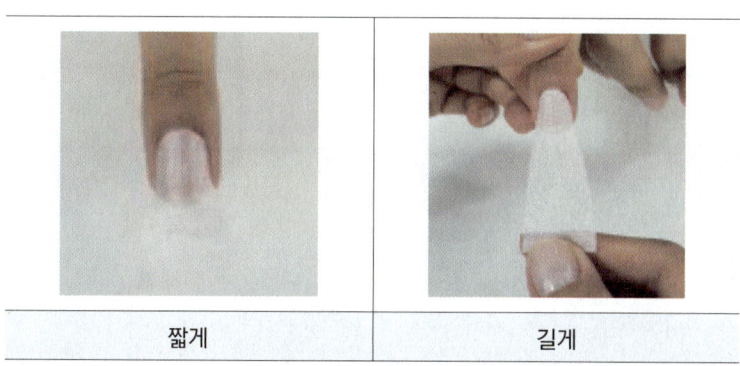

| 짧게 | 길게 |

(2) 반 재단 접착 방법

반 재단한 네일 랩을 왼쪽 큐티클 라인에서 약 0.1~0.2cm 정도 남기고 왼쪽을 중심으로 접착한다. 한쪽 큐티클 라인의 곡선에 따라 올바르게 접착하고 나머지 면을 재단하는 것을 유념하여 접착한다. 한쪽 면을 접착 후 나머지 면은 자연 네일에 네일 랩을 접착한 상태에서 네일 가위를 사용하여 재단한다.

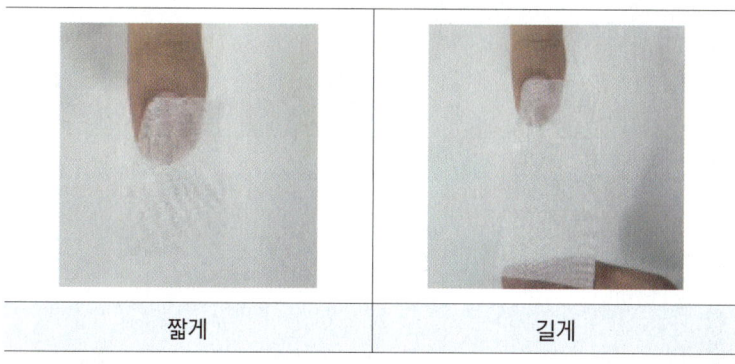

| 짧게 | 길게 |

Chapter.3 네일 랩 연장

1. 인조 네일 구조 및 네일 랩 연장 작업

1) 네일 랩 인조 네일 부착 작업

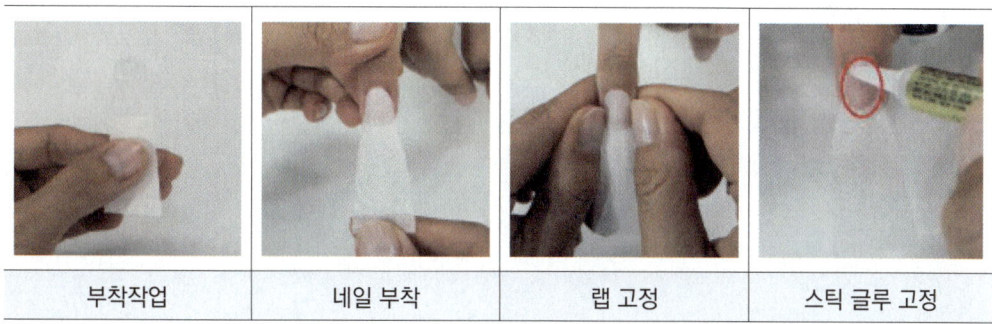

| 부착작업 | 네일 부착 | 랩 고정 | 스틱 글루 고정 |

2) 네일 랩 연장 작업

 네일 랩만으로는 인조 네일을 완성할 수 없으므로 필러 파우더와 네일 접착제를 사용하여 인조 네일을 완성한다. 필러 파우더와 네일 접착제를 두껍게 쌓은 상태에서 C-커브를 만들면 연장 부분에 기포가 생기므로 C-커브를 먼저 만든 후에 두께를 쌓도록 한다. 네일 랩을 사용하여 프리에지의 길이를 연장할 때, 필러 파우더는 프리에지 부분에 먼저 적용하여 두께를 만든 후, 자연 네일과 연결이 되도록 3차에 걸쳐 자연 네일과 연결이 매끈하게 되도록 필러 파우더를 분사한다.

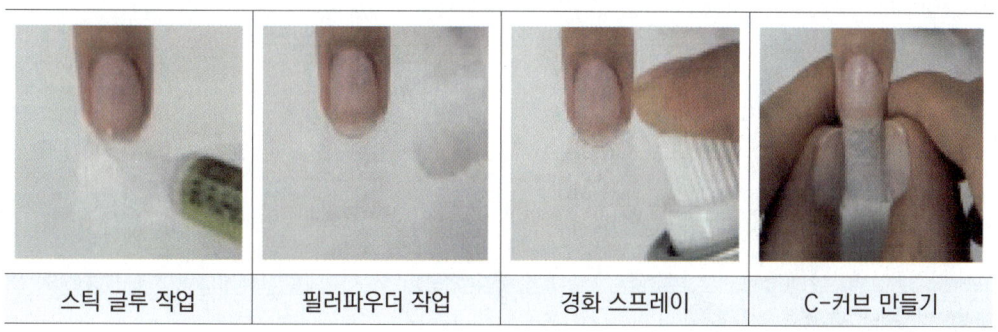

| 스틱 글루 작업 | 필러파우더 작업 | 경화 스프레이 | C-커브 만들기 |

No. 11

PART 11

젤 네일

- **Chapter.1** 젤 화장물 활용
- **Chapter.2** 젤 원톤 스컬프쳐
- **Chapter.3** 젤 프렌치 스컬프쳐

———————————— Chapter.1 젤 화장물 활용

1. 젤 네일 기구 및 젤 화장물 사용방법

1) 젤 네일 기구

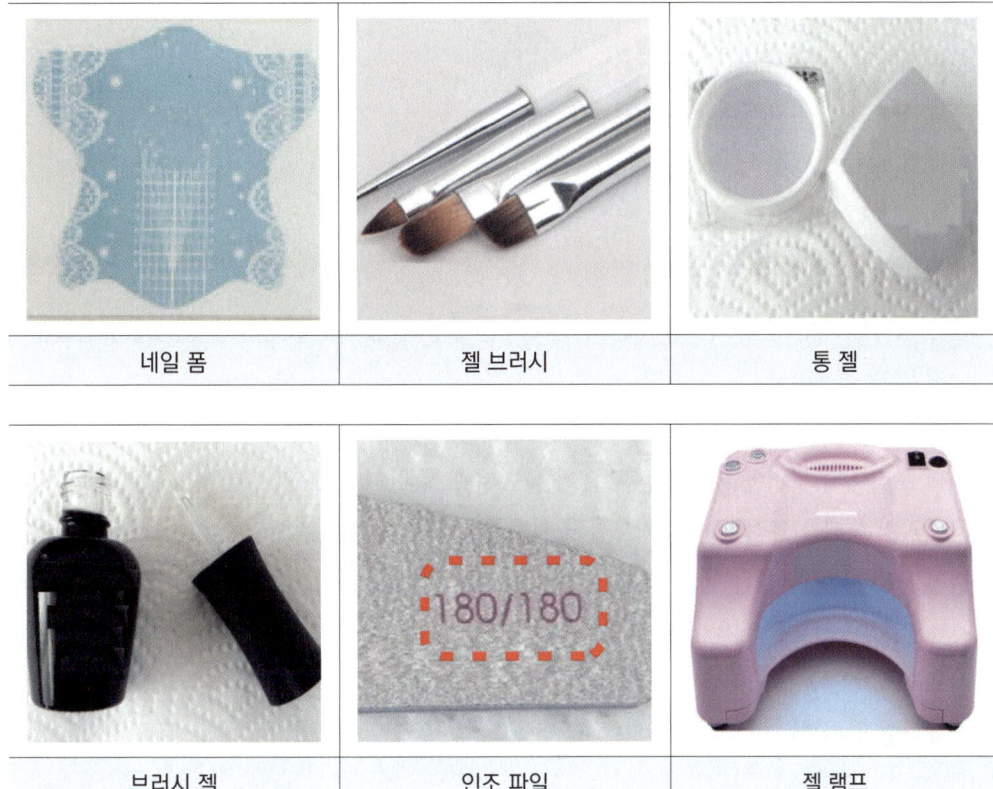

| 네일 폼 | 젤 브러시 | 통 젤 |
| 브러시 젤 | 인조 파일 | 젤 램프 |

2) 젤 화장물 사용방법

(1) 젤 네일 정의

　소량의 모너머(아크릴 리퀴드)를 이용해 액상을 만들어 낸 것이다. 이때 젤은 아크릴 원료에서 떨어져 나와 젤의 고유의 성질을 갖게 되며 화학적 구성은 아크릴과는 조금 다르다. 젤은 램프의 빛이 촉매제가 되어 램프의 빛을 통과하면 전체 밀도를 높여 매우 강하게 응집하여 단단하게 굳게 된다. 이와 같이 라이트 큐어드(Light Cured) 방법으로 만들어진 제품을 젤 네일이라 말한다.

(2) 젤 특성

① 상온에서는 형태를 자유자재로 만들 수 있다.
② 부작용 없이 작업을 받을 수 있으며, 냄새가 없어 어디서나 사용이 간편하다.
③ 투명도가 좋고 고광택이 오래 유지되며 착용감이 가볍다.
④ 리프팅이 잘 일어나지 않는다.
⑤ 젤 시스템은 친환경적 제품이다.
⑥ 작업 시간이 매우 단축된다.

(3) 네일 폼의 적용방법

① 손 상태에 따른 손톱, 손가락, 손의 전체적인 방향과 형태를 고려하여 정면에서 삐뚤어지지 않게 적용한다.
② 종이 폼은 가운데 스티커를 떼어낼 수 있도록 되어 있다. 가운데의 원형 스티커를 떼어내어 프리에지 뒷면에 해당하는 부분에 붙여 주도록 한다.
③ 네일의 상태를 고려하여 C-커브를 조정한다. 일반적으로 인조 네일의 C-커브는 20~40% 정도이다.
④ 네일 폼이 끼워질 네일 하단부위와 폼 사이가 벌어지거나 들뜸이 없이 부착되어야 한다. 프리에지 부분을 정면으로 보고 네일의 하단과 네일 폼 사이가 벌어지지 않았는지 체크해가며 장착한다.

(4) 젤 램프기기

구분	UV 젤 램프기기	LED 젤 램프기기
파장	UV-A 약 230~400 nm	약 400~700 nm
수명	램프교체(약 1,000시간 사용)	반영구적(40,000~120,000시간)
특징	자외선 차단제 사용을 권함	자외선 차단제 사용하지 않음

MEMO

Chapter.2 젤 원톤 스컬프쳐

1. 네일 폼 적용 및 젤 원톤 스컬프쳐 작업

1) 네일 폼 적용

네일에 맞추어 네일 폼을 적용할 때는 측면에서 볼 경우 네일 폼이 아래쪽으로 향하지 않도록 하며 네일과 수평이 되도록 장착해야 한다. 네일 폼은 자연 네일의 프리에지와 자연스럽게 연결될 수 있도록 적용하며, 사람마다 네일의 모양과 네일의 굴곡 정도가 다르므로 필요에 따라서는 네일 폼을 재단하기도 한다. 이때 하이포니키움을 손상시키지 않도록 주의하여 적용하여야 한다.

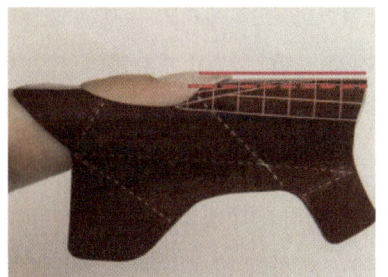 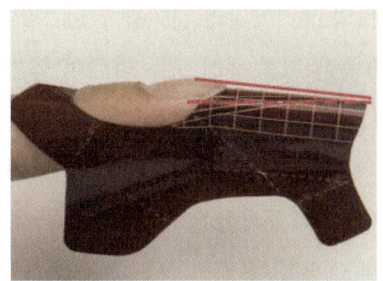

2) 젤 네일 시스템

분류	광(빛) 중합반응 / 포토 폴리머라이제이션(pHoto-Polymerization)		
올리고머	소프트 젤(저분자, 하드 젤(중분자)	소중합체	결합 미반응
폴리머	완성된 젤 네일	고중합체	결합반응 완료
광중합 개시제	광중합 반응을 개시시키는 물질		

3) 젤 원톤 스컬프쳐 작업

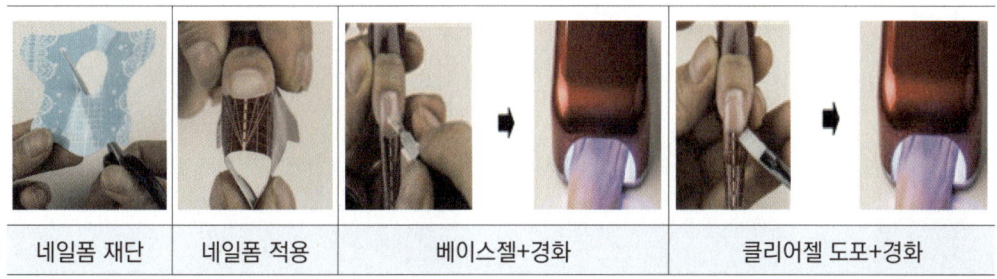

| 네일폼 재단 | 네일폼 적용 | 베이스젤+경화 | 클리어젤 도포+경화 |

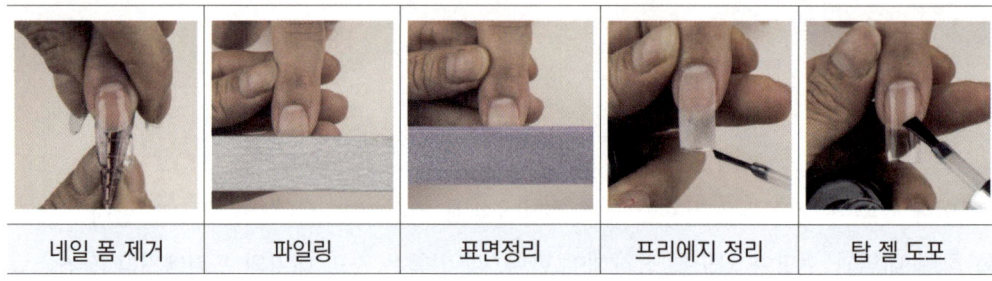

| 네일 폼 제거 | 파일링 | 표면정리 | 프리에지 정리 | 탑 젤 도포 |

4) 젤 원톤 스컬프처 조형

　네일 베드와 프리에지의 길이를 1:1로 길이로 조형한다. 프리에지의 두께는 스트레스 포인트 부분과 높은 지점 등이 모두 다르며 섬세한 브러시 작업 방법이 필요하며 젤의 화장물 양 조절이 중요하다. 젤 원톤 스컬프처의 큐티클 부분과 사이드 부분이 자연 네일과 자연스럽게 연결되도록 네일 파일링하며 높은 지점을 중심으로 낮은 지점이 완만한 곡선이 이루어져야 한다. 프리에지의 두께가 0.5~1mm 정도가 되도록 일정하게 네일 파일링하며 프리에지의 커브가 20~40% 되도록 옆면 직선 부분과 프리에지를 조형한다.

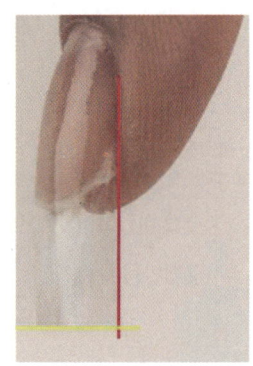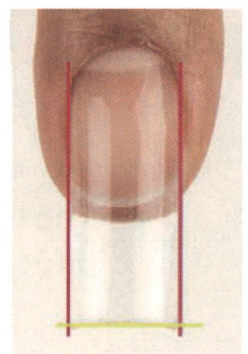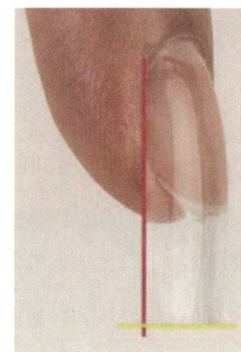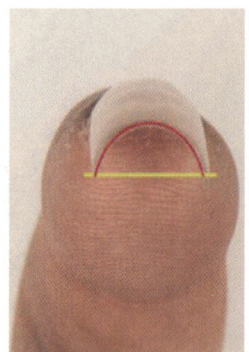

MEMO

Chapter.3 젤 프렌치 스컬프쳐

1. 젤 브러시 활용 및 젤 프렌치 스컬프처 작업

1) 젤 브러시 활용

① 컬러 도포와 인조 네일 조형에 사용
② 네일 아트의 디자인에 사용
③ 세밀한 디자인 표현에 사용

2) 스마일 라인 조형

스마일 라인의 굴곡에 따른 깊이 정도는 다른 네일에도 일정하게 유지해 주어야 하며 스마일 라인이 선명하게 표현되도록 한다. 다음 부분에 유의해서 스마일라인 조형을 한다.

① 베드 부분에 핑크 젤을 도포하여 건강한 자연 네일을 표현한다.
② 화이트 젤을 사용하여 프리에지를 형성한다. 이때 스마일 라인의 균형과 선명한 라인의 표현이 중요하다.
③ 스마일 라인 작업 후 클리어 젤을 도포하여 네일 파일링으로 마지막 조형을 완성하는데, 이때 파일에 의한 스크레치에 의해 스마일 라인이 뭉개지는 경우가 발생하므로 사전 두께 조형에 주의해야 한다.
④ 클리어 젤로 전체를 커버하여 인조 네일의 형태를 갖추도록 한다.
⑤ 스마일 라인 조형 시 스트레스 포인트 부분에 표현되는 화이트 젤의 사이드 표현은 한꺼번에 많은 양의 화이트 젤을 올리지 말고 적은 양의 젤로 섬세하게 보완한다.

3) 젤 프렌치 스컬프쳐 작업

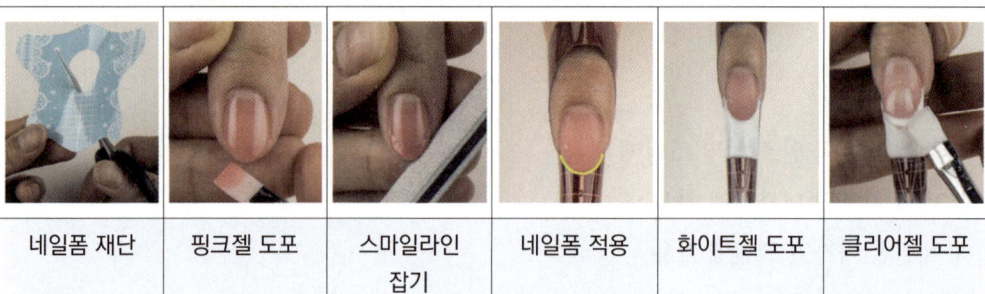

| 네일폼 재단 | 핑크젤 도포 | 스마일라인 잡기 | 네일폼 적용 | 화이트젤 도포 | 클리어젤 도포 |

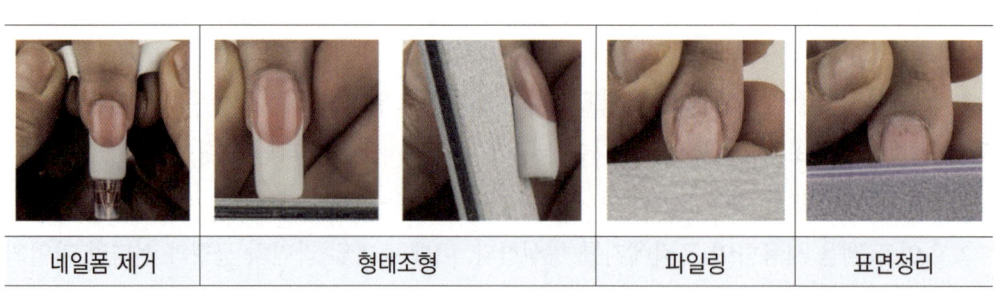

| 네일폼 제거 | 형태조형 | 파일링 | 표면정리 |

4) 브러시로 스마일라인 조형

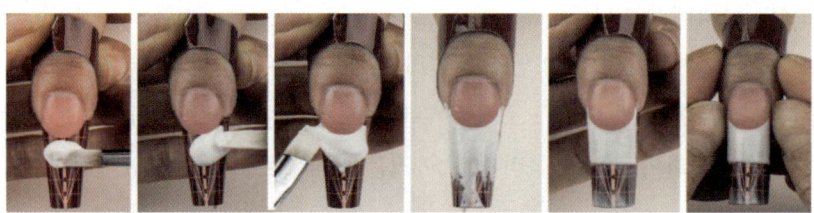

5) 젤 프렌치 스컬프쳐 조형

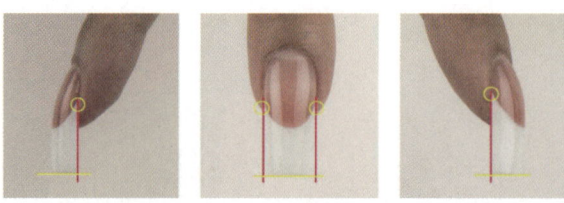

MEMO

No. 1

PART 12

아크릴 네일

- Chapter.1 아크릴 화장물 활용
- Chapter.2 아크릴 원톤 스컬프쳐
- Chapter.3 아크릴 프렌치 스컬프쳐

Chapter.1 아크릴 화장물 활용

1. 아크릴 네일 도구 및 사용방법

1) 아크릴

아크릴은 보통 액상의 아크릴 리퀴드(Acrylic Liquid-Monomer : 단량체)와 분말 성분의 아크릴 파우더(Acrylic Powder-Polymer)를 혼합하여 사용한다. 혼합 시 일어나는 중합(Polymerization)을 상온 화학 중합이라 한다. 상온에서 중합 개시제의 반응으로 래디컬이 발생하여 경화가 시작되며 고분자의 아크릴 수지가 된다.

2) 아크릴 네일 재료 및 도구

종류	용도
모노머 아크릴 리퀴드 (Acrylic Liquid-monomer)	강도 및 경화 속도를 조절하는 액체
폴리머 아크릴 파우더 (Acrylic Powder-Polymer)	단독으로는 경화되지 않고 모노머인 아크릴 리퀴드와 결합하여 경화
카탈리스트 (Catalyst)	촉매제로 화학 중합 개시제, 굳는 속도 조절

(1) 아크릴 재료

브러시 명칭	브러시 각도

(2) 아크릴 도구

아크릴 브러시의 끝 부분은 팁(Tip)이라고 하며 정교한 라인 등의 미세 작업 시 사용된다. 아크릴 브러시의 중간 부분은 벨리(Belly)라고 하며, 벨리는 편평하게 펼 때 사용하는 부위로 믹스된 아크릴 볼을 고르게 펴는데 사용한다. 브러시의 시작 부분은 백(Back)이라고 하며, 백은 길이를 정리할 때나 아크릴 볼의 움직임을 멈추게 할 때 눌러 사용한다.

3) 아크릴 네일 사용방법

(1) 아크릴 볼 만들기

각도에 따라 모노머와 폴리머의 혼합된 볼의 크기를 조절한다.

(2) 브러시 사용부위에 따른 적용

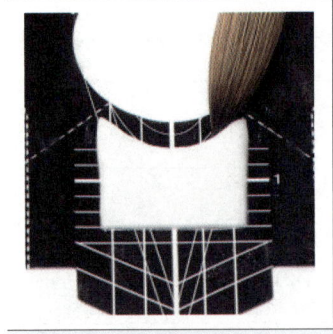  

| 팁 부분 세밀한 선 적용 | 벨리부분 펼치기 적용 | 백 부분 길이정리 적용 |

MEMO

Chapter.2　아크릴 원톤 스컬프쳐

Nail

1. 아크릴 브러시 활용 및 아크릴 원톤 스컬프쳐 작업

1) 아크릴 브러시 활용

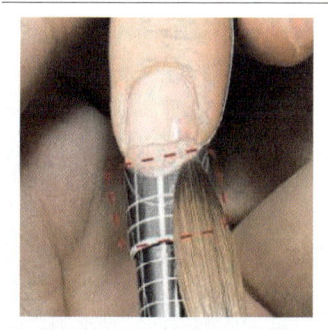	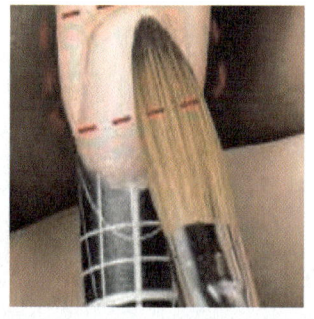	
팁부분 프리에지 조형	벨리부분 두께 조형	백부분 길이 조형

2) 아크릴 원톤 스컬프쳐 작업

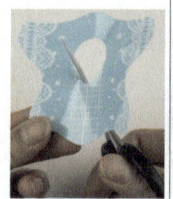		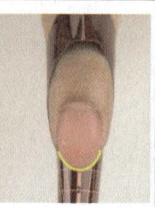	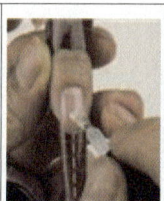		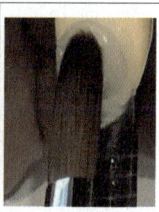
네일폼 재단	스마일라인 잡기	네일폼 적용	베이스 바르기	프리에지 조형	베드 조형

	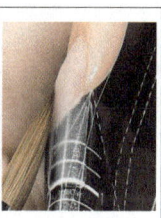		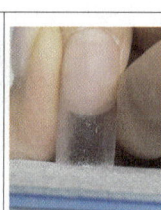	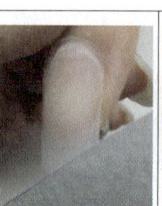	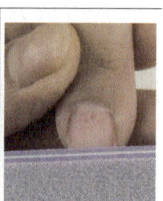
전체 조형	두께 조절	네일 폼 제거	손톱모양 조형	파일링	표면정리

Chapter.3　아크릴 프렌치 스컬프쳐

1. 스마일 라인 조형 및 아크릴 프렌치 스컬프쳐 작업

1) 스마일 라인 조형

스마일 라인은 자연 네일에서 보이는 옐로 라인을 커버하는 것을 원칙으로 하며 모양(Shape)이 일정하며 라인의 경계선이 명확해야 한다. 조형된 스마일 라인의 깊이와 각도 등의 형태가 대부분 같은 스타일로 조형되어야 하며 스마일 라인의 좌우대칭이 정확하고 양끝 팁의 높이가 서로 일치하여야 한다.

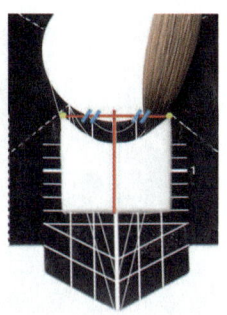

2) 아크릴 프렌치 스컬프쳐 작업

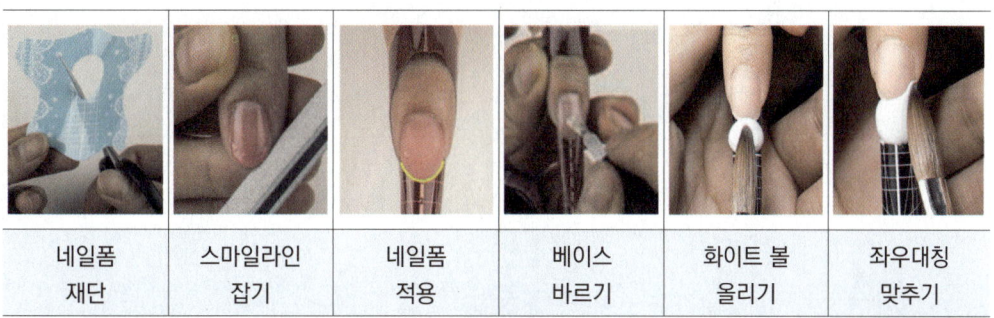

| 네일폼 재단 | 스마일라인 잡기 | 네일폼 적용 | 베이스 바르기 | 화이트 볼 올리기 | 좌우대칭 맞추기 |

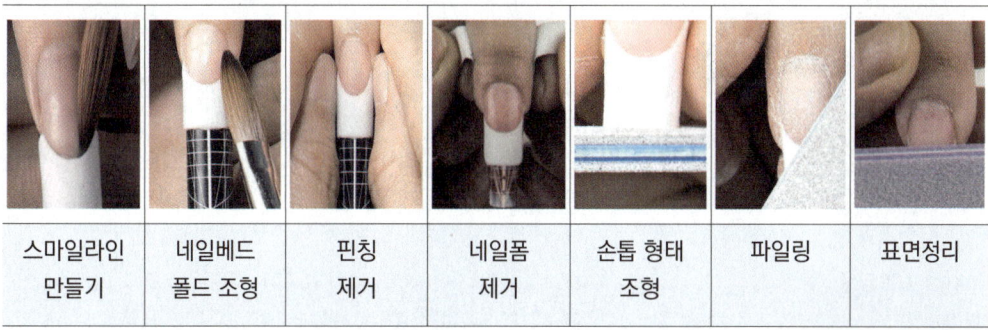

| 스마일라인 만들기 | 네일베드 폴드 조형 | 핀칭 제거 | 네일폼 제거 | 손톱 형태 조형 | 파일링 | 표면정리 |

Zoï.

PART 13

인조 네일 보수

Chapter.1 네일 팁 보수
Chapter.2 랩 네일 보수
Chapter.3 아크릴 네일 보수
Chapter.4 젤 네일 보수

Chapter.1 네일 팁 보수

1. 팁 네일 상태에 따른 화장물 제거 및 보수 작업

1) 팁 네일 상태에 따른 화장물 제거

(1) 팁 네일 문제점과 원인

문제점	원인
들뜸	· 전 처리(프리퍼레이션) 작업이 미흡하게 된 경우 · 보수시기를 놓쳐 자연 네일이 과도하게 자라나올 경우 · 과도하게 길이를 연장하여 무게 중심이 변화한 경우 · 잘못된 인조 네일 구조로 조형하여 파일링한 경우 · 부주의하게 관리한 경우(물에 너무 오래 담금, 손톱으로 떼어 냄 등) · 큐티클 주변에 네일용 접착제가 묻었을 경우 · 네일 팁 접착 시 공기가 찼을 경우 · 네일 접착제와 필러 파우더의 혼합 비율이 적절하지 않을 경우 · 가까운 거리에서 과도하게 경화 촉진제를 사용하여 네일 접착제의 표면만 건조한 경우 · 네일 접착제의 품질이 떨어지거나 오래된 글루를 사용한 경우 · 마무리 작업 시 프리에지 부분에 글루를 바르지 않은 경우 · 큐티클 정리 시 큐티클 오일과 미온수를 사용하고 이를 충분히 제거하지 못한 경우
변색	· 일상생활에서 자외선을 과도하게 노출한 경우 · 인조 네일의 적절한 보수 시기를 놓쳐 자연 네일의 손상이 생긴 경우 · 유통기한이 경과한 네일 화장물을 사용하거나 품질이 좋지 못한 네일 화장물을 사용한 경우 · 위생 처리 된 도구를 사용하지 않아 세균이 번식되어 손톱의 병변이 생긴 경우 · 큐티클 정리 시 큐티클 오일과 미온수를 사용하고 이를 충분히 제거하지 못해 곰팡이나 세균이 생긴 경우 · 외부적인 압력으로 충격이 가해진 경우

(2) 팁 네일 화장물 제거

들뜬 면적이 넓을 경우 니퍼를 사용하여 네일 화장물을 제거한다. 들뜬 면적이 적을 경우와 들뜬 부분이 없을 경우에는 인조 네일용 파일(180그릿)을 사용하여 네일 화장물을 제거한다.

2) 팁 네일 보수 작업

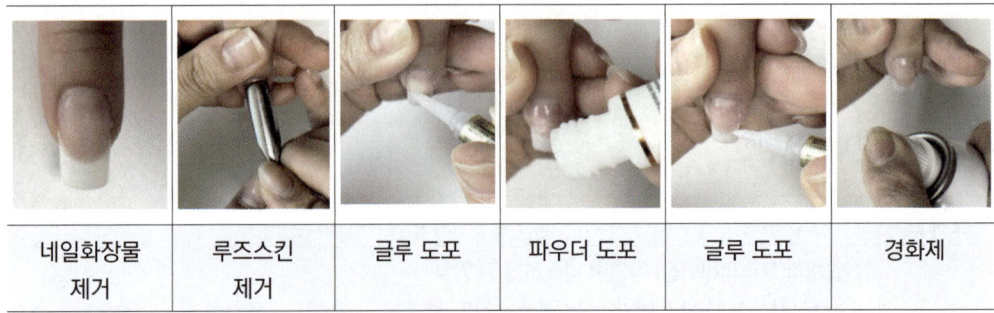

| 네일화장물 제거 | 루즈스킨 제거 | 글루 도포 | 파우더 도포 | 글루 도포 | 경화제 |

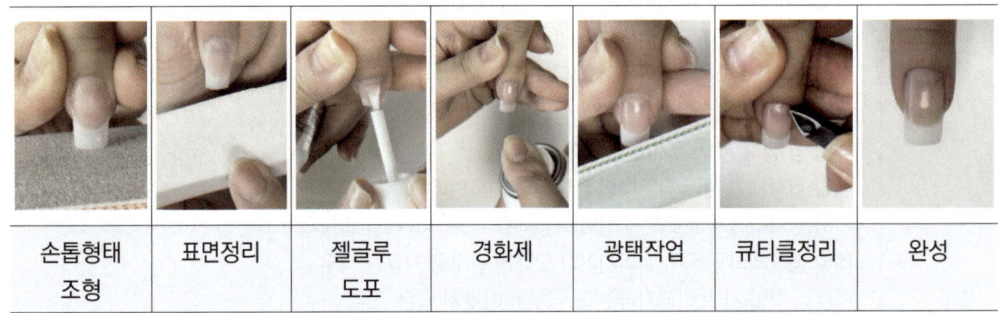

| 손톱형태 조형 | 표면정리 | 젤글루 도포 | 경화제 | 광택작업 | 큐티클정리 | 완성 |

3) 팁 네일과 동일한 화장물 적용 시 주의사항

① 네일 폴리시가 도포된 경우 논 아세톤 네일 폴리시리무버를 사용하여 제거한다.
② 큐티클 정리 시 보수할 부분에 큐티클 오일을 바르지 않는다.
③ 큐티클 정리 시 건식 케어를 한다.
④ 인조 네일이 약 30% 이상 없어졌거나 팁이 부러졌을 경우는 작업을 하지 않는다.
⑤ 인조 네일과 자연 네일 사이에 곰팡이가 생긴 경우 보수 작업을 할 수 없다.

MEMO

Chapter.2 랩 네일 보수

Nail

1. 랩 네일 상태에 따른 화장물 제거 및 보수 작업

1) 랩 네일 상태에 따른 화장물 제거

(1) 랩 네일 문제점과 원인

문제점	원인
들뜸	· 전 처리(프리퍼레이션) 작업이 미흡하게 된 경우 · 보수시기를 놓쳐 자연 네일이 과도하게 자라나올 경우 · 네일 보디는 짧은데 과도하게 길이를 연장한 경우 · 잘못된 인조 네일 구조로 조형하여 파일작업을 한 경우 · 부주의하게 관리한 경우(물에 너무 오래 담금, 손톱으로 떼어냄 등) · 큐티클 주변에 네일 접착제가 묻었을 경우 · 랩을 부착시킬 때 네일 접착제가 건조된 상태에서 바른 후 교정을 시켰거나 랩이 구겨졌을 경우 · 랩의 턱 부분을 제대로 제거하지 않았을 경우 · 가까운 거리에서 과도하게 경화 촉진제를 사용하여 네일 접착제의 표면만 건조한 경우 · 네일 접착제의 품질이 떨어지거나 오래된 글루를 사용한 경우 · 마무리 작업 시 프리에지 부분에 글루를 바르지 않은 경우 · 큐티클 정리 시 큐티클 오일과 미온수를 사용하고 이를 충분히 제거하지 못한 경우
부러짐	· 보수시기를 놓쳐 네일이 너무 긴 경우 · 부적절한 파일작업이나 과다한 파일작업으로 인한 경우 · 네일 접착제와 필러 파우더의 혼합 비율이 적절하지 않을 경우 · 외부적인 압력으로 충격이 가해진 경우
벗겨짐	· 자연 네일의 유분과 수분으로 인하여 가장 많이 사용하는 손톱의 끝부분에서 벗겨지는 경우 · 인조 네일의 길이를 조절하기 위해 네일 클리퍼를 너무 깊게 넣어 자르게 되면 네일 랩과 자연 네일 사이에 틈이 생겨 벗겨지는 경우

(2) 랩 네일 화장물 제거

인조 네일용 파일 중에서 자연 네일과 인조 네일 파일 사용이 가능한 180그릿 파일을 선택하여 랩의 턱 부분을 제거하는 것이 좋다. 들뜬 네일 화장물 제거 후 자연 네일과 인조 네일 경계선에 있는 랩 네일 화장물을 180그릿 파일로 제거하며, 들뜸 없이 깨끗하게 내려온 랩 네일은 랩의 턱 부분만을 살짝 180그릿 파일로 매끄럽게 갈아주고 전체 면을 고르게 파일한다.

2) 랩 네일 보수 작업

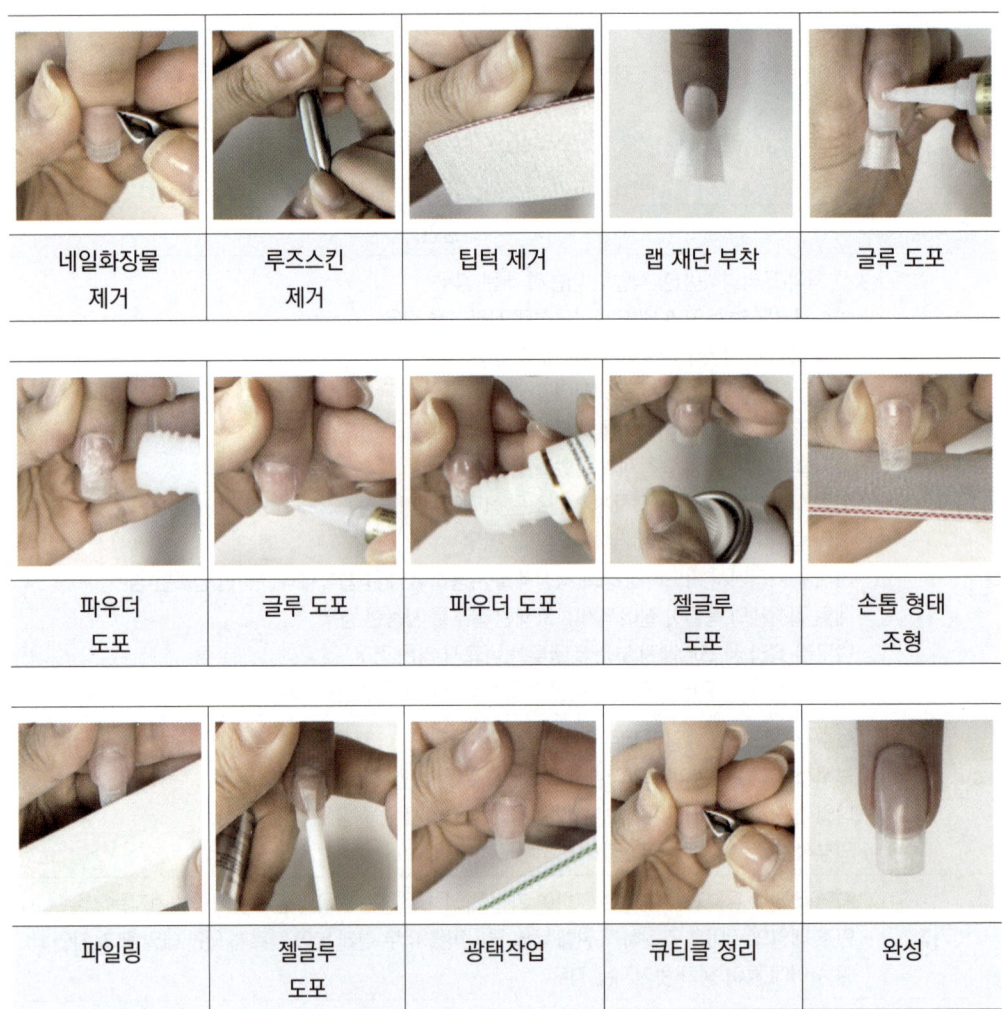

MEMO

Chapter.3 아크릴 네일 보수

1. 아크릴 네일 상태에 따른 화장물 제거 및 보수 작업

1) 아크릴 네일 상태에 따른 화장물 제거

(1) 아크릴 네일 문제점과 원인

문제점	원인
들뜸	· 전 처리(프리퍼레이션) 작업을 미흡하게 한 경우 · 보수시기를 놓쳐 자연 네일이 과도하게 자라나올 경우 · 네일 보디는 짧은데 과도하게 길이를 연장한 경우 · 잘못된 인조 네일 구조로 조형하여 파일작업을 한 경우 · 부주의하게 관리한 경우(물에 너무 오래 담금, 손톱으로 떼어 냄 등) · 아크릴 리퀴드와 아크릴 파우더를 부적절하게 혼합한 경우(대체적으로 큐티클 아래 부분에 아크릴을 묽게 올려 작업한 경우 덜 들뜸) · 큐티클 아래 반월 부분의 아크릴을 너무 두껍게 올리거나 자연 네일과의 턱을 충분히 제거하지 않은 경우 · 불순물이 섞인 아크릴 리퀴드와 아크릴 파우더를 사용한 경우 · 프라이머가 오염되었거나 공기, 빛의 노출로 산이 약화된 경우 · 큐티클 주변의 루즈 스킨을 제거하지 않은 경우 · 큐티클 정리 시 큐티클 오일과 미온수를 사용하고 이를 충분히 제거하지 못한 경우
깨짐	· 아크릴을 너무 얇게 올렸을 경우 · 낮은 온도(여름보다는 겨울에 잘 나타남) · 외부적인 압력으로 충격이 가해진 경우
곰팡이	· 들뜸 현상을 방치한 경우 · 아크릴 보수 작업 시 들뜬 부분을 충분히 제거하지 않고 그 위에 아크릴을 올린 경우 · 아크릴을 제거해야 할 시기에 제거하지 않고 계속 보수 작업만 했을 경우(자연 네일에서 자생하는 수분으로 인해 발생됨) · 장갑을 착용하지 않고 물을 많이 사용한 경우

(2) 아크릴 네일 화장물 제거

아크릴 네일의 들뜬 부분만 니퍼로 제거한다. 인조 네일용 파일(180그릿)로 자연 네일과 아크릴 네일 경계선을 자연 네일이 손상되지 않도록 조심스럽게 파일한다. 곰팡이가 생긴 경우는 보수를 할 수 없으며 즉시 제거해야 한다.

2) 아크릴 네일 보수 작업

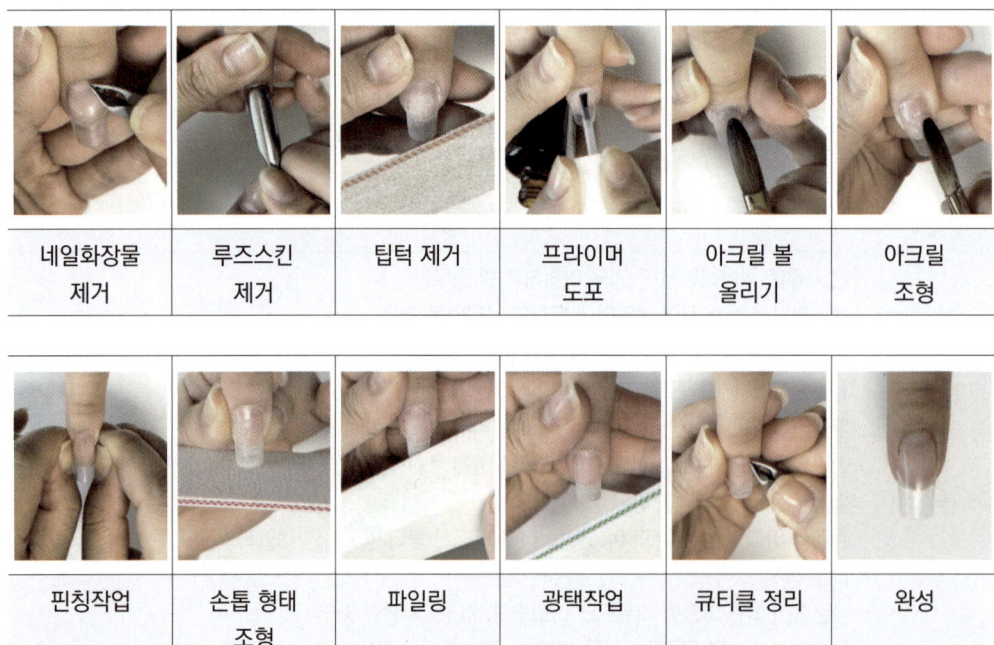

네일화장물 제거	루즈스킨 제거	팁턱 제거	프라이머 도포	아크릴 볼 올리기	아크릴 조형
핀칭작업	손톱 형태 조형	파일링	광택작업	큐티클 정리	완성

MEMO

Chapter.4 젤 네일 보수

1. 젤 네일 상태에 따른 화장물 제거 및 보수 작업

1) 젤 네일 상태에 따른 화장물 제거

(1) 젤 네일 문제점과 원인

문제점	원인
들뜸	· 전 처리(프리퍼레이션) 작업이 미흡하게 된 경우 · 보수시기를 놓쳐 자연 네일이 과도하게 자라나올 경우 · 과도하게 길이를 연장하여 무게 중심이 변화한 경우 · 잘못된 인조 네일 구조로 조형하여 파일링한 경우 · 부주의하게 관리한 경우(물에 너무 오래 담금, 손톱으로 떼어 냄 등) · 큐티클 주변에 젤이 흘러서 경화된 경우 · 젤 램프기기 경화 시간을 적절하지 못하게 큐어링한 경우 · 젤 재료의 품질이 떨어지거나 오래된 젤 램프기기를 사용한 경우 · 큐티클 정리 시 큐티클 오일과 미온수를 사용하고 이를 충분히 제거하지 못한 경우 · 큐티클 주변의 루즈 스킨을 제거하지 않은 경우
변색	· 일상생활에서 자외선을 과도하게 노출한 경우 · 젤 램프기기에 너무 오랜 시간 큐어링한 경우 · 유통기한이 경과한 젤 네일 화장물을 사용하거나 품질이 좋지 못한 젤 네일 화장물을 사용한 경우 · 위생 처리 된 도구를 사용하지 않아 세균이 번식되어 손톱의 병변이 생긴 경우 · 큐티클 정리 시 큐티클 오일과 미온수를 사용하고 이를 충분히 제거하지 못해 곰팡이나 세균이 생긴 경우 · 외부적인 압력으로 충격이 가해진 경우
벗겨짐	· 자연 네일의 유·수분으로 인하여 가장 많이 사용하는 손톱의 끝부분에서 컬러 젤이 벗겨지는 경우 · 자연 네일이 길어 나오면서 큐티클 주변의 유·수분으로 큐티클 라인에서 컬러 젤이 벗겨지는 경우 · 젤 네일의 길이를 조절하기 위해 네일 클리퍼를 너무 깊게 넣어 자르게 되면 컬러 젤과 자연 네일 사이에 틈이 생겨 벗겨지는 경우

(2) 젤 네일 화장물 제거

젤 네일 화장물과 자연 네일의 경계선을 인조 네일용 파일(180그릿)로 조심스럽게 연결하면서 턱을 제거한다. 젤 네일의 들뜬 부분을 니퍼로 제거한다.

2) 젤 네일 보수 작업

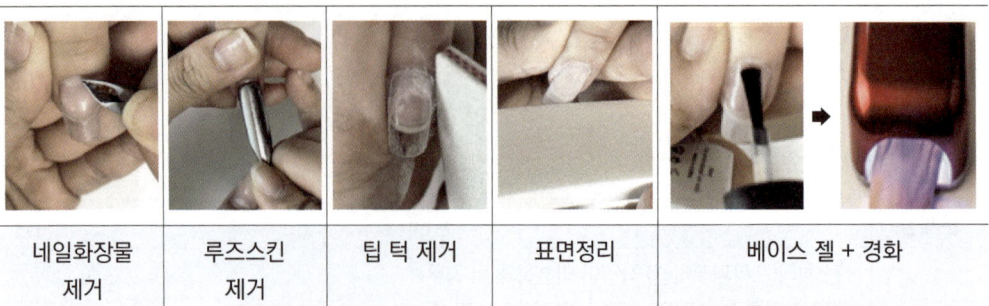

| 네일화장물 제거 | 루즈스킨 제거 | 팁 턱 제거 | 표면정리 | 베이스 젤 + 경화 |

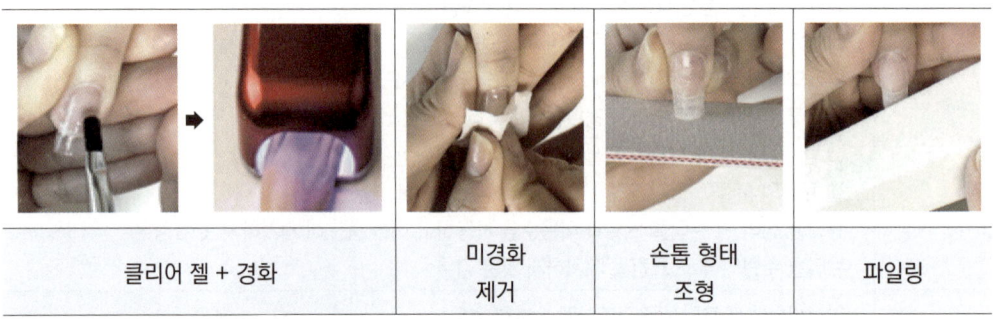

| 클리어 젤 + 경화 | 미경화 제거 | 손톱 형태 조형 | 파일링 |

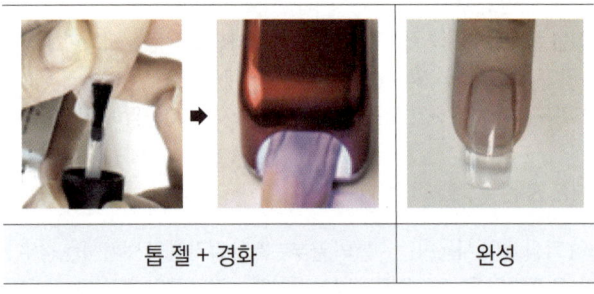

| 톱 젤 + 경화 | 완성 |

MEMO

No. III

PART 14

네일 화장물 적용 마무리

- **Chapter.1** 일반 네일 폴리시 마무리
- **Chapter.2** 젤 네일 폴리시 마무리
- **Chapter.3** 인조 네일 폴리시 마무리

Chapter.1 일반 네일 폴리시 마무리

1. 일반 네일 폴리시 잔여물 정리 및 건조

1) 일반 네일 폴리시 잔여물 건조

(1) 물리적 건조

용제의 휘발에 의해 자연 건조하는 일반 네일 폴리시에 많은 양의 공기가 노출되도록 하는 방법이다.

(2) 화학적 건조

용제의 휘발을 높이는 제품을 직접 분사 또는 도포하는 방법으로 도포된 건조 촉진제가 일반 네일 폴리시의 용제를 휘발시켜 건조한다.

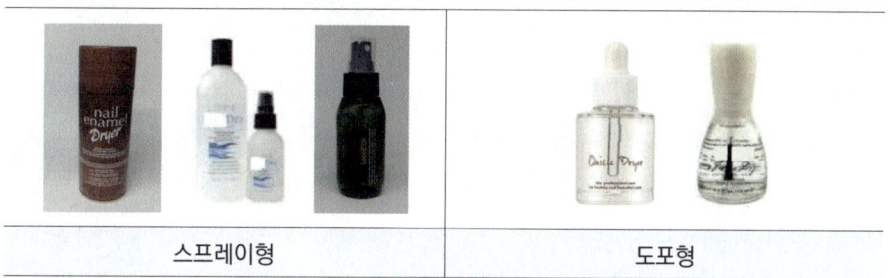

스프레이형	도포형

2) 일반 네일 폴리시 잔여물 정리

네일 주변의 벗어난 컬러를 폴리시 리무버로 정리한다.

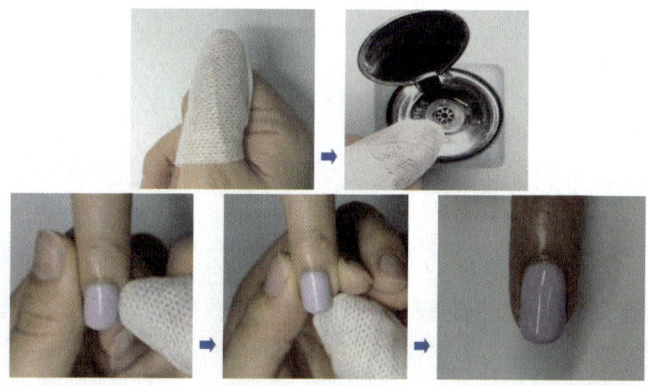

——————————— Chapter.2 젤 네일 폴리시 마무리

Nail

1. 젤 네일 폴리시 잔여물 정리 및 경화

1) 젤 네일 폴리시 잔여물 경화

젤 네일 폴리시는 젤 성분에 반응하는 빛에 의해 젤 네일 폴리시가 경화되므로 컬러가 고정된다. 젤 네일 폴리시의 경화를 위해 빛을 내는 기기를 젤 램프기기라고 한다.

2) 젤 네일 폴리시 잔여물 정리

젤 컬러가 도포된 네일 표면이 매끄럽지 않은 부분은 네일 파일로 정리한 후 잔여물을 정리한다.

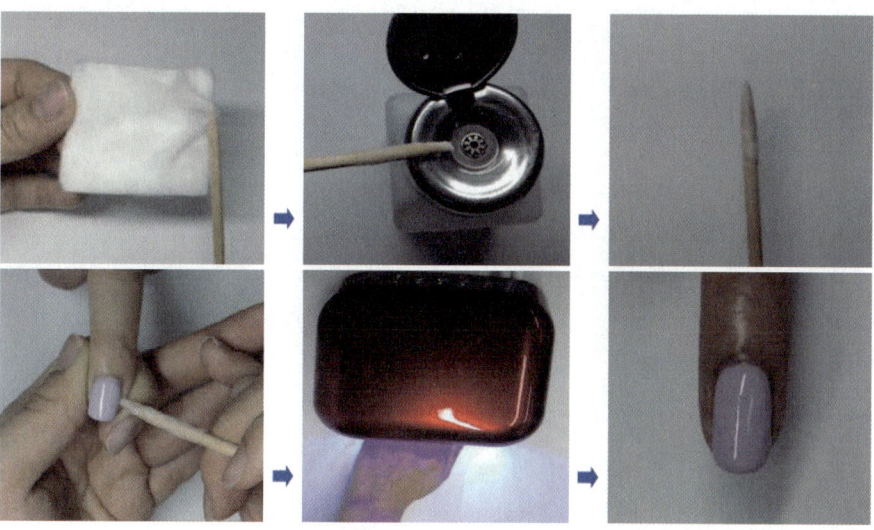

Chapter.3 인조 네일 폴리시 마무리

1. 인조 네일 잔여물 정리 및 광택

1) 인조 네일 폴리시 잔여물 광택

(1) 톱 젤 적용

젤 네일의 마지막 과정에 광택을 더해주고 볼륨감을 주기 위해 도포하는 네일 화장물이다. 디자인 젤 스컬프쳐의 경우에는 디자인을 보호하는 역할을 더한다.

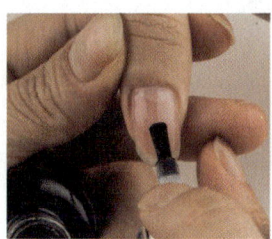
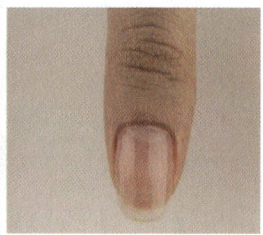

(2) 광택 네일 파일 적용

표면 광택을 위한 파일은 샌딩 파일과 240그릿, 400그릿 파일 등 그릿수가 높은 네일 파일이 사용된다. 연마제가 표면에 없는 400그릿 이상의 광택 파일을 상하 좌우를 문지르듯 적용한다.

2) 인조 네일 폴리시 잔여물 정리

(1) 물 사용

핑거볼과 물을 사용하여 분진을 제거하여 마무리한다.

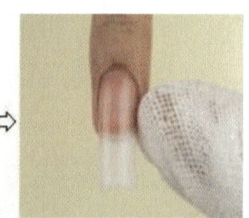

(2) 오일 사용

인조 네일의 표면과 주변에 오일을 가볍게 도포하여 마무리 한다.

 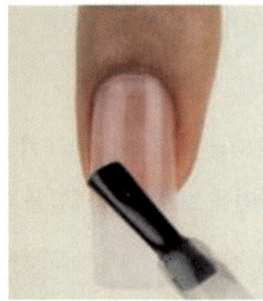 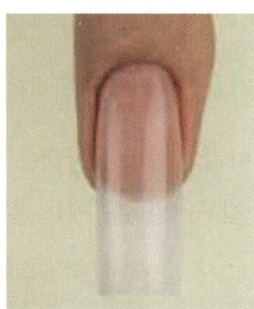

MEMO

Zoë III.

PART 15

공중위생관리

- **Chapter.1** 공중보건
- **Chapter.2** 소독
- **Chapter.3** 공중위생관리법규(법, 시행령, 시행규칙)

Chapter.1 공중보건

1. 공중보건 기초

조직된 지역사회의 노력을 통하여 질병을 예방하고 수명을 연장하며 신체적 정신적 효율을 증진시키는 기술이며 과학이다.

· 단위 : 지역사회(주민)
· 목적 : ① 질병예방 ② 수명연장 ③ 신체적, 정신적 효율의 증진

1) 건강의 정의(WHO)

건강이란 질병이 없거나 허약하지 않을 뿐만 아니라 육체적, 정신적, 사회적 안녕이 완전한 상태

· 사회적 안녕 : 사회 생활 중에 자기의 역할과 기능을 만족스럽게 수행할 수 있는 상태

> **WHO의 국제비교 건강지표**
> ① 비례사망지수 ② 평균수명 ③ 조 사망률

2) 공중보건학의 범위

1차 보건의료, 주민이 처음으로 참여하는 기본적이고 필수적인 의료로서 전 국민의 건강을 향상시키는 것이다.

· 접근성 용이, 전문성, 계속성 → 조기의 질병을 예방, 치료함.
  ① 기초적 분야 : 환경위생, 식품 위생학, 국민 영양학, 역학 등
  ② 임상적 분야 : 모자보건, 학교 보건 등
  ③ 응용적 분야 : 도시·농어촌 보건, 환경관리 등

3) 공중 보건학의 발전과정

(1) 고대기

Hippocrates - 장기설, 4액체설(혈액·점액·황담즙·흑담즙)

(2) 중세기(암흑기)

감염병 범세계적 유행(pandemic), 최초의 검역법(1383년 마르세이유)

(3) 여명기(요람기 : 1760~1850)

사회개혁론자의 활약(Chadwic 등)
① Ramaxxini : 직업병 저서
② Frank : 전의사경찰체계(12권) → 최초의 공중 보건학 저서
③ Jenner : 우두 종두법(1798)

(4) 확립기(1850-1900)

영국 1848년 공중 보건법 제정→ 공중 보건 위원회(공중 보건국) 조직
① Pettenkofer : 실험위생학 기조 확립·1866 뮌헨 대학에 위생 학교실 창립,
② John Snow : 콜레라에 관한 역학조사발표(1855)
③ Koch·Pasteur 등 : 병원균의 발견

(5) 발전기(20세기 이후)

탈 미생물학의 시대, 포괄적인 지역 사회보건학 발달, 보건소의 보급, 사회 보장제도의 확충

(6) 신 말더스주의(Neo-Malthusism)

피임에 의한 인구규제방법 주장
· 3P : 인구(population)·빈곤(poverty)- Pollution(오염)
· 3M : 영양결핍(Malnutrition)·질병발생(이환 : Morbidity)·사망률(Mortality)

4) 인구 피라미드

기본적으로 피라미드 형, 종형, 항아리 형, 인구유입에 따라 별 형, 기타 형

(1) 피라미드 형(인구증가 형)

출생률이 높고 사망률이 낮음, 14세 이하가 65세 이상의 2배 이상

(2) 종 형(인구정지 형)

출생률과 사망률이 다 낮음. 14세 이하가 65세 이상의 2배 정도

(3) 항아리 형(인구감소 형)

출생률이 사망률보다 낮음. 14세 이하가 65세 이상의 2배 이하

(4) 별 형(성형)

도시형·유입 형·생산 층 인구가 전체 인구의 50% 미만

(5) 기타 형

농촌형·유출 형·생산 층 인구가 전체인구의 50% 미만

> **성비**
>
> 여아 100명에 대한 남아의 비율(남자수 / 여자수 × 100)
> ① 1차 성비(태아 성비)
> ② 2차 성비(출생 성비)
> ③ 3차 성비(현재 인구 성비)

5) 국세조사

최초의 국세조사(1749년 스웨덴), 근대 의미의 국제조사(미국 1790), 우리나라(1925년 간이국세조사), 기준일(원칙 7월1일 : 현재 우리나라 11월1일)

(1) 인구 증가율(%)

(자연증가+사회증가/인구)×100

(2) 인구 지표(1990년 기준)

인구밀도(432), 조출생률(15.6), 조사망률(5.8), 자연인구증가율(0.98) 성비(101.3). 부양비(44.5)
※ 인구밀도는 계속 늘고 있음

(3) 생명표

생존수·사망수·생존율·사망율·사력·평균 여명 (6종)

> **평균수명**
>
> 출생 직후의 평균여명

6) 인구 정태와 동태

(1) 인구정태

시점의 개념, 인구의 크기·성별 연령별 등. 국세 조사가 해당

(2) 인구동태

기간의 개념, 출생·사망·전입 및 (결혼)·(이혼)

7) 보건 지표

(1) 인구통계

한 국가의 출생 수준을 표시하는 지표
- 조 출생률 : 1년간의 총 출생아 수를 당해 연도의 총인구로 나눈 수치를 1000분비로 나타낸 것

(2) 사망통계

사망과 관련된 통계
- 영아사망률 : 한 국가의 보건 수준을 나타내는 지표, 생후 1년 안에 사망한 영아의 사망률
- 비례사망지수 : 한 국가의 건강수준을 나타내는 지표, 총 사망자수에 대한 50세 이상의 사망자수를 백분율로 표시한 지수

◎ 한 국가나 지역사회 간의 보건 수준을 비교하는데 사용되는 3대 지표

영아사망률, 비례사망지수, 평균수명

◎ 한 나라의 건강수준을 다른 국가들과 비교할 수 있는 지표로 세계보건기구가 제시한 내용

비례사망지수, 조 사망률, 평균수명

영아사망률	한 국가의 보건수준을 나타내는 지표. 생후 1년 안에 사망한 영아의 사망률 영아사망률 = $\dfrac{\text{생후 1년 안에 사망한 숫자}}{\text{1년간 태어난 아이의 숫자}}$
신생아사망률	생후 28일 미만의 유아의 사망률 신생아사망률 = $\dfrac{\text{생후 28년 안에 사망한 숫자}}{\text{1개월 간 태어난 아이의 숫자}}$
비례사망지수	한 국가의 건강수준을 나타내는 지표 총 사망자 수에 대한 50세 이상의 사망자 수를 백분율로 표시한 지수
조사망률	인구 1,000명당 1년 동안의 사망자 수

[보건지표]

2. 질병관리

1) 역학

① 어원 : epidemiology(epi = upon·demos = population → 대상·logy = science)
② 정의 : 인간 집단을 대상으로 그 속에서 질병의 발생, 분포 및 경향과 양상을 명백히 하고 그 원인을 탐구하는 학문
③ 궁극적 목적 : 질병 발생 원인을 제거(질병 발생 원인을 규명)함으로써 질병을 예방, 질병 발생의 역학적 인자 : 병인·숙주·환경 → 3대 요인설

2) 역학적 연구방법

```
┌ 실험적 방법 : 지역사회실험, 임상실험
└ 관찰적 방법 ┬ 기술역학
              └ 분석학적 ┬ 단면 연구(상관관계연구)
                         ├ 환자 - 대조군 연구
                         └ 코호트 연구
```

(1) 역학의 특성

· 급성감염병의 역학적 특성 : 발생률이 높고, 유병률이 낮다.
· 만성감염병의 역학적 특성 : 발생률이 낮고, 유병률이 높다.

(2) 발생률과 유병률의 관계

질병이환 기간이 짧을 때는 발생률과 유병률이 거의 같다.

(3) 역학의 지역적 특성

① 범세계적(pandemic) ② 전국적(epidemic) ③ 지방적(endemic : 편재적) ④ 산발적(sporadic)

(4) 역학의 시간적 특성 : 기술 역학

추세 변화 (장기 변화)	수십년의 간격으로 질병 발생이 반복, 장티푸스·디프테리아
주기 변화 (순환 변화)	수년의 간격으로 질병 발생이 반복. 백일해(2~4년)·홍역(2~3년)
계절 변화	계절적으로 발생. 소화기계(여름)·호흡기계(겨울) 유행성출혈열(6월·11월)
단기 변화	시간별, 날짜별, 주단위로 변화, 급성감염병의 집단 발생시
불규칙 변화	돌발적으로 유행. 외래 감염병의 경우. 콜레라 등

3) 감염병

(1) 병원체

① 세균 : 콜레라·장티푸스·디프테리아·결핵·나병·백일해 등

② 바이러스 : 홍역·폴리오·유행성이하선염·일본뇌염·광견병·간염 ·AIDS

③ 리케치아 : 발진티푸스·발진열·쯔쯔가무시병(양충병)·록키산홍반열

(2) 병원소

① 인간 병원소 : 현성감염·불현성 감염·보균자(회복기·잠복기·건강)

② 동물 병원소 : 인축공통감염병

※ 오염식품·우유 등은 병원소가 아님

(3) 감염병의 생성과정

① 병원체 → ② 병원소 → ③ 병원소로부터 병원체의 탈출 → ④ 전파 → ⑤ 새로운 숙주로의 침입 → ⑥ 숙주의 감수성(저항성)

◎ **병원소로부터 병원체의 탈출**

호흡기계·소화기계·비뇨생식기계·개방 병소·기계적 탈출

(4) 감염병 전파

| 직접전파 | 직접접촉감염·비말(droplet)전파 |
| 간접전파 | 비활성전파·활성전파·공기전파 |

(5) 감염병 발생과정

병원체 → 병원소 → 병원소로부터 병원체 탈출 → 전파 → 새로운 숙주로 침입 → 감수성 있는 숙주

4) 능동면역 및 검역

(1) 능동면역

| 자연능동면역 | 질병을 앓고 난 후 획득되는 면역(홍역, 장티푸스) |
| 인공능동면역 | 예방접종(생균·사균·순화독소) |

(2) 검역

① 검역전염병 : 콜레라(120시간), 페스트(144시간), 황열(144시간)로서 감시 기간은 위 시간을 초과할 수 없다.
② 정기예방접종 질병 : 결핵·DPT·폴리오·홍역·B형 간염(95년) : 총7종

> ※ DPT 예방접종 : 디프테리아, 백일해, 파상풍, 생후 2/4/6개월에 접종(3회 접종)
> ※ BCG(결핵)·B형 간염 : 4주 이내 접종
> ※ 홍역 : 15개월에 접종

면역	인공		자연
능동	〈인공능동면역〉 예방접종을 통해 형성되는 면역		〈자연능동면역〉 감염병 감염된 후 형성되는 면역
	예방접종방법(인공능동)		
	생균백신	결핵, 홍역, 폴리오(경구)	
	사균백신	장티푸스, 콜레라, 백일해, 폴리오(경피)	
	순화독소	파상풍, 디프테리아	
수동	〈인공수동면역〉 항독소 등 인공제제 접종하여 형성되는 면역		〈자연수동면역〉 모체로부터 태반이나 수유를 통해 형성되는 면역

5) 질병관리

(1) 소화기계 감염병

환자나 보균자의 분뇨를 통해 배출된 병원체가 식품, 음료수, 우유 등에 오염되어 경구적으로 침입하여 감염을 일으키는 질병 (장티푸스, 세균성 이질, 콜레라, 파라티푸스, 폴리오, 유행성 간염, 세균성 및 아메바성 이질)

감염병	특징 및 증상
장티푸스	· 수인성 감염병의 대표, · 발병초기로부터 1주일이 지나면 40도의 고열(수 주일간 지속), 권태감, 식욕부진, 느린 맥박, 임파 조직 병변, 회장의 궤양, 설사 후 변비, 허리 부위 발진
콜레라	· 외래감염병(월동하지 못함), · 구토, 설사, 탈수, 허탈, 사망(주로 발병 후 수 시간 내)
폴리오	· 중추신경계손상, · 소아에게 주로 영구적인 마비
파라티푸스	황달
유행성 간염	황달

(2) 호흡기계 감염병

비말감염 환자나 보균자의 객담, 콧물, 재채기, 대화 시 대화 1m, 재채기 3m까지 영향. 비말핵 감염, 먼지에 의한 감염(디프테리아, 백일해, 인플루엔자, 홍역, 결핵)

감염병	특징 및 증상
디프테리아	· 호흡기계 감염병의 대표(제1종 법정감염병) · 상피조직의 국소적 염증, 장기 조직, 신경 조직 장애
백일해	9세 이하 소아에게 많이 발생
홍역	감염성이 강한 바이러스성 질환
인플루엔자	38~40도의 발열과 오한, 근육통, 사지통, 전신 쇠약감
풍진	임산부에게 많이 발생하며, 임신초기에 이환되면 태아에게 영향 끼침

(3) 동물 매개 감염병

감염병	특징
공수병(Rabies)	개, 고양이, 여우 등 포유동물의 침
탄저	인수공통감염병(소, 양, 말, 산양 등의 가축에 급성 폐혈증 유발)
브루셀라증 (파상열)	소, 돼지, 양
렙토스피라증	들쥐
유행성 출혈열	들쥐

(4) 만성 감염병

결핵, 나병, 성 전파 질환, B형 간염, 후천성면역결핍증 등의 질환이 있다.

감염병	특징 및 증상
결핵	· 고대 이집트 시대(역사가 가장 오래됨) · 피로감, 발열, 체중감소 → 기침, 흉통, 객혈
나병	· 피부, 말초신경, 비강 점막을 침범해 병변을 일으킴 · 소결절, 구진, 반점, 무감각, 마비(말초신경증상)
성병	· 성 전파 질환, 사회적 질환 · 남성 → 배뇨곤란(불임의 원인), 요도에서 고름 나옴. 여성 → 요도염, 자궁경관 염
B형 간염	· 환자의 혈액·타액·정액, 질 분비물 등이 오염된 주사기·의료기기, 성접촉, 모성에서 태아로 수직감염 · 식욕부진, 복부 불편감, 오심, 구토, 피로감, 황달
후천성 면역결핍증	· 식욕부진, 체중감소, 발열, 피로감, 만성적 설사, 기회 감염병

6) 감염병

(1) 감염병 유형

분류 (신고)	종류		
	1순위	2순위	3순위
제1급(즉시)	페스트(쥐, 벼룩), 탄저(아포형성균), 디프테리아, 보툴리눔, 동물성 인플루엔자, 신종인플루엔자, 중증급성호흡기증후군(SARS), 중동호흡기증후군(MERS)	에볼라바이러스, 두창, 야토병	마버그열, 라싸열, 크리미안콩고출혈열, 남아메리카출혈열, 리프트벨리열
제2급(24시간 이내)	결핵, 수두, 홍역, 콜레라, 장티푸스, 파라티푸스, 세균성이질, 장출혈성대장균감염증, A형간염, 백일해, 유행성이하선염, 풍진, 폴리오	수막구균 감염증, B형 헤모필루스 인플루엔자, 폐렴구균 감염증, 한센병, 성홍열	반코마이신내성황색 포도알균(VRSA) 감염증, 카바페넴내성장내세균 속균증(CRE) 감염증
제3급(24시간 이내)	파상풍, B/C형간염, 말라리아, 발진티푸스, 쯔쯔가무시, 후천성면역결핍증(ADIS), 황열, 뎅기열, 지카바이러스, 비브리오폐혈증, 일본뇌염	발진열, 레지오넬라증, 렙토스피라증, 브루셀라증, 공수병, 신증후군출혈열, 야콥병	큐열, 웨스트나일열, 라임병, 진드기 매개 뇌염, 유비저, 치쿠누니야열, 중열성 혈소판감소증후군
제4급(7일 이내)	인플루엔자, 매독, 회충증, 편충증, 요충증, 긴흡충증, 폐흡충증, 장흡충증, 수족구병, 임질	클라미디아감염증, 연성하감, 첨규콘딜롬, 반코마이신내성장알균(VRE)감염증, 성기단순포진, 메티실린내성황색포도 알균(MRSA) 감염증, 다제내성녹농균(MRPA) 감염증, 다제내성아시네토(MRAB) 감염증, 장관감염증, 급성호흡기감염증, 해외유입기생충감염증, 엔테로바이러스감염증, 사람유두종바이러스 감염증	

(2) 2020년 법정 감염병 분류개편

구분	제1급감염병(17종)	제2급감염병(20종)	제3급감염병(26종)	제4급감염병(23종)
유형	생물테러감염병 또는 치명률이 높거나 집단 발생 우려가 커서 발생 또는 유행 즉시 신고하고 음압격리가 필요한 감염병	전파가능성을 고려하여 발생 또는 유행 시 24시간 이내에 신고하고 격리가 필요한 감염병	발생 또는 유행 시 24시간 이내에 신고하고 발생을 계속 감시할 필요가 있는 감염병	제1급~제3급 감염병 외에 유행 여부를 조사하기 위해 표본감시 활동이 필요한 감염병

* 신고 경로 : 의사, 치과의사, 한의사, 의료기관의 장, 부대장, 병원체 확인기관의 장 등 → 관할 보건소장
  (제1급 감염병의 경우 신고서 제출 전 구두·전화로 보건소장 또는 질병관리본부장에게 신고)
* 2020년 법정 감영병 분류 개편안 원칙 : 긴급도, 심각도, 전파력 등이 높은 순으로 격리강도가 센 수준에 따라 긴급성을 강조하기 위해 감염병 그룹을 군 → 급으로 변경

(3) 감염병의 예방 및 관리에 관한 법률

구분	관리	내용
제1군 감염병	생물테러감염병 또는 치명률이 높거나 집단 발생의 우려가 커서 발생 또는 유행 즉시 방역대책을 수립하여야 하는 감염병	파라티푸스, 장출혈성 대장균감염증, O-157, A형 간염
제2군 감염병	예방접종을 통하여 예방 및 관리가 가능하여 국가 예방접종사업의 대상이 되는 감염병	디프테리아, 백일해, 파상풍, 홍역, 유행성 이하선염, 풍진, 소아마비, B형간염, 일본뇌염, 수두, b형 헤모필루스 인플루엔자, 뇌수막염, 폐렴구균
제3군 감염병	간헐적으로 유행할 가능성이 있어 계속 그 발생을 감시하고 방역대책의 수립이 필요한 감염병	말라리아, 결핵, 한센병, 성홍열, 수막구균성 수막염, 레지오넬라증, 비브리오 패혈증, 발진티푸스, 발진열, 쯔쯔가무시증, 렙토스피라증, 브루셀라증, 탄저, 공수병, 신증후군출혈열, 인플루엔자, 후천성 면역결핍증(AIDS), 매독, 크로이츠펠트 야콥병 및 변종 크로이츠펠트 야콥병
제4군 감염병	국내에서 새롭게 발생하였거나 발생할 우려가 있는 감염병 또는 국내 유입이 우려되는 해외 유행 감염병	흑사병, 황열, 뎅기열, 바이러스성 출혈열-에볼라열, 마버그열, 라싸열, 두창, 보툴리눔독소증, 중증 급성 호흡기 증후군(SARS), 동물 인플루엔자 인체감염증, 조류 인플루엔자 인체감염증, 신종 인플루엔자, 야토병, 큐열(Q熱), 웨스트나일열, 신종감염병증후군, 라임병, 진드기매개뇌염, 유비저(類鼻疽), 치쿤구니야열, 중증열성혈소판감소증후군(SFTS), 중동호흡기증후군, 지카바이러스(소두증)
제5군 감염병	기생충에 감염되어 발생하는 감염병	회충증, 편충증, 요충증, 간흡충증, 폐흡충증, 장흡충증

구분	관리	내용
지정 감염병	제1군부터 제5군 감염병 외에 유행 여부를 조사하기 위하여 감시활동이 필요한 감염병	C형 간염, 수족구병, 임질, 클라미디아, 연성하감, 성기단순포진, 첨규콘딜롬, 반코마이신내성황색포도알균(VRSA) 감염증, 반코마이신내성장알균(VRE) 감염증, 메티실린내성황색포도알균(MRSA) 감염증, 다제내성녹농균(MRPA) 감염증, 다제내성아시네토박터바우마니균(MRAB) 감염증, 카바페넴내성장내세균속균종(CRE) 감염증, 장관감염증, 급성호흡기감염증, 해외유입기생충감염증, 엔테로바이러스 감염증

* 이 법은 국민 건강에 위해(危害)가 되는 감염병의 발생과 유행을 방지하고, 그 예방 및 관리를 위하여 필요한 사항을 규정함으로써 국민 건강의 증진 및 유지에 이바지함을 목적으로 한다.(2015년 개정)

7) 기생충 질환 관리

(1) 선충류

종류	특징 및 증상
회충증 (ascariasis)	· 경구 침입(위 → 심장 → 폐포 → 기관지 → 식도 → 소장) · 성충 피해(회충성 췌장염, 장막염), 유충 피해(회충성 폐염)
구충증 (Hookworm disease)	· 감염형(피낭자충), 경피 감염(폐, 인후, 식도 - 소장), 경구 감염(직접장관에서 발육) · 성충 피해(소화 장애, 복통, 빈혈 증상), 유충 피해[채독증(똥독, groundditch)]
요충증 (Pinworm diaease)	· 인분에 의한 경구감염 - 소장하부, 맹장에 기생(역 감염 시-대장) · 항문 소양증, 신경질, 백 대하 유발, 전 가족 감염
편충류 (Whipworm disease)	· 경구감염 - 소장에 기생, 심한 경우 탈항증
사상충증 (Filariasis)	· 중간숙주인 모기가 사람을 흡혈 시 microfilaria를 흡혈 · 림프선과 림프관에 부종. 세포의 침입, 상피충, 알레르기성 반응, 두통, 근육통, 림프선 종창

(2) 흡충류

종류	특징 및 증상
간흡충증 (간디스토마; Clonorchis sinensis)	· 충란 → 제1중간 숙주(왜우렁-셀카리아) → 제2중간 숙주(민물고기-메타셀카리아) → 인체감염 → 장관을 통해 간에 기생 · 식욕감퇴, 설사, 복부 압박감, 황달, 간 비대증, 야맹증, 부종, 담관 폐쇄, 간 세포 파괴
폐흡충증 (폐디스토마; Paragonimus westermanii)	· 충란→제1중간 숙주(다슬기-셀카리아)→제2중간 숙주 (게,가재-메타셀카리아)→인체감염(장-림프선-폐) · 기침, 객담, 객혈, 흉통, 초기 폐결핵 증세와 비슷

(3) 조충류

① 경로 : 사람소장에서 기생 → 분변을 통해 체외로 나옴 → 사료에 오염 → 牛(소)가 섭취 → 牛(소)의 장에서 부화 → 육구유충이 됨 → 무구낭미충→사람이 섭취→성충

② 증상 : 불쾌감, 소화기 계통의 증상(상복부 통증, 배꼽부위의 선통 발작, 식욕부진, 소화불량, 구토)

종류	특징 및 증상
무구조충	· 성충만 인체에 기생, 감염률이 높다. · 불쾌감, 소화기 계통의 증상(상 복부 통증, 배꼽부위의 선통발작, 식욕부진, 소화불량, 구토)
유구조충	· 세계적으로 분포, 돼지고기 생식으로 발생 · 소화불량, 식욕부진, 두통, 설사, 변비
광절열두조충	· 사람, 개, 고양이, 여우 등의 소장 상부 · 무증상 감염이 대부분
기타 조충류	만손 열두 조충, 위립 조충, 왜소 조충, 축소 조충 등

(4) 원충류

종류	특징 및 증상
이질아메바	· 전 세계적으로 분포, 열대와 아열대 지방 多, 온대지방에는 불현성 감염자 多 · 급성 장아메바증(혈변, 탈수증상, 복통), 만성 장아메바증(복부팽만, 식욕이상, 두통, 정신력 둔화), 간 아메바증(오한, 발열, 백혈구 증다증, 간 비대증)
람블 편모충	· 무증상 감염, 조직을 침범하지 않음 · 설사, 체중감소, 식욕 결핍, 탈수, 때로 상복부선통도 발생함
말라리아 원충	· 감염과 사망률 높음 · 열을 수반한 오한
편충류 (Whipworm disease)	· 경구감염 - 소장에 기생, 심한 경우 탈항증
기타 원충류	트리파노소마, 리슈마니아, 트리코모나스

(5) 숙주에 의한 분류

구분	간흡충	폐흡충	요꼬가와 흡충	무구조충	유구조충	긴 촌충 (광절열두조충)
제1중간숙주	왜우렁이	다슬기	다슬기	소	돼지	물벼룩
제2중간숙주	참붕어, 잉어, 증고기, 활어 뱅어,	가재, 게	은어, 숭어			송어, 연어, 대구

3. 가족 및 노인보건

1) 모자보건

① 목적 : 모성의 생명과 건강을 보호하고 건전한 자녀의 출산과 양육을 도모하여 국민 보건 향상에 기여한다.

② 대상 : 임신, 출산 및 수유 기간의 모성과 취학 전 영유아 (6세 미만)를 대상으로 한다.

③ 모자보건 3대 목표 : 산전관리, 산욕관리, 분만관리

2) 노인 보건

① 목적 : 노인의 질환을 예방 및 조기 발견하고 적절한 치료 요양으로 노후의 보건 복지 증진에 기여한다.

② 노인보건 대상 : 보건복지법 기준 65세 이상의 노인으로 2017년 한국은 고령사회로 진입하였다.

사회	UN기준
고령화 사회	65세 이상의 인구가 전체의 7%이상
고령 사회	65세 이상의 인구가 전체의 14%이상
초고령 사회	65세 이상의 인구가 전체의 20%이상

4. 환경보건

1) 환경 보건 개념

인체 건강에 잠재적으로 영향을 줄 수 있는 제반 요인 (자연환경, 생물학적 환경, 사회적 환경)을 평가하고 관리하는 것이다.

2) 환경 오염 특성

① 다양화
② 누적화

③ 다발화

④ 광역화

3) 환경 오염 범주

① 대기오염

② 수질오염

③ 토양·해양오염

④ 소음·진동

※ 식품 오염 : 식품위생 범주

(1) 대기오염 방지 목적

① 건강장애방지

② 자연환경보전

③ 경제손실방지

④ 쾌적한 생활

(2) DO(용존산소)

① 정의 : 물속에 녹아 있는 산소의 량

② DO가 부족 : 물의 오염도가 높다.

③ 물고기 보호 DO량 : 5mg/t 이상

④ 물의 온도가 하강 : DO 증가

(3) BOD(생물학적 산소요구량 : biochemical oxygen demand)

① 수중의 유기물을 산화하는 데 소모되는 산소의 손실량

② 사용 : 물(하수)의 오염도 측정

③ 측정 : 20℃에서 5일간

④ DO와의 관계 : 역상관관계

⑤ 영향을 주는 인자 : 가장 중요한 것은 유기물량이며, 수온·측정시간·탁도 등

(4) 하수처리

① 처리과정 : 예비 처리(스크린·침사·침전) → 본 처리(호기성 또는 혐기성 처리) → 오니 처리 (해양투기·매몰·소화 등)

② 호기성 하수처리의 2대방법(생물학적 처리) : 살수 여상법, 활성 오니법

(5) 폐기물

① 처리법 : 매립법(단점 : 수질오염)·비료화법·투기법·소각법

② 도시에서 가장 위생적인 방법 : 소각법(단점 : 대기오염)

③ 매립 시 폐기물과 복토 : 쓰레기 2m 이하, 복토 1m (매립 시 단점 : 수질 오염)

④ 병원 쓰레기 : 소각

⑤ 퇴비 제조 시 온도 : 50 ~ 70℃

⑥ 처리하기 어려운 폐기물 : 산업장 폐기물(특정 폐기물)

4) 환경위생

(1) 기후·공기

① 기후 순화 : 기후의 변화에 인간이 적응하는 현상, 겨울철에 최적온도는 여름철보다 낮다.

② 일교차·연교차

일교차	저기온 일출 30분 전, 최고기온 오후 2시 전후
연교차	현대 〉 온대 〉 열대, 내륙 〉 해안, 고지대 〉 저지대
실내의 쾌적 온도와 습도	① 실내 : 18±2℃·60~70 ② 침실 : 15±1℃ ③ 병실 : 21±2℃

(2) 공기의 자정작용

① 희석작용

② 산화작용

③ 교환작용

④ 세정작용

> **군집독(crowd poisoning)**
> 실내에 다수인이 밀집해 있을 때 발생, 주로 취기, 온도, 습도, 연소가스, 분지 등에 의해 발생, 예방책은 적절한 환기가 필요

(3) 일광 및 유해광선

① 자외선 3,800Å 이하·가시광선 3800~7700Å·적외선 7700Å 이상

② 생명선(Dorno선) : 2,800~3,200Å으로 인체에 유익한 작용

(4) 물

① 물 1일 필요량 : 성인 2.0~2.5ℓ, 10% 상실(생리적 이상), 20% 상실(생명이 위험)

② 물의 자정작용 : 희석·침전·살균(자외선)·산화·식균(생물)등

(5) 상수의 정수 과정

침전(전단계 침사) → 여과 → 소독

*소독은 필수적으로 할 것

(6) 정수과정 중 응집의 효과

부유물, 색도, 탁도, 세균의 감소효과가 있음

(7) 음용수 기준

불소	과다한 불고 반상치·불소함량 미달 우식치(충치)
과망간산칼슘 소비량	10mg/ℓ 이하·유기물의 양 추정
경도	300mg/ℓ 이하·경도 결정 성분 : 칼슘 이온·지하수에 많음
색도	5도를 넘지 아니할 것
탁도	2도를 넘지 아니할 것
대장균군	50cc 중 검출되지 아니할 것
일반세균	1cc 중 100을 넘지 아니할 것

(8) 대장균 군

의의	미생물(병원성)의 오염을 추측할 수 있다.
기준	50cc 중 미검출
대장균 지수 (coli index)	대장균 군을 검출할 수 있는 최소 검수량의 역수
MPN(최적확수)	검수100㎖당 대장균수 : 일반적으로 이것을 사용

(9) 음료수 소독

염소의 장점	강한 소독력·간편한 조작·저렴한 가격·강한 잔류 효과
염소의 단점	냄새가 강함·독성이 있음(트리할로메탄 : THM 등)
자외선 살균	2,500 ~ 2,800Å. 단점 : 가격이 고가
잔류염소	평상시 유리 잔류 염소 0.2mg/ℓ (결합형 0.4mg/ℓ) 감염병 유행 시 0.4ppm

(10) ppm

parts per million : 1/1,000,000(백만분의 1)

5) 집합소

(1) 자연 환기의 원동력

온도 차이가 크며, 기체의 확산력과 실외의 풍력이 영향을 미침

(2) 자연 조명

① 거실의 방향은 남향·일조량 최소 4시간 이상/1일
② 창의 면적은 바닥면적의 1/7 ~ 1/5·창이 세로로 긴 것이 일조량이 많음
③ 거실의 안쪽 길이는 창틀 상단 높이의 1.5배 이내
④ 개각 4 ~ 5°·입사각 28°이내

(3) 조명시설

① 눈의 보호 : 간접조명·색은 주광색
② 공부방 : 좌측 상방
③ 부적당한 조명 : 근시·안정피로·안구진탕증·작업능률저하
④ 작업실의 작업 면사의 조도 : 300Lux 이상(300 ~ 1,000Lux)

6) 위생해충

(1) 구충·구서의 원칙

① 발생원 및 서식처 제거
② 발생 초기에 실시
③ 생태 습성에 따른 제거
④ 동시에 광범위하게 구제

(2) 위생해충

질병 매개 및 뉴슨스(혐오감 곤충)

(3) 해충과 질병

해충	질병
벼룩	발진열·페스트
진드기	유행성 출혈열·쯔쯔가무시병(양충병)
이	발진티푸스·재귀열
모기	일본뇌염(Culex)·황열·사상충증·말라리아·뎅구열
파리	장티푸스·파라티푸스·이질·콜레라·결핵

> ⚙ **빈대**
> 질병을 매개하지 않음

5. 식품위생과 영양

1) 식품위생

(1) 식품위생 정의

WHO 정의에 의하면 식품위생이란 식품의 재배, 생산 또는 제조에서부터 최종적으로 사람이 섭취할 때까지 이르는 모든 단계에서의 식품의 안정성, 건전성 및 완전 무결성을 위해 필요한 모든 수단

(2) 한국 식품위생법

식품, 첨가물, 기구 및 용기와 포장을 대상으로 하는 음식에 관한 위생

(3) 식중독의 개념

순수하게 음식물을 섭취함으로써 일어나는 식성 병해 중에서 미생물, 미생물의 대사산물인 독소, 유독화학물질, 식품 재료 중의 유해성분 등이 원인이 되어서 발생하는 급성 건강장해

(4) 식중독의 특징

① 단시간 이내에 발생(잠복기 짧다)
② 공동 섭취에 의해 집단적으로 발생
③ 비교적 일치된 잠복기를 가진다.
④ 이차 감염이 드물다.
⑤ 면역성이 없다.
⑥ 균의 수나 독소량이 많을 때 발병
⑦ 발생자와 음식 섭취자 일치
⑧ 20~24세. 남 > 여
⑨ 여름철에 다발

(5) 식중독의 분류

종류	구분	원인
세균성(생물학적) 식중독	감염형(세균 그 자체에 의해)	Salmonella균속, 장염 vibrio, campylobacter, 병원성 대장균 등
	독소형(세균의 독소에 의해)	포도상구균, Botulinus균, Cereus균 등
	생체 내 독소형(감염형과 독소형의 중간형)	Welchii균, 독소원성 대장균, Aeromona균, Cereus균
	Allergy상 식중독(부패 amine에 의해)	Prorteus균 등에 의한 부패 생성물
화학적 식중독	유해방부제에 의한 식중독	붕산, 포르말린, 페놀, 메탄올 등
	과실로 혼입된 유해물질	농약, 수은, 카드뮴 등
	유해한 착색료에 의한 식중독	auramine, gentian violet etc
	유해인공 감미료에 의한 식중독	dulcin, cyclamate, toludine etc
	기타 물질에 의한 식중독	methanol, 간수 등
	조리기구·포장 등에 의한 식중독	산화구리, 납, 비소 등
자연독 식중독	식물성	독버섯, 감자, 유독식물 등
	동물성	복어, 조개류, 독어류 등
	mycotoxin 중독(곰팡이의 유독 대사생성물에 의해)	mycotoxin, aflatoxin

◉ 식품첨가물로 인한 식중독

유해 보존료, 유해 착색료(푸를수록 독성이 많다), 유해 감미료, 비 영양성 감미료(non-nutritive sweeteners) – 허용 감미료

◉ 노로 바이러스에 의한 식중독

바이러스성 장염(경미한 오심, 구토, 복통, 설사)

(6) 식품 보관법

물리적 보존	냉동 냉장법(가장 많이 사용), 가열법, 탈수법(건조법), 자외선 또는 방사선법, 통조림 법(외부 차단), 밀봉법
화학적 보존	방부제(antiseptics), 지입법(curing), 훈연법(smoking), 가스 저장법(gas storage), 훈증법-곡류
생물학적 보존	인체에 무해한 유용 미생물 이용. 치즈, 발효 우유

(7) 우유 위생

① 정상 우유 : pH 6.5~6.8 / 산도 0.10~0.14% / 비중 1.032 / 모유에 비해 부족 되기 쉬운 영양소 : V. A·C·D, 철분, 지방, 단백질(多)

② 우유 소독

　㉠ 저온 유지식 살균법(LTH, low temperature holding method)
　㉡ 고온 단시간 살균법(HTST)
　㉢ 초고온 살균법(UHT)

2) 식품 영양

(1) 보건 영양소의 정의

　지역사회 전 주민의 건강을 위해서 식생활의 결함을 제거하고 개선하여 영양이 부족 되지 않도록 하는 것

(2) 영양섭취기준과 관련된 용어

평균 필요량	건강자의 절반에 해당하는 자에 대한 일일 필요량을 충족시키는 값
권장 섭취량	평균필요량 + 2SD(표준편차 두배)
충분 섭취량	영양필요량에 대한 정확한 자료가 없을 때 사용되며, 역학조사에서 관찰된 건강한 자의 영양소 섭취수준을 기준으로 함
상한 섭취량	건강에 유해 영향이 나타나지 않는 최대 영양소 섭취

(3) 한국인 성인(30~49세)의 영양섭취기준(권장 섭취량)

	에너지(kcal)	단백질(g)	비타민 C(mg)	칼슘(mg)	인(mg)	철(mg)	아연(mg)
남	2,400	55	100	700	700	10	9
여	1,900	45	100	700	700	14	8

(4) 영양소의 3대 작용

① 신체의 조직구성(단백질, 무기질)
② 신체의 열량 공급 작용(단백질:탄수화물:지방=4:4:9)
③ 신체의 생리 기능, 조절 작용(비타민, 무기질, 아이오딘)

3) 영양소

(1) 단백질

① 인체 구성 물질이며, 효소와 호르몬의 성분
② 권장 섭취량(19-29세) : 남 55g, 여 50g
③ 부족할 경우 일어날 수 있는 현상 : 발육 저지, 신체 소모, 부종, 빈혈, 지방간 초래, 감염병에 대한 저항력의 감소

(2) 지방

① 1g당 9kcal의 열량을 낸다.
② 특징 : 인체의 체온을 유지하고, 피부를 부드럽게 하며, 많은 칼로리를 발생한다.

(3) 탄수화물

① 구성 : C, H, O
② 특징 : 체내에서 산화·분해되기 쉬우며 신체에 부담을 주지 않는다. 피로를 빨리 회복시키는 효과와 활발한 활동을 하는 사람에게는 많이 필요하나 과량 섭취는 비만증, 부족 시는 산혈증의 원인이 된다. 가장 경제적인 에너지 공급원

(4) 식이섬유

장 내에서 소화되지 않고 대장에서 발효되는 식물의 가식부분과 탄수화물 부족 시 분변량이 감소, 장 기능 저하, 심장병·당뇨병·암의 유병률 증가, 과일, 채소, 곡류에 많이 존재

(5) 무기질

뼈나 치아 등의 구성 재료, 생명유지에 필요한 유기화합물의 구성 재료, 체액의 성분으로서 pH나 삼투압의 조절 작용, 효소 반응의 활성화

① 식염(NaCl)
② 철분(Fe)
③ 칼슘(Ca)
④ 인(P)
⑤ 아이오딘(I)
⑥ 비타민
⑦ 엽산

(6) 영양 결핍증

섭취한 음식물 중에서 필요한 영양소가 결핍되어 체 조직의 변화를 초래하며 특징적인 임상 증세를 동반하는 병적인 상태로서 대표적인 영양소는 비타민이다.

① 마라스무스(marasmus) : 어린이 만성 칼로리 결핍증, 성장의 정지, 심한 근육의 소모, 쇠약, 빈혈
② 콰시오커(kwashiorkor) : 어린이의 만성 단백질 결핍증, 저성장, 빈혈, 혈청 단백질 농도의 저하, 부종
③ 비타민 부족증

㉠ A-야맹증
㉡ B1-각기병, 신경장애
㉢ B2-구각염, 구순염
㉣ B6-피부염
㉤ B12-악성빈혈
㉥ C-괴혈병
㉦ D-구루병

ⓗ 나이아신(V. B3)-펠라그라(피부염, 설사, 치매, 사망)

ⓒ F-피부질환, 지방 대사 장애

ⓔ K-지혈 방해(장 내 합성)

ⓚ E-불임, 유산

(7) 영양 상태의 판정

주관적 판단		시진, 촉진, 식욕, 피로도, 내구력, 저항력, 권태감, 정신상태
객관적 판단	신체계측	kaup 지수, Rohrer 지수, Broca index, 비만도, BMI
	이화학적 검사	생화학 검사(혈액 비중, 헤모글로빈 정량, 핵액·소변검사), 생리적 기능 검사
	간접적 판정법	영아 또는 1~4세 등 특정 연령의 사망률, 특정 질병의 발생률, 식품의 섭취 종류나 양을 알아보는 식이 섭취 평가

6. 보건행정

1) 산업보건

(1) 목적

산업재해예방·직업병 예방·산업피로예방·작업능률향상

(2) 관장 부서 : 노동부

① 근로기준법상 근로자로 채용할 수 없는 연령 : 13세 미만자

② 도덕상 또는 보건상 유해하거나 위험한 사업에 채용할 수 없는 자 : 여자 및 18세 미만자

(3) 직업과 질병

① 고산병 : 항공기 조정사

② 규폐증 : 채석공

③ 열사병 : 제련공

④ 백내장 : 용접공

⑤ 잠함병 : 잠수부

⑥ 레이노병 : 진동

⑦ 열중증(고열장애 : heat disorder) : 고온 환경에 체온조절 기능의 생리적 변조 또는 장애가 오는 현상

⑧ 규폐증

  ㉠ 진폐증의 대표적인 질병으로 납중독·벤젠 중독과 함께 3대 직업병

  ㉡ 원인물질 : 유리규산의 분지(암석분말 등)

  ㉢ 직력 : 유해 작업에 폭로된 후 3년 이상에서 발병

  ㉣ 폐포 침착율이 가장 높은 먼지 : $0.5 \sim 5.0\mu$

(4) 직업병 발생 예방대책

  정기적인 신체검사·작업방법의 개선·보호구 착용·근로시간의 적정

(5) 재해의 발생빈도

  주요(현성·중상해)재해 : 경미(불현성·경상해)재해 : 유사(잠재성·무상해)재해 = 1 : 29 : 300

(6) 산업재해평가지표

  ① 건수율

  ② 도수율

  ③ 강도율 = (근로손실일수 / 연근로일수) × 1,000

  ④ 중독률 : 산업재해에서는 이환율보다 중독률을 지표

2) 보건행정

(1) 보건행정의 범위(WHO)

  ① 보건관계 기록의 보존

  ② 대중에 대한 보건교육

  ③ 환경위생

  ④ 감염병관리

  ⑤ 모자보건

  ⑥ 의료

  ⑦ 보건간호

(2) 국내 보건행정 역사

① 조선시대

　㉠ 왕실의료담당 : 내의원

　㉡ 감염병환자 : 활인서

　㉢ 의료 행정 : 전의감

② 현대

　㉠ 보건국 : 보건정책과, 방역과, 질병관리과, 생활보건과(가족보건과 : 폐지)

　㉡ 의정국 : 의료정책과, 지역의료과, 의료장비과, 의료관리과

　　※ 한방 의료 담담과 → 한방 의료 담당관

　㉢ 연금 보험국 : 보험정책과, 보험관리과, 연금제도과, 연금제정과

　　※ 국민연금국과 의료 보험국 → 연금 보험국

3) 보건소

① 우리나라 최초의 보건소 설치 : 1962년

② 보건소 : 보건행정기관

③ 보건소 : 보건사업의 일선기관(사업 실시 계층)

4) 지역 보건법

(1) 국가와 지방자치단체의 의무

국가	지역보건의료에 관한 조사 / 연구, 정보의 수집, 정리 및 활용, 인력의 양성 및 자질향상에 노력하여야 한다.	
지역 보건법		보건소 등 지역보건의료기관의 설치·운영 및 지역보건의료사업의 연계성 확보에 필요한 사항을 규정함으로써 보건행정을 합리적으로 조직, 운영하고, 보건 시책을 효율적으로 추진하여 국민보건의 향상에 이바지함을 목적으로 한다.
	수립	시장, 군수, 구청장이 수립(의회 의결) → 시, 도지사(의회 의결) → 보건복지부 장관
	내용	보건의료수요 측정 / 보건의료에 관한 장단기 공급 대책 / 인력, 조직, 재정 등 보건의료자원의 조달 및 관리 / 보건의료의 전달체계 / 지역보건의료에 관련된 통계의 수집 및 정리
	수수료와 진료비 징수	보건복지부장관이 정하는 기준에 따라 지방자치단체의 조례로 결정

(2) 보건소의 임무

① 국민 건강 증진, 구강 보건 및 영양개선사업
② 감염병의 예방·관리 및 진료
③ 모자보건 및 가족계획사업
④ 노인보건사업
⑤ 공중위생 및 식품위생
⑥ 의료인 및 의료기관에 대한 지도 등에 관한 사항
⑦ 의료기사·의무기록사 및 안경사에 대한 지도 등에 관한 사항
⑧ 응급의료에 관한 사항
⑨ 농어촌 등 보건의료를 위한 특별조치법에 의한 공중보건의사 보건진료원 및 보건진료소에 대한 지도 등에 관한 사항
⑩ 약사에 관한 사항과 마약·향정신성의약품의 관리에 관한 사항
⑪ 정신보건에 관한 사항
⑫ 가정·사회복지시설 등을 방문하여 행하는 보건의료사업
⑬ 지역주민에 대한 진료, 건강진단 및 만성퇴행성질환 등의 질병 관리에 관한 사항
⑭ 보건에 관한 실험 또는 검사에 관한 사항
   * 장애인의 재활사업 기타 보건복지부령이 정하는 사회복지사업
   * 기타 지역주민의 보건의료의 향상·증진 및 이를 위한 연구 등에 관한 사업

(3) 세계 보건기구

소속	국제연합(UN) 산하 전문기관 : 국제적 보건 분야 전문가 단체
지역사무기구(6개)	동지중해, 동남아시아(북한), 서태평양(한국), 남북아메리카, 유럽, 아프리카
헌장 발효	1946년·뉴욕·61개국
발족	1948년 4월 7일(세계 보건의 날 : 한국)
기능	국제적 보건사업의 지휘·조정, 회원국에 대한 기술지원 및 자료 공급, 기술 자문 활동
한국 가입	1949년 65번째 (북한 73년 138번째)

5) 사회보장

(1) 사회보장 역사

① 최초의 사회보장제도(사회보장제도 창시) : 독일 비스마르크(1883년)

② 최초의 사회 보장법 : 미국 1935년(Social Security Act)

③ 사회보장에 관한 법률 제정(한국) : 1963년

④ 의료보호제도 실시 : 1977년

⑤ 의료보험실시(사회보험) : 1977년

⑥ 전 국민 의료보험실시 : 1989년

(2) 사회보장 체계

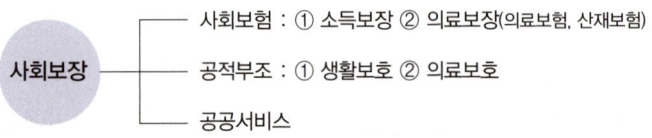

(3) 의료보험

 예측이 불가능하고 우연한 의료사고로 인한 경제적인 위험에 대비하기 위하여 재정적인 준비를 필요로 하는 다수인이 자원을 결합해서 확률 계산의 기초 하에 의료 수요를 상호 분담 충족하는 사회적 형태

(4) 의료보험 진료체계

① 의료보험에서 의료기관 구분

1차 의료기관	의원급 및 보건기관(보건소·보건진료소)
2차 의료기관	병원급 및 종합 병원급
3차 의료기관	종합병원중 보건복지부장관이 지정한 병원

② 의료기관 이용 : 1차와 2차로 구분하여 이용

1차 진료	자신의 중 진료권이 속한 모든 의료기관(3차 진료기관제외)
2차 진료	1차 진료를 받을 수 있는 요양기관외의 모든 요양기관 (이때 1차 진료 기관의 의사가 발행한 진료의뢰서가 있어야 함

③ 의료보험의 대상이 안 되는 자 : 의료보호대상자, 자동차보험대상자, 산재보험대상자, 가해자가 있는 상해의 경우

④ 3차 진료 기관에서 가능한 1차 진료 : 안과, 이비인후과, 가정의학과, 재활의학과, 치과(5개과)

Chapter.2 소독

Nail

1. 소독의 정의 및 분류

1) 소독의 정의

병원미생물의 생활력을 파괴하여 감염력을 없애는 것, 멸균 〉소독 〉방부 순으로 소독력이 강하다.

1) 구체적 소독 방법

① 포자형 성균의 소독 : 고압증기멸균법

② 변소 소독 : 생석회

③ 구내염·입안세척·상처소독 : 과산화수소

④ 금속부식성이 가장 큰 소독제 : 승홍(염화제2수은)

⑤ 우유의 저온살균(Pasteurization) : 60 ~ 65℃에서 30분

⑥ 무균실·수술실·제약실 : 자외선

⑦ 서적·침구·의류소독 : 포르말린 가스

⑧ 콜레라, 장티푸스 환자 소독 대상물 : 분뇨, 토사물, 식기구, 화장실

※ 객담은 소화기계 감염병의 소독 대상이 아니다.

2) 소독의 원리

(1) 멸균

모든 미생물을 열, 약품으로 죽이거나 제거 시켜 살아 있는 모든 것을 완전히 없애는 것. (나쁜 균만 죽인다는 X)

(2) 방부

균을 적극적으로 죽이지 않으나 균의 발육을 저지

(3) 소독법의 조건

① 소독의 효력과 확실해야 한다.

② 짧은 기간에 소독할 수 있어야 한다.
③ 방법이 간단하고 비용이 많이 들지 않아야 한다.
④ 소독 대상물을 손상 시키지 않아야 한다.
⑤ 어디서나 언제든지 할 수 있어야 한다.
⑥ 소독 시 인축에 해가 없어야 한다.
⑦ 소독한 물건에 나쁜 냄새를 남기지 않아야 한다.
⑧ 필요하면 표면만이 아니고 내부도 소독할 수 있어야 한다.

2. 미생물 총론

1) 미생물

(1) 미생물의 종류와 특성

미생물		특징
활주성 세균		활주 운동을 하며 사람에게 병원성이 있는 것은 하나도 없다.
스파이로키트		얇은 세포벽을 갖고 탄력성이 있는 나선상의 균이며 매독 등이 여기에 속한다.
진정 세균	균사체형	단세포성세균 외에 유병세균, 출아세균 및 균사체형 세균이 포함된다.
	단세포형	대부분의 주요 병원성세균으로 세균의 모양에는 구균, 간균, 나선균 등이 있다. 대표적인 세균으로는 포도상구균, 용혈성 연쇄구균, 파상풍균 등이 있다.
마이크로즈마		극히 다형태성으로 세포벽이 없다. 이는 사람의 점막과 조직 특히 생식기, 요도, 호흡기 및 구강에서 감염을 일으킨다.
바이러스		살아있는 세포 내에서 증식하며 광학현미경으로 볼 수 없으며 세균여과기도 통과하고 인공배지에서는 발육을 못하며 특정 생 세포 속에서만 증식이 가능한 가장 구조가 간단한 미생물의 일군이다.

(2) 미생물의 증식환경

① 미생물의 증식환경

환경	특징
습도	세균의 발육 증식에 필요한 영양소는 보통 물에 녹기 때문에 많은 수분을 필요로 한다.
온도	일정한 온도가 필요하나 그 이상 혹은 그 이하에서는 발육을 못하므로 28~38도가 적당하다.
수소이온농도	세균이 잘 자라는 수소이온농도는 pH 5.0~8.5가 적당하다.
영양과 신진대사	물, 질소, 탄소 및 유기물질이 필요하다.
광선	직사광선은 부분의 세균을 몇 분 또는 몇 시간 안에 죽이며 자외선이 살균작용을 한다.

3. 병원성 미생물

1) 병원성 미생물 분류

(1) 세균

구분		특성
구균	포도상구균	손가락 등의 화농성 질환의 벼원균, 식중독의 원인균
	연쇄상구균	편도선염, 인후염의 원인균
간균		긴 막대기모양, 탄저병, 파상풍, 결핵, 디프테리아의 원인균
나선균		S 또는 나선 모양, 매독, 재귀열의 원인균

(2) 리케차

① 세균과 바이러스의 중간 크기
② 벼룩, 진드기, 이 등의 절지동물과 공생
③ 사람을 비롯한 가축, 고양이, 개 등에도 감염되는 인수공통의 미생물 병원체

(3) 바이러스

① 살아있는 생명체중 가장 작은 병원체
② 페놀, 염소 포르말린 등으로 30분이상 가열 시 감염력 상실

③ 감염력이 높아 다른 사람을 쉽게 감염시킴
④ AIDS, 백혈병, 감기, 인플루엔자, 홍역, 유행성 이하선염 등

(4) 진균

① 곰팡이, 효모, 버섯
② 무좀 백선의 피부병 유발

2) 병원성 미생물의 특성 (감염 경로)

감염 경로	종류
직접 접촉 경로	매독, 임질
간접 접촉 경로	장티푸스, 디프테리아
비말 접촉 경로	결핵, 디프테리아, 백일해, 성홍열
진애 접촉 경로	결핵, 디프테리아, 두창, 성홍열
경구 감염	콜레라, 이질, 폴리오, 장티푸스, 파라티푸스
경피 감염	광견병, 뇌염, 파상풍, 십이지장충
수인성 감염	장티푸스, 파라티푸스, 이질, 콜레라

4. 소독 방법

1) 소독약의 살균 기전

① 단백질의 응고 작용 : 석탄산, 승홍, 알코올, 크레졸, 포르말린, 산, 알칼리, 중금속염
② 산화 작용 : 과산화수소, 과망간산칼륨, 오존, 염소, 표백분, 차아 염소산
③ 가수분해작용 : 생석회, 석회유

2) 물리적 소독법

이학적인 방법이며 약액을 전혀 사용하지 않는 방법이다

(1) 이학적인 (물리적)인자

① 열 : 열은 습열과 건열이 있다.

② 수분 : 건열과 습열을 비교하면 습열이 살균효과가 좋다.

③ 자외선 : 무영 조사(無影照射) 즉 직접 조사를 받는 것은 강한 자극을 받으나 그늘진 곳은 거의 작용을 않으며 소독할 물건에 기름 등이 묻어 있으면 소독력이 약해지므로 잘 닦아서 조사하는 것이 살균 효과가 좋다.

3) 화학적 소독법

① 석탄산 : 살균기전은 단백질의 응고작용, 세포응고, 효소계침투작용, 소독약의 표준

② 크레졸 : 난용성, 단백질 응고작용

③ 포르말린 : 포르말린 1 : 물 34의 비율. 30도 이상에서 고살균력

④ 포름 알데이드 : 기체 상태로 실내 소독나 밀폐된 공간, 서적, 종이제품 소독

⑤ 승홍수 : 0.1% 1000배액 독성이 강하기 때문에 금속 부식, 살균 기전은 단백질 응고작용

⑥ 알코올 : 무수(100%)알코올보다 70% 농도일 때 고 살균력을 지닌다.

⑦ 역성 비누액 : 염화 벤젤 코륨액 또는 염화 벤젤 토늄액이라고도 하며 냄새가 없고 자극이 없다.

⑧ 생석회 : 알칼리성으로 살균작용은 균체 단백질의 변성을 이용

⑨ 산화제

⑩ 창상용 소독제

5. 분야별 위생과 소독

1) 대상별 소독법

① 유리그릇, 도자기 : 증기, 자비, 건열, 자외선, 각종 약액 소독, 가스소독이 적당하다.

② 금속제품 : 승홍수, 석탄산 또는 염소수, 아이오딘 수 같은 산화제는 부적당하다.

③ 셀룰로이드, 플라스틱, 고무제품 : 가열소독이나 장시간 약액을 묻히는 소독은 부적당하다.

④ 종이제품 : 불필요한 종이는 소각하고 포름알데히드가스 소독이 적당하다.

⑤ 가죽제품 : 포름알데히드가스 소독, 소독용 에탄올, 역성 비누, 자외선을 사용하고 열소독은 부적당하다.

⑥ 수지 : 1~2%의 크레졸이나 석탄산수, 0.1%의 승홍수, 역성 비누의 원액을 1~5ml.소독용 에탄올.

2) 화학적 인자

① 물 ② 농도 ③ 온도 ④ 시간

3) 소독약의 보관

직사광선이 들지 않는 곳에 밀폐시켜야 하며 차고 어두운 냉암소에 보관하며 인체에 유해한 소독약은 라벨을 붙이거나 어린이의 손이 미치지 않는 곳에 보관.

4) 소독 용어

① 용액 : 두 가지 이상의 물질이 균일하게 혼합된 액체 예) 설탕물

② 용질 : 용액에 녹아있는 물질 예) 설탕

③ 용매 : 용질을 용해시키는 물질 예) 물

④ %(퍼센트) : 소독약 100 중에 포함되어 있는 양 → X100

⑤ ‰(퍼밀리) : 소독액 1,000 중에 포함되어 있는 양 → X1,000

⑥ ppm(피피엠) : 용액 1,000,000 중에 포함되어 있는 양 → x1,000,000

⑦ 희석 배수 : 새로 만든 소독약이 원래 용액의 몇 배로 묽게 되었는가

소독제 요건	
빠른 효과 / 독성이 적고 사용자도 안전 / 희석해도 안정적 / 살균력이 강할 것 / 용해성이 높을 것 / 부식, 표백성이 없을 것 / 온도가 올라갈수록 효과적 / 접속시간 길수록 효과적 / 농도가 높을수록 효과적 / 유기물질이 적을수록 효과적	

소독의 종류		
멸균		병원성 또는 비병원성 미생물 및 포자(아포)를 가진 것을 전부 사멸 또는 제거하는 것(무균상태) - 100% 제거
살균		생활력을 가지고 있는 미생물을 급속히 죽이는 것
소독		병원성 미생물의 생활력을 파괴하여 죽이거나 제거하여 감염력을 없애는 것(포자균은 안죽음) - 지금 당장 죽이는 것
방부		미생물의 발육과 작용을 제거하거나 정지시켜 부패나 발효를 방지하는 것
물리적 소독	자비소독법(습열)	100는 물에 20~30분간 가열(가죽, 플라스틱 ×)
	소각법(건열)	불로 직접 태움(=멸균법)
	고압증기(멸균)법	가장 빠르고 효과적인 멸균법(가죽, 플라스틱 ×)
	저온살균법/E.O소독	파스퇴르가 발명 우유 소독 시 사용 / 낮은 온도에서 오랜시간 동안 소독
	초고온단시간살균법	우유소독에 사용 높은 온도의 빛을 1~3초간 조사
화학적 소독	석탄산(페놀)	최초의 소독제로 소독제 평가기준으로 사용(소독제의 지표) 3% 희석 후 사용, 유독성으로 인체에 사용하지 않음
	승홍수	0.1% 희석 후 사용 철제를 부식시킨다.
	크레졸	3% 희석 후 사용 / 이·미용실 바닥청소, 화장실 청소 시 사용(매우 더러운 곳)
	알코올	70% 희석 후 사용, 손, 도구, 물건 등에서 사용
	역성비누	세정력은 없고 살균력만 있는 비누, 손, 도구, 물건에 사용
	염소	상수도(음용수) 소독에 사용
	생석회 =표백분	하수도(음용수) 소독에 사용

Chapter.3 공중위생관리법규 (법, 시행령, 시행규칙)

1. 목적 및 정의

1) 미용업의 정의

"미용업"이라 함은 손님의 얼굴, 머리, 피부 및 손톱·발톱 등을 손질하여 손님의 외모를 아름답게 꾸미는 다음 각 목의 영업을 말한다.

2) 공중위생 관리법 목적

이 법은 공중이 이용하는 영업의 위생관리등에 관한 사항을 규정함으로써 위생수준을 향상시켜 국민의 건강증진에 기여함을 목적으로 한다.

2. 영업의 신고 및 폐업

1) 공중위생영업의 신고 및 폐업신고

공중위생영업을 하고자 하는 자는 공중위생영업의 종류별로 보건복지부령이 정하는 시설 및 설비를 갖추고 시장·군수·구청장 (자치구의 구청장에 한한다. 이하 같다)에게 신고하여야 한다.

2) 공중위생영업의 승계

공중위생영업자의 지위를 승계한 자는 1월 이내에 보건복지부령이 정하는 바에 따라 시장·군수 또는 구청장에게 신고하여야 한다.

3) 공중위생영업소의 폐쇄

시장·군수·구청장은 공중위생영업자가 다음 각 호의 어느 하나에 해당하면 6월 이내의 기간을 정하여 영업의 정지 또는 일부 시설의 사용중지를 명하거나 영업소 폐쇄 등을 명할 수 있다.
① 영업신고를 하지 아니하거나 시설과 설비기준을 위반한 경우
② 변경신고를 하지 아니한 경우
③ 지위승계신고를 하지 아니한 경우

④ 공중위생영업자의 위생 관리 의무 등을 지키지 아니한 경우 위반되는 행위에 이용되는 카메라나 그 밖에 이와 유사한 기능을 갖춘 기계장치를 설치한 경우
⑤ 영업소 외의 장소에서 이용 또는 미용 업무를 한 경우

3. 영업자 준수사항

1) 공중위생업자가 준수해야 할 위생관리 기준(미용업)

① 점 빼기, 귓불 뚫기, 쌍커풀 수술, 문신, 박피술 그 외 유사한 의료 행위
② 의약품 또는 의료용구 사용 불가
③ 소독한 가구와 소독하지 않은 기구 분리 보관
④ 1회용 면도날은 손님 1인에게 사용
⑤ 업소 내 영업 신고증, 개설자 면허증 원본 및 미용 요금 게시
⑥ 영업장 안의 조명 75룩스(Lux) 이상 유지

4. 면허

1) 미용사 면허증 : 미용사 면허증을 받을 수 있는 자

① 관련 전문대학 졸업자
② 미용 관련 고등학교 졸업자
③ 고등 기술 학교 1년 이상 이수자
④ 미용사 자격증 취득자

2) 미용사 면허증을 받을 수 없는 자

① 피성년 후견인
② 정신 질환자 또는 간질 병자
③ 감염병 환자
④ 약물 중독자

⑤ 면허 취소 후 1년이 경과 되지 않은 자

3) 미용사 면허증 재교부 신청

① 준비 서류
  ㉠ 면허증 사본
  ㉡ 분실 사유서 1부

② 면허증의 반납
  ㉠ 잃어버린 면허증을 다시 찾은 경우 찾은 면허증 바로 반납
  ㉡ 면허 취소 또는 정지 명령을 받은 자

4) 면허 발급 대상자

자격증 유	자격증 원본 또는 취득확인서, 사진 2장, 건강검진표, 위생교육	시/군/구(처리부서)
자격증 무	1. 전문대학 또는 이와 동등 이상의 학력이 있다고 교육부장관이 인정하는 학교에서 미용에 관한 학과를 졸업한 자 2. 대학 또는 전문대학을 졸업한 자의 동등이상의 학력이 있는 것으로 인정되어 미용에 관한 학위를 취득한 자 3. 고등학교 또는 이와 동등의 학력이 있다고 교육부 장관이 인정하는 학교에서 미용에 관한 학과를 졸업한 자 4. 교육부 장관이 인정하는 고등기술학교에서 1년 이상 미용에 관한 소정의 과정을 이수한 자	

5. 업무

1) 이 미용 종사 가능자

이용사 또는 미용사의 면허를 받은 자가 아니면 이용업 또는 미용업을 개설하거나 그 업무에 종사할 수 없다. 단, 이 미용사의 감독을 받아 이용 또는 미용 업무의 보조를 행하는 경우에는 가능하다.

2) 미용사의 업무 범위

① 미용사(일반) : 파마, 머리카락 자르기, 머리카락 모양내기, 머리피부손질, 머리카락 염색, 머

리감기, 의료기기나 의약품을 사용하지 아니하는 눈썹 손질을 하는 영업
② 미용사(피부) : 의료기기나 의약품을 사용하지 아니하는 피부 상태 분석, 피부 관리, 제모, 눈썹 손질을 하는 영업
③ 미용사(네일) : 손톱과 발톱을 손질 화장하는 영업
④ 미용사(메이크업) : 얼굴 등 신체의 화장 분장 및 의료기기나 의약품을 사용하지 아니하는 눈썹 손질을 하는 영업

[자격증 분류 법령]

자격증	세분/면허	업무
미용사(종합)	미용업(종합)	미용의 업무를 모두 하는 영업
미용사(일반)	미용업(일반)	파마, 커트, 웨이브 손질, 염색, 머리감기 등의 영업
미용사(피부)	미용업(피부)	의료기기, 의약품들을 사용하지 않고 피부분석관리 제모를 하는 영업
미용사(네일)	미용업(손, 발톱)	손톱발톱을 손질 화장하는 영업
미용사(메이크업)	미용업(화장, 분장)	얼굴 신체의 화장, 분장, 눈썹손질을 하는 영업
이용사	이용업	면도, 파마, 커트, 웨입, 손질, 염색, 머리감기 등의 영업

3) 영업소 외에서의 미용 업무(특별한 사유)

이용 또는 미용 업무는 영업소 외의 장소에서 행할 수 없다. 단 특별한 사유가 있을 시 가능하다.
① 질병 및 기타의 사유로 인하여 영업소에 나올 수 없는 자에 대하여 미용을 하는 경우
② 혼례 기타 의식에 참여하는 자에 대하여 그 의식 전에 미용을 하는 경우
③ 사회복지 시설에서 봉사활동으로 이 미용을 하는 경우
④ 방송 등 촬영에 참여하는 사람에 대하여 그 촬영 직전에 이 미용을 하는 경우
⑤ 특별한 사정이 있다고 시장 군수 구청장이 인정하는 경우

6. 행정지도 감독

1) 공중위생감시원

① 위생사 또는 환경기사 2급 이상의 자격증
② 화학, 화공학, 환경공학 또는 위생학 분야를 전공하고 졸업한 사람
③ 외국에서 위생사 또는 환경기사의 면허를 받은 사람
④ 1년 이상 공중위생 행정에 종사한 경력이 있는 사람

2) 행정처분 기준(2012개정)

위반행위	1차 위반	2차 위반	3차 위반	4차 위반
영업신고 X	폐쇄			
지위승계 X	개선명령	영업정지 10일	영업정지 1개월	영업장 폐쇄 명령
의약품/의료기기	영업정지 2월	영업정지 3월	영업장 폐쇄명령	
점빼기/의료행위	영업정지 2월	영업정지 3월	영업장 폐쇄명령	
영업장소외 영업	영업정지 1월	영업정지 2월	영업장 폐쇄명령	
성매매알선 (영업소)	영업정지 2월	영업정지 3월	〃	
성매매알선 (미용사)	면허정지 2월	면허정지 3월	면허취소	
거짓보고/출입검사 거부방해	영업정지 10일	영업정지 20일	영업정지 1개월	영업장 폐쇄명령
개선 명령 미이행	경고	영업정지 10일	영업정지 1개월	영업장 폐쇄명령

7. 업소 위생등급

1) 위생관리 등급 : 평가주기 2년

① 최우수업소 : 녹색등급
② 우수업소 : 황색등급
③ 일반관리 대상 업소 : 백색등급

2) 이 미용기구의 소독 기준 및 방법

① 자외선, 건열멸균, 증기소독은 20분 이상
② 열탕소독 10분 이상
③ 석탄산, 크레졸 3% 농도 사용
④ 에탄올 70% 농도 사용

8. 위생 교육

1) 위생 교육

① 공중위생영업자는 매년 위생교육을 받아야 한다. (연간 3시간)
② 부득이한 사유로 미리 교육을 받을 수 없는 경우에는 영업개시 후 6개월 이내에 위생교육을 받을 수 있다.
③ 전문성을 높이기 위하여 필요하다고 인정하는 경우 관련 전문기관 및 단체로 하여금 위생서비스평가를 실시하게 할 수 있다.

2) 공중위생 영업자의 위생 관리 의무

① 의료 기구와 의약품을 사용하지 아니하는 순수한 화장 또는 피부미용을 할 것
② 미용 기구는 소독을 한 기구와 소독을 하지 아니한 기구로 분리하여 보관하고, 면도기는 1회용 면도날만을 손님 1인에 한하여 사용할 것. 이 경우 미용 기구의 소독 기준 및 방법은 보건복지부령으로 정한다.
③ 미용사면허증을 영업소 안에 게시할 것
④ 미용 기구는 소독을 한 기구와 소독을 하지 아니한 기구로 분리하여 보관하고, 면도기는 1회용 면도날만을 손님 1인에 한하여 사용할 것. 이 경우 미용 기구의 소독 기준 및 방법은 보건복지부령으로 정한다.

3) 위생서비스 수준의 평가

① 위생서비스 평가계획(이하 "평가계획"이라 한다)을 수립하여 시장·군수·구청장에게 통보하여야 한다.

② 세부평가계획을 수립한 후 공중위생영업소의 위생서비스수준을 평가(이하 "위생서비스평가"라 한다)하여야 한다.

③ 전문성을 높이기 위하여 필요하다고 인정하는 경우 관련 전문기관 및 단체로 하여금 위생서비스평가를 실시하게 할 수 있다.

9. 벌칙

1) 벌금

(1) 1년 이하의 징역 또는 1천만 원 이하의 벌금

① 공중위생영업신고를 하지 아니한 자
② 영업 정지 명령, 사용 중지 명령을 받고도 계속 영업한 자
③ 영업 패쇄 명령을 받고도 계속 영업한 자

(2) 6개월 이하의 징역 또는 500만 원 이하의 벌금

① 변경신고를 하지 아니한 자
② 영업의 지위 승계 후 신고를 하지 아니한 자
③ 준수하여야 할 사항을 준수하지 아니한 자

(3) 300만 원 이하의 벌금

① 위생관리기준 또는 오염 허용기준을 지키지 아니한 자
② 개선 명령에 따르지 아니한 자
③ 면허 취소된 후에도 계속 업무를 행한 자
④ 면허 정지 기간 중에 업무를 한 자

2) 과태료

(1) 300만 원 이하의 과태료

① 폐업신고를 아니한 자
② 관계공무원의 출입 · 검사 기타 조치를 거부 · 방해 또는 기피한 자

③ 개선 명령에 위반한 자

(2) 200만 원 이하의 과태료

① 위생관리 의무를 지키지 아니한 자
② 영업소 외의 장소에서 이용 또는 미용 업무를 행한 자
③ 위생교육을 받지 아니한 자

10. 시행령 및 시행규칙 관련 사항

1) 미용 영업소에 관한 법률

영업신고 내용	영업시설 및 설비개요서, 교육필증(연 3시간), 면허증	시/군/구(처리부서)
변경신고 대상	영업소명칭 또는 상호/영업소 소재지/면적의 1/3 이상의 증감/대표자의 성명, 생년월일/미용업 업종 간 변경	시/군/구(처리부서)
영업장 게시물	미용업 영업신고증/개설자의 면허증 원본/최종요금 지불 메뉴(옥내/옥외)	
영업소 외 기능사유	1. 질병으로 밖에 나올 수 없는 자가 미용을 하는 경우 2. 혼례나 그밖의 의식에 참여하는 자에 대한 의식직전에 하는 미용 3. 사회복지시설에서 봉사활동으로 미용을 하는 경우 4. 기타 특별한 사정이 있다고 시, 군, 구청장이 인정하는 경우(일반요구×)	
위생평가	2년마다 실시 최우수등급 : 녹색, 우수등급 : 황색, 일반등급 : 백색(그외에 없음)	
공중위생감시원	1. 위생사 또는 환경기사 2급 이상인 자 2. 대학에서 화학, 화공학, 환경공학, 위생학 전공졸업 또는 동등학 자격이 있는 자 3. 외국에서 위생사, 환경기사 면허 받은 자 4. 3년 이상 공중위생 행정에 종사한 경력이 있는 자	
과징금 납부	통지서 수령 후 20일 이내	
이의제기	통지서 수령 후 30일 이내	

MEMO

No. III

PART 16

단원별 예상문제

PART.1 네일 미용 위생 서비스
PART.2 네일 화장물 제거
PART.3 네일 기본관리
PART.4 네일 화장물 적용 전 처리
PART.5 네일 보강
PART.6 네일 컬러링
PART.7 네일 폴리시 아트
PART.8 팁 위드 파우더
PART.9 팁 위드 랩
PART.10 랩 네일
PART.11 젤 네일
PART.12 아크릴 네일
PART.13 인조 네일 보수
PART.14 네일 화장물 적용 마무리
PART.15 공중위생관리

PART.16 단원별 예상문제

PART 1
네일 미용 위생 서비스

예상문제

1. 피부의 기능과 그 설명이 틀린 것은? [참조 p53]

   ① 보호기능 – 피부표면의 산성막은 박테리아의 감염과 미생물의 침입으로부터 피부를 보호한다.
   ② 흡수기능 – 피부는 외부의 온도를 흡수, 감지한다.
   ③ 영양분교환기능 – 프로비타민 D가 자외선을 받으면 비타민 D로 전환된다.
   ④ 저장기능 – 진피조직은 신체 중 가장 큰 저장 기관으로 각종 영양분과 수분을 보유하고 있다.

2. 랑게르한스 세포가 주로 분포되어 있는 곳은? [참조 p53]

   ① 투명층　　　　　　　　② 기저층
   ③ 각질층　　　　　　　　④ 과립층

3. 네일 관리의 유래와 역사에 대한 설명으로 틀린 것은? [참조 p08]

   ① 중국에서는 네일에도 연지를 발라 '조홍'이라 하였다.
   ② 기원전 기대에는 관목이나 음식물, 식물 등에서 색상을 추출하였다.
   ③ 고대 이집트에서는 왕족은 짙은 색으로 낮은 계층의 사람들은 옅은 색만을 사용하게 하였다.
   ④ 중세시대에는 금색이나 은색 또는 검정이나 홍적색 등의 생상으로 특권층의 신분을 표시했다.

4. 손톱의 구조에 대한 설명으로 옳은 것은? [참조 p131]

   ① 매트릭스(조모) : 손톱의 성장이 진행되는 곳으로 이상이 생기면 손톱의 변형을 가져온다.
   ② 네일 베드(조상) : 손톱의 끝부분에 해당되며 손톱의 모양을 만들 수 있다.
   ③ 루눌라(반월) : 매트릭스와 네일 베드가 만나는 부분 으로 곰팡이가 생기기 쉽다.
   ④ 큐티클(조소피) : 손톱 측면으로 손톱과 피부를 밀착시킨다.

정답 1.④　2.②　3.④　4.①

5. 화장품의 원료로써 알코올의 작용에 대한 설명으로 틀린 것은? [참조 p80, p81]

① 다른 물질과 혼합해서 그것을 녹이는 성질이 있다.
② 소독작용이 있어 화장수, 양모제 등에 사용한다.
③ 흡수작용이 강하기 때문에 건조의 목적으로 사용한다.
④ 피부에 자극을 줄 수도 있다.

6. 이미용업소의 환경을 최적화하는데 가장 알맞은 것은? [참조 p13, p14]

① 쾌적함을 위하여 습도는 10~20%를 유지하도록 한다.
② 냉방 시 실내온도와 실외온도는 12℃ 이상을 유지한다.
③ 작업 시 발생 되는 먼지와 이물질로 두시간에 한번씩 환기를 해준다.
④ 위생을 위하여 매장을 무균 상태로 유지하는것이 좋다.

7. 일반적으로 이·미용업소의 실내 쾌적 습도 범위로 가장 알맞은 것은? [참조 p13]

① 10~20%   ② 20~40%
③ 40~70%   ④ 70~90%

8. 다음중 포자형 성균의 소독에 해당되는 소독 방법은? [참조 p30, p305]

① 건열 멸균법   ② 자외선 소독법
③ 고압 증기 멸균법   ④ 자비 소독법

9. 화장품의 4대 요건에 속하지 않는 것은? [참조 p70]

① 안전성   ② 안정성
③ 치유성   ④ 유효성

정답 5. ③ 6. ③ 7. ③ 8. ③ 9. ③

10. 다음 중 미백 기능의 역할에 영향을 주는 성분이 아닌 것은? [참조 p77, p86]

　① 비타민C　　　　　　　　② 알부틴

　③ 아데노신　　　　　　　　④ 티로신

11. 네일 숍(shop)의 안전관리를 위한 대처방법으로 가장 적합하지 않은 것은? [참조 p21, p22, p23]

　① 화학물질을 사용할 때에는 반드시 뚜껑이 있는 용기를 이용한다..

　② 작업 시 마스크를 착용하여 가루의 흡입을 막는다.

　③ 작업공간에서는 음식물이나 음료, 흡연을 금한다.

　④ 가능하면 스프레이 형태의 화학물질을 사용한다.

12. 네일 미용 관리 중 고객관리에 대한 응대로 지켜야 할 사항이 아닌 것은? [참조 p47, p48]

　① 시술의 우선순위에 대한 논쟁을 막기 위해서 예약 고객을 우선으로 한다.

　② 고객이 도착하기 전에는 필요한 물건과 도구를 준비해야 한다.

　③ 관리 중에는 고객과 대화를 나누지 않는다.

　④ 고객에게 소지품과 옷 보관함을 제공하고 바뀌는 일이 없도록 한다.

13. 네일 기기 및 도구류의 위생관리로 틀린 것은? [참조 p33, p34, p35, p36]

　① 타월은 1회 사용 후 세탁·소독한다.

　② 소독 및 세제용 화학제품은 서늘한 곳에 밀폐 보관한다.

　③ 큐티클 니퍼 및 네일 푸셔는 자외선 소독기에 소독할 수 없다.

　④ 모든 도구는 70% 알코올을 이용하며 20분 동안 담근 후 건조시켜 사용한다.

정답　10. ③　11. ④　12. ③　13. ③

14. 네일 서비스 고객 관리 카드에 기재하지 않아도 되는 것은? [참조 p47]

① 예약 가능한 날짜와 시간
② 손톱의 상태와 선호하는 색상
③ 은행 계좌정보와 고객의 월수입
④ 고객의 기본인적 사항

15. 네일의 병변에서 네일숍에서 시술이 불가능한 것은? [참조 p44, p45]

① 교조증
② 조갑 박리증
③ 조갑 연화증
④ 오니코크립토시스

16. '헤나'라는 붉은색 관목 염료로 손톱을 염색하기 시작한 나라는? [참조 p08]

① 로마
② 인도
③ 이집트
④ 중국

17. 특권층의 신분표시로 손톱을 길렀으며 손톱의 손상을 막기 위해 보석이나 대나무를 이용해 손톱을 보호한 나라는? [참조 p08]

① 중국
② 그리스
③ 독일
④ 미국

18. 한국의 네일 미용에서 젊은 각시와 어린이들이 봉선화를 따다가 손톱을 물들인 시기는? [참조 p10]

① 신라시대
② 고구려시대
③ 조선시대
④ 고려시대

정답 14. ③ 15. ② 16. ③ 17. ① 18. ③

19. 다음 중 네일 베드에 관한 설명 중 맞는 것은? [참조 p131]

　① 네일 보디를 받치고 있는부위로 핑크빛을 띠는 곳이다
　② 육안으로 보이는 손톱 표면으로 조체라고 한다.
　③ 루눌라를 보호하는 신경이 없는 피부이다.
　④ 손톱 부분을 덮고 있는 피부이다.

20. 다음 중 손톱 밑의 구조에 해당되지 않는 것은? [참조 p131]

　① 큐티클　　　　　　　② 네일 베드
　③ 루눌라　　　　　　　④ 네일 매트릭스

21. 네일 작업자의 주의사항으로 틀린 것은? [참조 p40]

　① 70% 알코올로 손을 소독하고 시술한다.
　② 고객의 호감을 주기 위하여 화려한 장신구를 하는것이 좋다.
　③ 고객에게 사용되는 패브릭 제품은 살균과 소독을 한것을 사용한다.
　④ 소독제의 유효기간을 넘기지 않고 사용한다.

22. 네일 미용인의 자세가 아닌 것은? [참조 p39, p40]

　① 위생 절차를 반드시 숙지하고 준수한다.
　② 화학제품이 쏟아져도 고객의 시술이 끝난 후 정리한다.
　③ 고객들에게 항상 친절하고 예의바르게 말하고 인사한다.
　④ 시술 전후 손소독제로 시술자와 고객의 손을 소독한다.

23. 골격의 기능으로 틀린 것은? [참조 p98]

　① 조혈기능　　　　　　② 보호작용
　③ 운동기능　　　　　　④ 흡수기능

정답 19. ①　20. ①　21. ②　22. ②　23. ④

24. 다음 중 뼈의 구조가 아닌 것은? [참조 p98]

　　① 치밀골　　　　　　　② 골수강
　　③ 척추　　　　　　　　④ 골막

25. 네일숍에서 시술이 가능한 손톱은? [참조 p41, p42, p43, p44, p45]

　　① 조내생증(오니코파지)　　② 조염(오니키아)
　　③ 사상균증(몰드)　　　　　④ 조갑주위염(파로니키아)

26. 매니큐어의 어원으로 손을 지칭하는 라틴어는? [참조 p07]

　　① 큐라　　　　　　　　② 패디스
　　③ 매니스　　　　　　　④ 마누스

27. 큐티클이 과잉 성장하여 손톱 위로 자라는 질병은? [참조 p42]

　　① 조갑종렬증(오니코렉시스)　　② 스푼형조갑(코일로니키아)
　　③ 조갑익상편(테리지움)　　　　④ 조갑비대증(오니콕시스)

28. 하이포니키움(하조피)에 대한 설명으로 옳은 것은? [참조 p131]

　　① 손톱 주위를 덮고 있는 신경이 없는 피부
　　② 조상의 양 측면에 좁게 팬 곳
　　③ 자유연 밑부분의 피부로서 병원균의 침입으로부터 손톱을 보호
　　④ 조갑의 시작점에서 자라나는 피부

정답 24. ③　25. ①　26. ④　27. ③　28. ③

29. 손톱의 구조에 대한 설명으로 옳은 것은? [참조 p131]

① 매트릭스(조모) – 모세혈관, 림프, 신경조직 등이 있으며 매우 민감한 부분
② 루눌라(반월) – 손톱의 가장 근본이 되는 곳
③ 옐로 라인(자유연) – 손톱 주위를 덮고 있는 신경이 없는 피부
④ 네일 베드(조상) – 예로우 라인의 시작점

30. 파고드는 발톱을 예방하기 위한 모양으로 적합한 것은? [참조 p42]

① 스퀘어 오프
② 오발
③ 아몬드
④ 라운드

31. 고객을 응대할 때 네일 아티스트의 자세로 틀린 것은? [참조 p47, p48]

① 고객을 볼 때는 정중하게 한다.
② 처음 보는 고객에게는 자신의 소개를 먼저 한 후 고객의 성함을 묻는다.
③ 고객이 살롱에 들어올 때 내 고객인지 확인하고 내 고객에게만 친절히 인사한다.
④ 아무리 바쁘더라도 고객이 들어올 때는 모른 척해서는 안 된다.

32. 매니큐어의 유래에 관한 설명 중 틀린 것은? [참조 p08]

① 고대 이집트에서는 상류층은 진한 적색, 하류층은 옅은 색을 물들여 신분과 지위를 나타냈다.
② 17세기 인도에서는 여성들이 문신을 이용해 조모에 색소를 넣어 신분을 표시했다.
③ 최초의 매니큐어는 B.C 3000년 이집트의 귀족층에서 누렸던 것으로 기록된다.
④ 1800년대 상류층에서 스퀘어형의 손톱관리가 유행했다.

정답 29. ① 30. ① 31. ③ 32. ④

33. 자연 네일과 인조네일의 차이에 대한 설명으로 틀린 것은? [참조 p132, p133]

　① 자연네일 관리는 습식케어와 건식케어로 시술한다.
　② 자연네일 쉐입 잡을 때 양방향 화일링을하고 인조네일은 한방향 화일링을 한다.
　③ 인조네일 종류로는 팁, 아크릴, 젤, 실크 익스텐션이 있다.
　④ 인조네일 시술은 주로 연장과 오버레이를 한다.

34. 매니큐어 시술 시 미관상 제거의 대상이 되는 손톱을 덮고 있는 신경이 없는 피부는? [참조 p131]

　① 큐티클　　　　　　　　② 네일 매트리스
　③ 프리에지　　　　　　　④ 스트레스 포인트

35. 네일 역사에 대한 설명으로 잘못 연결된 것은? [참조 p08, p09]

　① 1800년대 - 유럽에서 네일 관리가 본격적으로 시작되었다.
　② 1960년대 - 실크와 린넨을 이용하여 손톱을 보강하였다.
　③ 1950년대 - 미국식약청(FDA)에서 메틸메타크릴레이트 제품의 아크릴 사용을 금지했다.
　④ 1990년대 - 뉴욕주에서 네일 테크니션 면허 제도를 도입했다.

36. 크게 기저골, 중저골, 말절골로 이루어지고 14개의 장골로 엄지 및 기타 손가락을 형성하는 뼈는? [참조 p100]

　① 수지골　　　　　　　　② 수근골
　③ 중수골　　　　　　　　④ 중족골

37. 네일 큐티클에 대한 설명으로 옳은 것은? [참조 p131, p132]

　① 병원균의 침입으로부터 손톱을 보호
　② 손톱 주위를 덮고 있는 신경이 없는 피부
　③ 손톱의 끝부분에 조상 없이 손톱만 자란 곳
　④ 네일 보디와 프리에지의 경계

정답 33. ②　34. ①　35. ③　36. ①　37. ②

38. 네일 도구를 위생처리하지 않고 사용했을 때 생기는 질병으로 시술할 수 없는 손톱의 병변은?

[참조 p45]

① 오키니와(조염) ② 조체진균증(오니코마이코시스)
③ 화농성 육아종(파이로제닉그래뉴로마) ④ 주위염(파로니키아)

39. 고객상담 시 바른 자세가 아닌 것은? [참조 p47]

① 고객의 손톱과 피부 상태를 확인한다.
② 네일 서비스의 종류를 설명한다.
③ 고객이 네일 서비스를 선택하도록 한다.
④ 고객의 요구보다는 지금 유행하는 디자인으로 시술한다.

40. 손 근육의 역할에 대한 설명으로 틀린 것은? [참조 p102]

① 손으로 세밀하고 복잡한 운동을 한다.
② 손가락을 손바닥쪽으로 움직이는 것을 굽힘, 손등쪽으로 펴는 것을 폄이라고 한다.
③ 지절 관절 간 운동범위는 90°이다.
④ 자세를 유지하는 지지대 역할을 한다.

41. 손의 근육이 아닌 것은? [참조 p102]

① 벌림근(외전근) ② 모음근(내전근)
③ 맞섬근(대립근) ④ 엎침근(회내근)

42. 발을 위로 올리거나 발가락을 펴게 하는 근육은? [참조 p102, p103, p104, p105]

① 장비근골 ② 전경골근
③ 단지신근 ④ 가자미근

정답 38. ① 39. ④ 40. ④ 41. ④ 42. ③

43. 손톱의 이상증상 중 손톱을 심하게 물어뜯어 생기는 증상으로 인조손톱관리나 매니큐어를 통해 습관을 개선할 수 있는 것은? [참조 p41, p42, p43, p44, p45]

① 교조증(오니코파지)
② 거스르미 손톱(행네일)
③ 멍든 손톱(해마토마)
④ 조백반증(루코니키아)

44. 손가락과 손가락 사이가 붙지 않고 벌어지게 하는 외향에 적용하는 손등 근육은? [참조 p102]

① 회외근
② 내전근
③ 외전근
④ 대립근

45. 손의 뼈는 몇 개로 구성되어 있는가? [참조 p99, p100]

① 20개
② 26개
③ 27개
④ 30개

46. 손톱의 성장과 관련한 내용 중 틀린 것은? [참조 p55]

① 손톱은 하루 평균 0.1mm~0.15mm 자란다.
② 손톱이 완전히 재생되는 데는 5~6개월 정도 소요된다.
③ 손가락마다 성장속도가 다르다.
④ 인간의 손톱은 출생 직후 형성된다.

47. 다음 중 피부 구조에 대한 설명으로 틀린 것은? [참조 p51, p53]

① 피부는 표피, 진피, 피하조직으로 나누어진다.
② 진피는 유두층과 망상층으로 구성된다.
③ 피하조직은 피지선을 의미한다.
④ 피부 부속기관으로 모발, 한선, 피지선, 손발톱이 있다.

정답 43. ① 44. ③ 45. ③ 46. ④ 47. ③

48. 생명력이 없는 상태의 무색, 무핵 층으로서 손바닥과 발바닥에 주로 있는 층은? [참조 p53]

   ① 각질층　　　　　　　　　② 과립층
   ③ 투명층　　　　　　　　　④ 기저층

49. 다음 중 표피의 구성세포가 아닌 것은? [참조 p53]

   ① 각질형성 세포　　　　　　② 멜라닌 세포
   ③ 섬유아 세포　　　　　　　④ 랑게르한스 세포

50. 다음중 진피의 구성물질이 아닌 것은? [참조 p53]

   ① 교원섬유　　　　　　　　② 탄력섬유
   ③ 멜라노사이트　　　　　　④ 뮤코다당체

51. 촉각을 감지하는 감각세포는? [참조 p53]

   ① 머켈 세포　　　　　　　　② 각질 형성 세포
   ③ 랑게르한스 세포　　　　　④ 멜라닌 형성 세포

52. 다음 중 표피에 존재하며, 면역과 가장 관계가 깊은 세포는? [참조 p53]

   ① 멜라닌 세포　　　　　　　② 랑게르한스 세포
   ③ 머켈 세포　　　　　　　　④ 섬유아 세포

53. 피부색소의 멜라닌을 만드는 색소 형성 세포는 어느 층에 위치하는가? [참조 p53]

   ① 과립층　　　　　　　　　② 유극층
   ③ 각질층　　　　　　　　　④ 기저층

정답 48. ③　49. ③　50. ③　51. ①　52. ②　53. ④

54. 비늘모양의 죽은 피부세포가 엷은 회백색 조각으로 되어 떨어져 나가는 피부 층은? [참조 p53, p54]

① 투명층 ② 유극층
③ 기저층 ④ 각질층

55. 교원섬유와 탄력섬유로 구성되어 있어 강한 탄력성을 지니고 있는 곳은? [참조 p53]

① 표피 ② 진피
③ 피하조직 ④ 근육

56. 피부의 가장 이상적인 pH는? [참조 p54, p55, p56, p57]

① 9.0~10.0 ② 6.5~8.0
③ 1.0~2.0 ④ 4.5~6.5

57. 광노화 현상으로 틀린 것은? [참조 p78]

① 표피 두께 증가
② 멜라닌 세포 이상항진
③ 체내 수분 증가
④ 진피 내의 모세혈관 확장

58. 화장품의 4대 요건에 속하지 않는 것은? [참조 p70]

① 안전성 ② 안정성
③ 치유성 ④ 유효성

정답 54.④ 55.② 56.④ 57.③ 58.③

59. 화장품의 사용목적에 따른 분류에 속하지 않는것은? [참조 p71]

① 세정과 컨디셔닝, 육모, 탈모등의 목적인 모발 화장품

② 손톱의 보호 미화가 목적인 네일 화장품

③ 신체의 보호 미화, 체취억제 목적인 보디 화장품

④ 세안, 청결, 세정이 목적인 기초 화장품

60. 식물의 꽃, 잎, 줄기, 뿌리, 씨, 과피, 수지 등에서 방향성이 높은 물질을 추출한 휘발성 오일은?

[참조 p81, p82]

① 동물성 오일　　　　② 에센셜 오일

③ 광물성 오일　　　　④ 밍크 오일

정답　59. ②　60. ②

PART 2
네일 화장물 제거

예상문제

1. 아크릴릭 네일의 제거 방법으로 가장 적합한 것은? [참조 p121, p122, p123]

    ① 아크릴 제거작업 할때 드릴 머신의 더스트 비트가 가장 적당하다.
    ② 아크릴 길이를 제거할때는 클리퍼가 가장 적당하다.
    ③ 아크릴 두께를 제거할때는 니퍼가 가장 적합하다.
    ④ 아크릴 분진을 제거할때는 우드스틱이 가장 적당하다.

2. 패티큐어 시술 시 굳은살을 제거하는 도구의 명칭은? [참조 p35]

    ① 푸셔
    ② 토우 세퍼레이터
    ③ 콘커터
    ④ 클리퍼

3. 다음 중 원톤 스컬프처 제거에 대한 설명으로 틀린 것은? [참조 p117, p118, p123]

    ① 니퍼로 뜯는 행위는 자연손톱에 손상을 주므로 피한다.
    ② 표면에 에칭을 주어 아크릴 제거가 수월하도록 한다.
    ③ 100% 아세톤을 사용하여 아크릴을 녹여준다.
    ④ 파일링만으로 제거하는 것이 원칙이다.

4. 다음 중 네일 화장물 제거 시 주의사항에 대한 설명으로 틀린 것은? [참조 p113]

    ① 네일 화장물 제거제 사용 시에는 마스크를 착용하지 않아도 된다.
    ② 네일 화장물 제거제는 인화성 물질로 화기 옆에 두지 않아야 한다.
    ③ 네일 화장물 제거 후에는 자연 네일 손상을 방지하기 위해 네일 강화제를 도포한다.
    ④ 네일 화장물 제거제는 휘발성이 강한 액체로 과도한 사용은 피해야 한다.

정답 1.② 2.③ 3.④ 4.①

5. 일반 네일 화장물 제거 시 필요한 재료로 알맞은 것은? [참조 p111, p112, p113]

① 디스펜서, 화장솜, 네일폼, 젤 브러시
② 디스펜서, 화장솜, 우드스틱, 젤 브러시
③ 디스펜서, 화장솜, 우드스틱, 더스트 브러시
④ 아세톤, 화장솜, 네일폼, 젤 브러시

6. 일반 네일 화장물 제거 매뉴얼 순서로 알맞은 것은? [참조 p111, p112, p113]

① 제거제 적용 - 화장물 제거 - 제거 확인 - 표면정리 - 분진제거 - 이물질 제거 - 제거 확인
② 화장물 제거 - 제거제 적용 - 제거 확인 - 분진제거 - 표면정리 - 이물질 제거 - 제거 확인
③ 제거제 적용 - 화장물 제거 - 제거 확인 - 표면정리 - 분진제거 - 이물질 제거 - 제거 확인
④ 표면정리 - 표면정리 - 제거 확인 - 제거제 적용 - 화장물 제거 - 이물질 제거 - 제거 확인

7. 젤 네일 화장물 제거 시 네일 파일과 용도로 틀린 것은? [참조 p116]

① 150 그릿 이하 - 두께 조절, 길이 조절
② 150~180 그릿 - 형태 잡기, 표면 정리, 자연 네일의 표면 에칭
③ 180~240 그릿 - 인조 네일의 표면 정리, 자연 네일의 형태 조형, 표면 정리
④ 240~300 그릿 - 표면 광택

8. 젤 네일 화장물 제거 방법에 해당되지 않는 것은? [참조 p117, p118]

① 젤클린저로 녹여서 제거
② 네일 파일로 전부 갈아서 제거
③ 제거제만 사용하여 완전히 제거
④ 드릴 제거

정답 5. ③ 6. ③ 7. ④ 8. ①

9. 젤 네일 화장물 제거 매뉴얼 순서로 알맞은 것은? [참조 p121, p122, p123]

① 화장물 적용 - 젤 폴리시 제거 - 호일 적용 - 화장물 제거 - 이물질 제거 - 표면정리 - 분진제거 - 제거 확인

② 젤 폴리시 제거 - 화장물 적용 - 호일 적용 - 화장물 제거 - 이물질 제거 - 표면정리 - 분진제거 - 제거 확인

③ 호일 적용 - 화장물 적용 - 호일 적용 - 화장물 제거 - 이물질 제거 - 표면정리 - 분진제거 - 젤 폴리시 제거 - 제거 확인

④ 호일 적용 - 젤 폴리시 제거 - 화장물 적용 - 화장물 제거 - 이물질 제거 - 표면정리 - 분진제거 - 제거 확인

10. 인조 네일 화장물 제거 시 주의사항으로 틀린 것은? [참조 p121, p122, p123]

① 인조 네일의 경계선을 파악한 뒤, 자연 네일과 상관없이 프리에지 길이를 재단한다.
② 자연 네일의 경계선을 파악한 뒤, 연장된 인조 네일의 프리에지 길이를 재단한다.
③ 하이포니키움의 위치에 유의하여 상처가 나지 않도록 한다.
④ 자연 손톱과 주변의 피부에 상처가 생기지 않도록 세심한 주의를 한다.

11. 인조 네일 화장물 제거 매뉴얼 순서로 알맞은 것은? [참조 p121, p122, p123]

① 길이재단 - 두께 제거 - 분진 제거 - 오일 도포 - 제거제 적용 - 호일 적용 - 제거 작업 - 표면정리 - 프리에지 정리 - 분진 제거 - 제거 확인

② 두께 제거 - 길이재단 - 분진 제거 - 오일 도포 - 제거제 적용 - 호일 적용 - 제거 작업 - 표면정리 - 프리에지 정리 - 분진 제거 - 제거 확인

③ 호일 적용 - 길이재단 - 두께 제거 - 분진 제거 - 오일 도포 - 제거제 적용 - 제거 작업 - 표면정리 - 프리에지 정리 - 분진 제거 - 제거 확인

④ 호일 적용 - 프리에지 정리 - 길이재단 - 두께 제거 - 분진 제거 - 오일 도포 - 제거제 적용 - 제거 작업 - 표면정리 - 분진 제거 - 제거 확인

정답 9. ② 10. ① 11. ①

12. 인조 팁을 제거하는 방법으로 적합한 것은? [참조 p121, p122, p123]

① 알코올에 담가서 녹인다.

② 끝까지 자라나올 때까지 기다린다.

③ 오일을 바른 후 니퍼로 조금씩 뜯어낸다.

④ 아세톤에 담근 후 녹여진 부분은 오렌지 우드스틱으로 밀어낸다.

정답 12.④

PART 3
네일 기본관리

예상문제

1. 샌딩 버퍼의 사용법으로 적합하지 않은 것은? [참조 p128]

   ① 엄지와 약지로 가볍게 쥐고 손가락을 모아쥔다.
   ② 샌딩 블럭 양 끝을 엄지와 중지로 가볍게 쥔다.
   ③ 1/2 지점에 엄지와 나머지 손가락으로 감싸듯이 쥔다.
   ④ 1/3 지점에 엄지와 중지를 지지하고 검지로 힘을 조절한다.

2. 네일의 길이와 모양을 자유롭게 조절할 수 있는 것은? [참조 p129]

   ① 네일 폴드(조주름)   ② 네일 그루브(조구)
   ③ 프리에지(자유연)   ④ 에포니키움(조상피)

3. 발톱의 모양(Shape)으로 가장 적절한 것은? [참조 p128]

   ① 라운드   ② 오발
   ③ 스퀘어   ④ 아몬드

4. 파일의 거칠기 정도를 구분하는 기준은? [참조 p116]

   ① 파일의 두께   ② 그릿 숫자
   ③ 소프트 숫자   ④ 파일의 길이

정답 1. ③ 2. ③ 3. ③ 4. ②

5. 큐티클 정리 시 유의사항으로 가장 적합한 것은? [참조 p133, p134, p135, p136]

① 큐티클 푸셔는 90°의 각도를 유지해 준다.
② 에포니키움의 밑 부분까지 깨끗하게 정리한다.
③ 큐티클은 외관상 지저분한 부분만을 정리한다.
④ 에포니키움과 큐티클 부분은 힘을 주어 밀어준다.

6. 패디큐어 시술순서로 가장 적합한 것은? [참조 p133, p134, p135, p136]

① 소독하기-폴리시지우기-발톱모양만들기-큐티클오일바르기-큐티클정리하기
② 폴리시지우기-소독하기-발톱표면정리하기-큐티클오일바르기-큐티클정리하기
③ 소독하기-발톱표면정리하기-폴리시지우기-발톱모양만들기-큐티클정리하기
④ 폴리시지우기-소독하기-발톱모양만들기-큐티클오일바르기-큐티클정리하기

7. 푸셔로 큐티클을 밀어 올릴 때 가장 적합한 각도는? [참조 p133, p134, p135, p136]

① 15° ② 30°
③ 45° ④ 60°

8. 네일 큐티클에 대한 설명으로 옳은 것은? [참조 p131, p132, p133, p134, p135, p136]

① 살아있는 각질 세포이다.   ② 완전히 제거가 가능하다.
③ 네일 베드에서 자라나온다. ④ 손톱 주위를 덮고 있다.

정답 5. ③ 6. ① 7. ③ 8. ④

9. 네일 파일 사용법에 대한 설명으로 틀린 것은? [참조 p127, p128, p129]

   ① 네일 파일을 프리에지에 90°로 세워서 가볍게 긋 듯이 한 방향으로 파일링 한다.
   ② 샌딩 블럭(버퍼)은 엄지와 약지로 양 옆을 가볍게 쥐고 나머지 손가락은 모아 쥔다.
   ③ 우드 파일을 선택하여 네일 파일의 1/3 지점을 가볍게 잡아 엄지로 네일 파일을 받치고 나머지 손가락으로 가볍게 쥔다.
   ④ 샌딩 파일의 1/3 지점을 엄지와 검지 사이에 네일 파일을 끼우고 약지로 반대편의 네일 파일 위를 가볍게 얹는다.

10. 네일 모양과 특징으로 바르지 않은 것은? [참조 p127, p128, p129]

    ① 스퀘어형(사각형) – 강한 느낌의 사각 모양으로 네일의 양끝 모서리 부분이 90°인 모양이다.
    ② 스퀘어 오프형(굴린 사각형) – 사각형의 네일 모양에서 양끝 모서리만을 부드럽게 파일링한 모양이다.
    ③ 라운드형(둥근형) – 스트레스 포인트부터 프리에지까지 직선을 유지하며 프리에지는 둥글린 모양이다.
    ④ 오발형(타원형) – 타원형과 유사하나 프리에지의 중심 부분을 뾰족하게 잡고 모서리를 굴려 만든 모양이다.

11. 자연 네일 프리에지 모양에 영향을 주는 부분이 아닌 것은? [참조 p131, p132, p133, p134, p135, p136]

    ① 큐티클   ② 네일 보디
    ③ 프리에지   ④ 스트레스 포인트

12. 네일 베드가 끝나는 부분의 명칭으로 옳은 것은? [참조 p131, p132]

    ① 매트릭스   ② 프리에지
    ③ 조체   ④ 조근

정답 9.④ 10.④ 11.① 12.②

13. 프리에지에 대한 설명으로 옳은 것은? [참조 p131, p132]

   ① 네일 베이스 부분보다 단단하다.
   ② 반투명한 핑크빛을 띤다.
   ③ 네일베드 없이 손톱만 자라나온 곳이다.
   ④ 네일베드의 양쪽 좁게 패인 곳을 말한다.

14. 기본 매니큐어 시술 시 필요하지 않은 것은? [참조 p136, p137]

   ① 글루
   ② 샌딩블록
   ③ 니퍼
   ④ 핑거볼

15. 패디큐어 폴리시 작업에 필요한 공간을 확보하기 위해 발가락 사이에 끼우는 것은?
   [참조 p35, p131, p132, p133, p134, p135, p136]

   ① 풋 스파
   ② 콘커터
   ③ 토 세퍼레이터
   ④ 패디 화일

16. 다음중 손톱 밑의 피부조직에 해당하는 것은? [참조 p131, p132]

   ① 네일 루트
   ② 네일 보디
   ③ 루눌라
   ④ 프리에지

17. 톱 코트의 기능으로 맞지 않은 것은? [참조 p76]

   ① 니트로셀룰로즈의 함유량이 가장 많은 제품이다.
   ② 폴리시를 돋보이도록 광택을 높여준다.
   ③ 손톱의 변색을 막아준다.
   ④ 손톱 위의 폴리시를 보호한다.

정답 13. ③ 14. ① 15. ③ 16. ③ 17. ③

18. 큐티클 정리 수행 순서로 알맞은 것은? [참조 p133, p134, p135, p136, p164]

   ① 손 소독 – 큐티클 연화 – 물기 제거 – 유연화제 연화 – 푸셔 작업 – 니퍼 작업 – 거스르미 제거 – 손 소독 – 보습 정리
   ② 푸셔 작업 – 손 소독 – 큐티클 연화 – 물기 제거 – 유연화제 연화 – 니퍼 작업 – 거스르미 제거 – 손 소독 – 보습 정리
   ③ 니퍼 작업 – 손 소독 – 큐티클 연화 – 물기 제거 – 유연화제 연화 – 푸셔 작업 – 거스르미 제거 – 손 소독 – 보습 정리
   ④ 손 소독 – 니퍼 작업 – 큐티클 연화 – 물기 제거 – 유연화제 연화 – 푸셔 작업 – 거스르미 제거 – 손 소독 – 보습 정리

19. 네일 기본관리 테이블 셋팅으로 맞지 않은 것은? [참조 p137]

   ① 폴리시 및 스킨소독제 등의 재료는 바구니에 개별 정리한다.
   ② 네일 파일은 파일꽂이에 정리한다.
   ③ 솜과 멸균거즈는 소독용기에 넣어 정리한다.
   ④ 큐티클 정리를 위한 도구는 소독용기에 넣어 준비한다.

20. 다음 중 인조네일 관리에 해당되는 것은? [참조 p132, p133]

   ① 스컬프처　　　　② 파라핀
   ③ 핫오일　　　　　④ 습식케어

정답 18. ① 19. ③ 20. ①

PART 4
네일 화장물 적용 전 처리

예상문제

1. 다음 (   ) 안의 a와 b에 알맞은 단어를 바르게 짝지은 것은? [참조 p143, p136]

   (a)는 폴리시 리무버나 아세톤을 담아 펌프식으로 편리하게 사용할 수 있다.
   (b)는 아크릴 리퀴드를 덜어 담아 사용할 수 있는 용기이다.

   ① a-다크디시, b-작은종지
   ② a-디스펜서, b-다크디시
   ③ a-다크디시, b-디스펜서
   ④ a-디스펜서, b-디펜디시

2. 화장품의 피부흡수에 관한 설명으로 옳은 것은? [참조 p92, p93, p94, p95]

   ① 분자량이 적을수록 피부흡수율이 높다.
   ② 수분이 많을수록 피부흡수율이 높다.
   ③ 동물성 오일 〈 식물성 오일 〈 광물성오일 순으로 피부흡수력이 높다.
   ④ 크림류 〈 로션류 〈 화장수류 순으로 피부흡수력이 높다.

3. 손톱에 색소가 침착되거나 변색되는 것을 방지하고 네일 표면을 고르게 하여 폴리시의 밀착성을 높이는 데 사용되는 네일 미용 화장품은? [참조 p76, p143, p145, p147]

   ① 톱 코트
   ② 베이스 코트
   ③ 폴리시 리무버
   ④ 큐티클 오일

4. 페디큐어 시술 과정에서 베이스코트를 바르기 전 발가락이 서로 닿지 않게 하기 위해 사용하는 도구는? [참조 p35]

   ① 엑티베이터
   ② 콘 커터
   ③ 클리퍼
   ④ 토 세퍼레이터

정답 1.④ 2.① 3.② 4.④

5. 습식매니큐어 시술에 관한 설명으로 틀린 것은? [참조 p132, p133, p134, p135, p136]

① 고객의 취향과 기호에 맞게 손톱 모양을 잡는다.
② 자연손톱 파일링 시 한 방향으로 시술한다.
③ 손톱 질환이 심각할 경우 의사의 진료를 권한다.
④ 큐티클을 죽은 각질피부이므로 반드시 모두 제거하는 것이 좋다.

6. 프라이머의 특징이 아닌 것은? [참조 p143, p145, p147]

① 아크릴릭 시술 시 자연손톱에 잘 부착되도록 돕는다.
② 피부에 닿으면 화상을 입힐 수 있다.
③ 자연손톱 표면의 단백질을 녹인다.
④ 알칼리 성분으로 자연손톱을 강하게 한다.

7. 네일 재료에 대한 설명으로 적합하지 않은 것은? [참조 p76]

① 네일 에나멜 시너 – 에나멜을 묽게 해주기 위해 사용한다.
② 큐티클 오일 – 글리세린을 함유하고 있다.
③ 네일 블리치 – 20볼륨 과산화수소를 함유하고 있다.
④ 네일 보강제 – 자연 네일이 강한 고객에게 사용하면 효과적이다.

8. 네일 보강제를 사용하는 올바른 방법은? [참조 p76, p151 p164]

① 베이스 코트를 바른 뒤 바른다.
② 베이스 코트를 바르기 전에 바른다.
③ 폴리시를 바른 뒤 바른다.
④ 탑 코트를 바른 뒤 바른다.

정답 5.④ 6.④ 7.④ 8.②

9. 다음 중 네일 전처리제로 사용되지 않는 것은? [참조 p143, p145, p147]

① 프리 프라이머 ② 본더
③ 젤 클린저 ④ 아세톤

10. 다음 중 네일 전처리제에 대한 내용으로 맞지 않는 것은? [참조 p143, p145, p147]

① 네일 화장물이 네일 보디에 잘 접착되도록 도움을 준다.
② 인조 손톱의 리프팅을 최소화함으로 유지력을 높인다.
③ 곰팡이 생성을 예방하는 목적으로 사용된다.
④ 강한 알칼리성으로 네일 표면이 네일 화장물과 접착이 잘되도록 한다.

정답 9. ③ 10. ④

PART 5
자연 네일 보강

예상문제

1. 다음 중 네일의 병변과 그 원인의 연결이 잘못된 것은? [참조 p41, p42, p43, p44, p45]

   ① 모반점(니버스) – 네일의 멜라닌 색소 작용
   ② 과잉성장으로 두꺼운 네일 – 유전, 질병, 감염
   ③ 고랑 파진 네일 – 아연 결핍, 과도한 푸셔링, 순환계 이상
   ④ 붉거나 검붉은 네일 – 비타민, 레시틴 부족, 만성질환 등

2. 찢어진 손톱의 고객이 왔을 때 보강할 수 있는 것이 아닌 것은? [참조 p151]

   ① 네일 랩   ② 아크릴
   ③ 매니큐어   ④ 젤

3. 네일 도구를 제대로 위생처리하지 않고 사용했을 때 생기는 질병으로 시술할 수 없는 손톱의 병변은?
   [참조 p41, p42, p43, p44, p45]

   ① 오니코렉시스(조갑종렬증)   ② 오니키아(조갑염)
   ③ 에그셸 네일(조갑연화증)   ④ 니버스(모반점)

4. 자연손톱에 인조 팁을 붙일 때 유지하는 가장 적합한 각도는? [참조 p197, p198]

   ① 35°   ② 45°
   ③ 90°   ④ 95°

5. 보강에 필요한 자연 네일 상태로 옳지 않은 것은? [참조 p151]

   ① 곰팡이 생긴 자연 네일   ② 약해진 자연 네일
   ③ 손상된 자연 네일   ④ 찢어진 자연 네일

정답 1.④ 2.③ 3.② 4.② 5.①

6. 자연 네일 보강의 분류로 옳지 않은 것은? [참조 p151]

　① 네일 랩 보강　　　　② 아크릴 보강
　③ 팁 보강　　　　　　④ 젤 보강

7. 네일 랩 보강에 쓰이는 재료로 옳지 않은 것은? [참조 p153]

　① 네일 랩　　　　　　② 아크릴 파우더
　③ 필러 파우더　　　　④ 스틱 글루

8. 아크릴 보강의 순서로 알맞은 것은? [참조 p153, p155]

　① 보강 범위 측정 - 아크릴 볼 적용 - 자연 네일 연결 - 핀칭 주기
　② 아크릴 볼 적용 - 보강 범위 측정 - 자연 네일 연결 - 핀칭 주기
　③ 자연 네일 연결 - 아크릴 볼 적용 - 보강 범위 측정 - 핀칭 주기
　④ 자연 네일 연결 - 보강 범위 측정 - 아크릴 볼 적용 - 핀칭 주기

9. 젤 보강의 순서로 알맞은 것은? [참조 p157, 158]

　① 전 처리 - 베이스 젤 도포 - 클리어 젤 도포 - 톱 젤 도포 - 보강 범위 측정 - 미 경화 제거
　② 전 처리 - 베이스 젤 도포 - 클리어 젤 도포 - 톱 젤 도포 - 미 경화 제거 - 보강 범위 측정
　③ 보강 범위 측정 - 전 처리 - 베이스 젤 도포 - 클리어 젤 도포 - 톱 젤 도포 - 미 경화 제거
　④ 보강 범위 측정 - 클리어 젤 도포 - 전 처리 - 베이스 젤 도포 - 톱 젤 도포 - 미 경화 제거

10. 젤 보강 시 하지 않아도 되는 것은? [참조 p157, p158]

　① 경화　　　　　　　② 전 처리
　③ 클리어 젤 적용　　　④ 아크릴 적용

정답　6. ③　7. ②　8. ①　9. ③　10. ④

PART 6 네일 컬러링

예상문제

1. 네일 폴리시 컬러링 하는 방법으로 맞는 것은? [참조 p163, p164, p165]

   ① 풀 코트 컬러링은 양방향과 한방향으로 방향에 따른 방법이 있다.
   ② 네일 폴리시는 큐티클 끝까지 채우고 램프로 구워준다.
   ③ 젤 풀코트 컬러링은 프리에지를 남기고 도포한다.
   ④ 젤 풀컬러링은 착색이 않되므로 베이스를 도포하지 않아도 된다.

2. 네일 에나멜(Nail enamel)에 대한 설명으로 틀린 것은? [참조 p08, p76, p111]

   ① 손톱에 광택을 부여하고 아름답게 할 목적으로 사용하는 화장품이다.
   ② 피막 형성제로 톨루엔이 함유되어 있다.
   ③ 대부분 니트로셀룰로즈를 주성분으로 한다.
   ④ 안료가 배합되어 손톱에 아름다운 색채를 부여하기 때문에 네일컬러(Nail color)라고도 한다.

3. 그러데이션 기법의 컬러링에 대한 설명으로 틀린 것은? [참조 p173, p174, p179]

   ① 색상 사용의 제한이 없다.
   ② 스폰지를 사용하여 시술할 수 있다.
   ③ UV 젤의 적용 시에도 활용할 수 있다.
   ④ 일반적으로 큐티클 부분으로 갈수록 컬러링 색상이 자연스럽게 진해지는 기법이다.

4. 프렌치 컬러링에 대한 설명으로 옳은 것은? [참조 p167, p168, p169, p171]

   ① 옐로 라인에 맞추어 완만한 U자 형태로 컬러링한다.
   ② 프리에지의 컬러링의 너비는 규격화되어 있다.
   ③ 프리에지의 컬러링 색상은 회색으로 규정되어 있다.
   ④ 프리에지 부분만을 제외하고 컬러링한다.

정답 1. ① 2. ② 3. ④ 4. ①

5. 컬러링의 설명으로 틀린 것은? [참조 p76, p163, p173]

   ① 베이스 코트는 폴리시의 착색을 방지한다.
   ② 폴리시 브러시의 각도는 90도로 잡는 것이 가장 적합하다.
   ③ 폴리시는 얇게 바르는 것이 빨리 건조하고 색상이 오래 유지된다.
   ④ 톱 코트는 폴리시의 광택을 더해주고 지속력을 높인다.

6. 젤 컬러링에 대한 설명으로 올바른 것은? [참조 p169]

   ① 네일 보디에 2콧이상 완전하게 컬러링하고 큐어링한다.
   ② 네일 보디에 컬러링을 완성한 후 젤클린져로 미경화를 닦아낸다.
   ③ 스마일라인에 유의하며 드라이어기기에 손을 넣고 큐어링한다.
   ④ 젤 컬러는 착색이 되지 않으므로 네일 보디에 베이스는 생략해도 된다.

7. 레귤러 딥 프렌치 폴리시 컬러링의 설명으로 틀린 것은? [참조 p171]

   ① 네일 보디의 1/2 이상 부위부터 프리에지까지 스마일라인 컬러링 한다.
   ② 스마일라인의 왼쪽 시작점에서 한 방향 풀 코트 컬러링 방법으로 컬러링 한다.
   ③ 브러시 컬러 라인을 중첩해 가면서 오른쪽 스마일라인 끝까지 프리에지 방향으로 컬러링 한다.
   ④ 젤 클렌져로 흐트러진 컬러링을 수정한다.

8. 방향에 따른 그러데이션 컬러의 종류가 아닌 것은? [참조 p173, p174, p179]

   ① 사선 그러데이션   ② 가로 그러데이션
   ③ 세로 그러데이션   ④ 다색 컬러 그러데이션

정답 5. ② 6. ② 7. ④ 8. ②

9. 그러데이션 컬러링에 대한 설명으로 틀린 것은? [참조 p173, p174, p179]

① 스펀지에 컬러 네일 폴리시와 베이스 젤를 추가하고 팔레트에 두드려 양을 조절 해준다.
② 팔레트에 스펀지를 가볍게 두드려서 그러데이션 상태를 확인한다.
③ 프리에지부터 1/3 지점 정도까지 똑같은 방법으로 2코트 컬러링한다.
④ 브러시 컬러 라인을 중첩해 가면서 오른쪽 스마일라인 끝까지 프리에지 방향으로 컬러링한다.

10. 그러데이션에 대한 설명으로 틀린 것은? [참조 p167, p168, p169, p171, p173, p174, p179]

① 한 컬러 그러데이션 : 스펀지를 이용하여 프리에지부터 표면을 터치하며 두드려 그러데이션 컬러링할 수 있다.
② 다색 컬러 그러데이션 : 스펀지를 이용하여 네일 보디의 1/2 부분을 터치하며 두드린 후 추가된 색으로 프리에지 표면을 터치하는 그러데이션을 한다.
③ 풀 코트형 그라데이션 : 같은 높이의 스마일라인 시작점에 맞춰 반대편 곡선 프렌치를 올려 두 라인을 자연스럽게 연결한다.
④ 프렌치 형 그라데이션 : 프렌치 컬러링 형태로 큐티클 부분은 색을 올리지 않고 프리에지 방향으로 내리면서 컬러가 또렷해지는 방법으로 연결하며 그러데이션 컬러링을 표현한다.

정답 9. ④ 10. ③

PART 7
네일 폴리시 아트

예상문제

1. 네일 아트 작업 시 고려하지 않아도 되는 것은? [참조 p179, p180]

   ① 유사색으로 디자인을 적용한다.
   ② 단색 그러데이션으로 부드러운 이미지를 구상한다.
   ③ 보색 대비로 강렬한 이미지를 참고한다.
   ④ 전체적인 색상의 조화는 신경 쓰지 않아도 된다.

2. 네일 기초 배색에 대한 설명으로 옳은 것은? [참조 p179]

   ① 그러데이션을 표현할때는 유사색상을 조합하는 것이 편안한 이미지를 준다.
   ② 동일 색상 배색은 강렬함과 부드러운 이미지를 준다.
   ③ 보색 대비 배색은 주로 그러데이션 기법에서 사용한다.
   ④ 그러데이션을 표현할때는 명도와 채도의 변화를 주는 기법을 주로 사용한다.

3. 스마일 라인을 연결하지 않아도 되는 시술은? [참조 p229]

   ① 젤 프렌치 스컬프쳐
   ② 아크릴 프렌치 스컬프쳐
   ③ 레귤러 그러데이션
   ④ 레귤러 딥프렌치

4. 네일 폴리시 아트 작업에 대한 단계 중 틀린 것은? [참조 p179, p180, p183, p184]

   ① 네일 디자인 참고자료를 수집
   ② 못하는 디자인 포기
   ③ 네일 디자인 스케치
   ④ 네일 미용 도구로 디자인 표현

정답 1.④ 2.④ 3.③ 4.②

5. 네일 기초 디자인 적용에 대한 내용으로 틀린 것은? [참조 p179, p180, p183, p184]

① 면을 이용한 네일 디자인 : 면을 표현하기 위해 도트 봉을 이용하여 젤 네일 폴리시 면 디자인을 표현한다.

② 점을 활용한 네일 디자인 : 닷 툴 등 네일 미용 도구를 사용하여 점 네일 디자인에 적용할 네일 디자인 참고 자료를 수집하고 표현한다.

③ 형을 이용한 네일 디자인 : 디자인 계획에 맞는 컬러로 젤 네일 폴리시를 사용하여 디자인을 표현한다.

④ 선을 이용한 네일 디자인 : 젤 네일 폴리시로 선을 표현하기 위해 세필 젤 네일 브러시를 이용하여 젤 네일 폴리시 선 디자인을 표현한다.

6. 통 젤 네일 폴리시 그러데이션 아트 작업에 대한 내용으로 틀린 것은? [참조 p173, p174, p179, p187]

① 네일 기본관리로 팁의 프리에지 형태와 큐티클 부분을 정리한다.

② 그러데이션의 범위와 색상을 결정한다.

③ 큰 글리터의 통 젤 네일 폴리시로 풀콧을 도포한다.

④ 작은 클리터와 큰 글리터의 통 젤 네일 폴리시로 그러데이션 아트를 한다.

7. 통 젤 네일 폴리시의 종류로 적합하지 않은 것은? [참조 p187]

① 반 투명 컬러 통 젤   ② 스컬프쳐 통 젤
③ 글리터 통 젤   ④ 엠보 젤

8. 젤 네일 폴리시 마블 작업에 대한 내용으로 틀린 것은? [참조 p183, p184]

① 베이스 젤과 톱 젤, 흰색과 빨강색의 유색 젤 네일 폴리시와 세필 붓을 준비한다.

② 빨간색의 젤 네일 폴리시를 딥 프렌치 컬러링 후 경화시킨다.

③ 빨강과 흰색의 젤 네일 폴리시를 세로의 직선 형태로 선형의 형태로 도포 후 경화한다.

④ 세필 브러시를 이용하여 세로 선형 폴리시를 가로지르는 직선의 가로 움직임으로 마블 디자인을 적용한다.

정답 5. ① 6. ③ 7. ④ 8. ③

9. 젤 네일 폴리시 마블 작업 시 필요한 재료가 알맞게 짝지어 진 것은? [참조 p184]

　① 전 처리제, 베이스 젤, 톱 젤, 흰색 젤, 빨강색 젤, 세필 브러시, 드라이어
　② 전 처리제, 베이스 젤, 톱 젤, 흰색 젤, 빨강색 젤, 세필 브러시, 젤 램프
　③ 오일, 베이스 젤, 톱 젤, 흰색 젤, 빨강색 젤, 세필 브러시, 젤 램프
　④ 오일, 베이스 젤, 톱 젤, 흰색 젤, 빨강색 젤, 세필 브러시, 젤 램프

10. 네일 폴리시 아트 작업 시 기초 배색에서 고려하지 않아도 되는 것은? [참조 p179, p180]

　① 색상 재질　　　　　　　　② 유사색상 배색
　③ 반대색상 배색　　　　　　④ 동일 색상 그라데이션

정답 9. ② 10. ①

PART 8
팁 위드 파우더

예상문제

1. 네일 팁 오버레이 시 사용되지 않는 재료는? [참조 p197, p198, p201, p207, p211]

   ① 스틱 글루   ② 젤 글루
   ③ 폼 지   ④ 글루 드라이

2. 네일 팁 오버레이의 시술과정에 대한 설명으로 틀린 것은? [참조 p191, p192, p193, p194, p198]

   ① 네일 팁 접착 시 자연손톱 길이의 1/2이상 덮지 않는다.
   ② 자연 손톱이 넓은 경우 좁게 보이게 하기 위하여 작은 사이즈의 네일 팁을 붙인다.
   ③ 네일 팁의 접착력을 높여주기 위해 자연손톱의 에칭작업을 한다.
   ④ 프리프라이머를 자연손톱에만 도포한다.

3. 네일 팁 작업에서 올바른 접착 방법은? [참조 p191, p192, p193, p194, p195]

   ① 자연네일에 꽉 찬 팁을 선택한다.
   ② 글루를 충분히 많이 묻혀준다.
   ③ 45° 각도로 네일 팁을 접착한다.
   ④ 큐티클에 최대한 바짝 부착한다.

4. 패디큐어의 인조 네일 시술방법으로 맞는 것은? [참조 p191, p192, p193, p194, p195]

   ① 발톱과 팁사이에 공기가 들어갈 수록 표면 손상이 덜하다.
   ② 팁을 부착할 때 발톱은 하프웰이 제일 적당하다.
   ③ 팁을 부착할 시 큐티클에 끝까지 밀착해야한다
   ④ 팁 선택 시 발톱 사이즈에 맞는 호수를 선택한다.

정답 1.③ 2.② 3.③ 4.④

5. 다음 중 풀 커버 팁의 종류가 아닌 것은? [참조 p195]

① 클리어 팁
② 메탈 풀 팁
③ 내추럴 프렌치 팁
④ 내추럴 아트 풀 팁

6. 다음 중 네일 팁의 특징에 대한 내용으로 틀린 것은? [참조 p191]

① 팁 위드 파우더 : 네일 팁으로 길이를 연장하고 필러 파우더를 사용하여 오버레이
② 팁 위드 랩 : 네일 팁으로 길이를 연장하고 네일 랩을 사용하여 오버레이
③ 팁 위드 아크릴 : 네일 팁으로 길이를 연장하고 아크릴을 사용하여 오버레이
④ 팁 위드 젤 : 네일 팁으로 길이를 연장하고 랩을 사용하여 오버레이

7. 다음 중 네일 상태에 따른 네일 팁의 선택에 대한 내용으로 틀린 것은? [참조 p191, p192]

① 처진 자연 네일 : 옆선이 일직선인 네일 팁을 선택하면 네일이 아래로 처져 보이는 현상을 줄일 수 있다.
② 위로 솟아오른 자연 네일 : 옆선에 커브가 있는 네일 팁을 선택하면 옆선에 자연스러운 곡선을 나타낼 수 있다.
③ 프리에지 부분이 크고 넓은 자연 네일 : 끝부분이 좁아지는 내로우 팁을 선택하면 네일이 길고 넓게 보여지는 효과를 얻을 수 있다.
④ 보디가 많이 짧은 자연 네일 : 프리에지가 일정한 경우에는 네일 팁을 적용할 수 있으며 접착 면이 넓은 풀 웰을 선택하는 것이 적절하다.

8. 양쪽 옆면에 커브가 심하거나 각이 있는 자연 네일의 경우 선택하면 좋은 팁은? [참조 p191, p192]

① 끝 부분이 좁아지는 내로우 팁
② 하프 웰이 얇은 네일 팁
③ 하프 웰이 넓은 네일 팁
④ 접착면이 넓은 네일 팁

정답 5. ③ 6. ④ 7. ③ 8. ②

9. 웰의 정지선(Position Stop)과 프리에지 형태에 대한 설명으로 틀린 것은? [참조 p197]

① 웰의 정지선이란 네일 접착제가 넘치지 말아야 하는 선을 말한다.

② 웰은 네일 컬러를 도포하는 부분이다.

③ 웰의 정지선의 형태에 따라 자연 네일의 프리에지 형태를 조형한다.

④ 프리에지 단면과 웰의 정지선을 맞추어 자연 네일의 크기와 모양에 알맞은 네일 팁을 선택한다.

10. 내추럴 팁의 종류가 아닌 것은? [참조 p195]

① 클리어 프렌치 팁　　　　② 내추럴 풀 웰 팁

③ 웰 없는 내추럴 팁　　　　④ 내추럴 하프 웰 팁

정답 9. ② 10. ①

PART 9
팁 위드 랩

예상문제

1. 자연 네일의 형태 및 특성에 따른 네일 팁 적용 방법으로 옳은 것은? [참조 p191, p192]

   ① 하프 웰은 정지선이 없으므로 손톱 전체에 부착한다.
   ② 웰이 있는 경우 팁 전체에 네일 접착제를 도포한다.
   ③ 웰의 정지선이 오발 형태일 경우 오발형태의 손톱 모양으로 조형한다.
   ④ 손톱 모양을 결정하는 웰의 정지선이란 팁의 끝부분이다.

2. 팁 위드 랩 시술시 수행작업으로 알맞은 것은? [참조 p205, p207]

   ① 전 처리 → 네일 랩 오버레이 → 팁 부착 → 팁 턱선 제거 → 두께 보강 → 표면정리
   ② 전 처리 → 팁 부착 → 팁 턱선 제거 → 두께 보강 → 표면정리
   ③ 전 처리 → 네일 랩 오버레이 → 팁 부착 → 팁 턱선 제거 → 표면정리
   ④ 전 처리 → 팁 부착 → 팁 턱선 제거 → 네일 랩 오버레이 → 두께 보강 → 표면정리

3. 네일 팁 턱 제거에 대한 설명으로 틀린 것은? [참조 p205]

   ① 자연 네일과 웰이 없는 내추럴 팁의 팁 턱을 정확히 구별한다.
   ② 자연 네일의 손상에 주의한다.
   ③ 400그릿 이상의 인조 네일용 파일을 사용한다.
   ④ 웰이 없는 내추럴 팁의 정면 부분의 팁 턱을 제거한다.

4. 네일 팁 접착 시 주의사항으로 옳지 않은 것은? [참조 p197, p198]

   ① 팁의 하프 웰 부분에 네일 접착제를 도포한다.
   ② 프렌치 하프 웰 팁은 정지선을 넘어가지 않게 주의한다.
   ③ 프렌치 팁 선택시 웰부분이 손톱보다 큰것을 선택하여 적용한다.
   ④ 프렌치 팁 접착 시 라인에 넘치지 않게 접착한다.

정답 1. ③ 2. ④ 3. ③ 4. ③

5. 네일 팁 턱 제거 사용되는 네일 파일의 그릿에 대한 설명으로 틀린 것은? [참조 p116]

① 네일 파일은 그릿(grit) 수로 구분하여 사용된다.

② 네일 파일의 거칠기를 구분하는 단위이다.

③ 사방 1인치인 사각 면적 위에 사용되는 연마제의 양(수)을 표시하는 단위이다.

④ 그릿 수가 작을수록 부드러운 입자의 네일 파일을 의미한다.

6. 네일 랩 오버레이 적용에 대한 설명으로 바르지 않은 것은? [참조 p207]

① 자연 네일 위에 덧붙여 자연 네일을 보강할 때 적용한다.

② 자연 네일 위에 덧붙여 제거할 때 적용한다.

③ 인조 네일 위에 덧붙여 견고하게 보존시킬 때 적용한다.

④ 인조 네일 위에 길이를 연장할 때 적용한다.

정답 5. ④   6. ②

예상문제

PART 10
랩 네일

1. 랩 네일의 재료로 적당하지 않은 것은? [참조 p211]

   ① 스틱 글루
   ② 필러 파우더
   ③ 젤 글루
   ④ 아크릴 파우더

2. 네일 랩 작업 순서로 알맞는 것은? [참조 p211, p212]

   ① 랩 컷팅 - 사이즈 측정 - 재단 - 곡선 측정 - 랩 부착 - 길이 재단
   ② 길이 재단 - 랩 컷팅 - 사이즈 측정 - 재단 - 곡선 측정 - 랩 부착
   ③ 랩 부착 - 랩 컷팅 - 사이즈 측정 - 재단 - 곡선 측정 - 길이 재단
   ④ 랩 부착 - 길이 재단 - 랩 컷팅 - 사이즈 측정 - 재단 - 곡선 측정

3. 네일 랩 재단 방법으로 틀린 것은? [참조 p211, p212, p215, p217]

   ① 완 재단 - 스트레스 포인트부터 자연 네일보다 넓게 사다리꼴로 네일 랩을 재단
   ② 완 재단 - 네일 랩 접착 전 전체 길이를 짧게 또는 길게 재단
   ③ 반 재단 - 네일 랩의 한쪽 면을 재단하고 접착 후 나머지 면을 재단
   ④ 반 재단 - 네일 랩 접착 전 자연 네일보다 작게 재단

4. 네일 랩 완 재단 접착 방법에 대한 설명으로 틀린 것은? [참조 p211, p212, p215, p217]

   ① 왼쪽 큐티클 라인에서 약 0.1~0.2cm 정도 남기고 왼쪽을 중심으로 접착한다.
   ② 큐티클 라인에서 약 0.1~0.2cm 정도 남기고 접착한다.
   ③ 자연 네일의 크기와 모양에 알맞게 곡선에 따라 접착한다.
   ④ 네일 랩이 들뜨지 않게 완전히 눌러 접착한다.

정답 1.④ 2.① 3.④ 4.①

5. 네일 랩 연장 작업에 대한 설명으로 틀린 것은? [참조 p211, p212, p215, p217]

① 필러 파우더와 네일 접착제를 사용하여 인조 네일을 완성한다.

② 씨 커브를 먼저 만든 후에 필러 파우더와 네일 접착제를 두께를 쌓도록 한다.

③ 자연 네일과 연결이 매끈하게 되도록 경화 스프레이를 먼저 분사한다.

④ 필러 파우더는 프리에지 부분에 먼저 적용하여 두께를 만든다.

6. 네일 랩 부착작업 순서로 옳은 것은? [참조 p211, p212, p215, p217]

① 경화 스프레이 - 랩 재단 - 랩 고정

② 랩 고정 - 스틱 글루 고정 - 랩 재단

③ 스틱 글루 고정 - 랩 재단 - 랩 고정

④ 랩 재단 - 랩 고정 - 스틱 글루 고정

7. 네일 랩에 대한 설명으로 틀린 것은? [참조 p211, p212, p215, p217]

① 네일 랩이란 가공된 직물 소재로 만들어진 원단이다.

② 자연 네일에 덧붙여 자연 네일을 보강할 때 사용된다.

③ 인조 네일 위에는 사용하지 않는다.

④ 길이를 연장하는 목적으로 사용된다.

8. 네일 랩 오버레이 시 하지 않아도 되는 적용 단계는? [참조 p207]

① 경화 촉진제   ② 랩 커팅

③ 글루 도포   ④ 네일 폼 재단

정답 5. ③ 6. ④ 7. ③ 8. ④ 9. ②

9. 네일 랩 재료들로 적합한 것은? [참조 p211]

① 필러 파우더, 젤 글루, 스틱 글루, 경화 스프레이, 종이 폼
② 필러 파우더, 젤 글루, 스틱 글루, 경화 스프레이, 실크
③ 아크릴 파우더, 젤 글루, 스틱 글루, 경화 스프레이, 실크
④ 아크릴 파우더, 젤 글루, 스틱 글루, 경화 스프레이, 종이 폼

10. 네일 랩 연장 작업에 대한 내용으로 맞는 것은? [참조 p211, p212, p215, p217]

① 경화 스프레이는 많이 뿌려 주어야 한다
② 씨 커브는 두께를 만들기 전에 해주어야 완성도가 높다.
③ 글루 사용을 충분히 많은 양으로 해주어야 완성도가 높다.
④ 자연 네일에는 네일 랩을 사용하지 않는다.

정답 9. ② 10. ②

PART 11 젤 네일 — 예상문제

1. 젤 램프기기와 관련한 설명으로 틀린 것은? [참조 p221, p222]

① LED램프는 400~700nm 정도의 파장을 사용한다.
② UV램프는 UV-A 파장 정도를 사용한다.
③ 젤 네일에 사용되는 광선은 자외선과 적외선이다.
④ 젤 네일의 광택이 떨어지거나 경화속도가 떨어지면 램프를 교체함이 바람직하다.

2. 젤 네일에 관한 설명으로 틀린 것은? [참조 p221, p222]

① 아크릴릭에 비해 강한 냄새가 없다.
② 일반 네일 폴리시에 비해 광택이 오래 지속된다.
③ 소프트 젤(Soft gel)은 아세톤에 녹지 않는다.
④ 젤 네일은 하드 젤(Hard gel)과 소프트 젤(Soft gel)로 구분된다.

3. UV젤 네일 시술 시 리프팅이 일어나는 이유로 적절하지 않은 것은? [참조 p221, p222]

① 네일의 유·수분기를 제거하지 않고 시술했다.
② 젤을 프리 에지까지 시술하지 않았다.
③ 젤을 큐티클라인에 닿지 않게 시술했다.
④ 큐어링 시간을 잘 지키지 않았다.

4. 네일 폼의 사용에 관한 설명으로 옳지 않은 것은? [참조 p225, p226]

① 측면에서 볼 때 네일 폼은 항상 20° 하향하도록 장착한다.
② 자연 네일과 네일 폼 사이가 멀어지지 않도록 장착한다.
③ 하이포니키움이 손상되지 않도록 주의하며 장착한다.
④ 네일 폼이 틀어지지 않도록 균형을 잘 조절하여 장착한다.

정답 1. ③ 2. ③ 3. ③ 4. ①

5. 네일 종이 폼의 적용 설명으로 틀린 것은? [참조 p225, p226]

① 다양한 스컬프처 네일 시술 시에 사용한다.
② 자연스런 네일의 연장을 만들 수 있다.
③ 디자인 UV젤 팁 오버레이 시에 사용한다.
④ 일회용이며 프렌치 스컬프처에 적용한다.

6. UV젤의 특징이 아닌 것은? [참조 p221, p222]

① 올리고머 형태의 분자구조를 가지고 있다.
② 톱 젤의 광택은 인조 네일 중 가장 좋다.
③ 젤은 농도에 따라 묽기가 약간씩 다르다.
④ UV젤은 상온에서 경화가 가능하다.

7. 젤의 특성에 대한 설명으로 틀린 것은? [참조 p221, p222]

① 상온에서는 형태를 자유자재로 만들 수 없다.
② 냄새가 없어 어디서나 사용이 간편하다.
③ 투명도가 좋고 고광택이 오래 유지되며 착용감이 가볍다.
④ 작업 시간이 매우 단축된다.

8. 젤의 특성에 대한 설명으로 틀린 것은? [참조 p221, p222]

① 소량의 모너머(아크릴 리퀴드)를 이용해 액상을 만들어 낸 것이다.
② 라이트 큐어드(Light Cured) 방법으로 만들어진 제품이다.
③ 리프팅이 잘 일어나서 보강을 자주 해 주어야 한다.
④ 램프의 빛이 촉매제가 되어 전체 밀도를 높여 단단하게 굳게 된다.

정답 5. ③ 6. ④ 7. ① 8. ③

9. 젤 네일 폼의 적용 방법으로 옳은 것은? [참조 p225, p226]

① 손가락의 방향과 형태를 고려하여 정면에서 15도 방향으로 적용한다.

② 가운데의 원형 스티커를 떼어내어 프리에지 앞면에 해당하는 부분에 붙여 준다.

③ 네일의 상태를 고려하여 20~40%로 C-커브를 조정한다.

④ 큐티클 부분에서 네일의 하단과 네일 폼 사이가 벌어지지 않게 장착한다.

10. UV 젤 램프에 대한 설명으로 옳은 것은? [참조 p221, p222]

① 약 400~700 nm의 파장으로 경화시킨다.

② 램프는 약 1,000 시간 사용 후 교체해준다.

③ 자외선 차단제를 사용하지 않아도 된다.

④ 약 3분 정도 큐어링 해주어야 한다.

11. LED 젤 램프에 대한 설명으로 옳은 것은? [참조 p221, p222]

① 약 400~700 nm의 파장으로 경화시킨다.

② 램프는 약 1,000 시간 사용 후 교체해준다.

③ 자외선 차단제를 꼭 사용해야 한다.

④ 약 10분 정도 큐어링 해 주어야 한다.

12. 젤 원톤 스컬프처에 대한 설명으로 틀린 것은? [참조 p225, p226]

① 네일 베드와 프리에지의 길이를 1:1로 길이로 조형한다.

② 젤의 화장물 양 조절이 중요하다.

③ 프리에지의 커브가 50~60% 되도록 옆면 직선 부분과 프리에지를 조형한다.

④ 프리에지의 두께가 0.5~1mm 정도가 되도록 일정하게 조형한다.

정답 9. ③   10. ②   11. ①   12. ③

13. 젤 프렌치 스컬프처에 대한 설명으로 틀린 것은? [참조 p229, p230]

① 베드 부분에 화이트 젤을 도포하여 건강한 자연 네일을 표현한다.
② 클리어 젤을 사용하여 프리에지를 형성한다.
③ 화이트 젤을 도포하여 네일 파일링으로 마지막 조형을 완성한다.
④ 클리어 젤로 전체를 커버하여 인조 네일의 형태를 완성한다.

14. 스마일 라인 조형에 대한 설명으로 틀린 것은? [참조 p167, p168, p169, p171, p229, p230]

① 스마일 라인의 굴곡에 따른 깊이 정도는 손가락마다 다르게 조형해야 한다.
② 스마일 라인이 선명하게 표현 되도록 한다.
③ 스트레스 포인트 부분에 표현되는 화이트 젤의 사이드 표현은 섬세하게 표현한다.
④ 적은 양의 젤로 섬세하게 보완 한다.

15. 젤 브러시 활용에 대한 설명으로 틀린 것은? [참조 p229, p230]

① 컬러 도포
② 인조 네일 조형
③ 아크릴 조형
④ 세밀한 디자인 표현

16. 젤 프렌치 스컬프쳐 작업 순서로 옳은 것은? [참조 p225, p226]

① 네일 폼 재단 - 화이트 젤 도포 - 스마일라인 잡기 - 네일 폼 적용 - 핑크 젤 도포 - 클리어 젤 도포 - 네일 폼 제거 - 형태 조형 - 파일링 - 표면정리
② 네일 폼 재단 - 핑크 젤 도포 - 스마일라인 잡기 - 네일 폼 적용 - 화이트 젤 도포 - 클리어 젤 도포 - 네일 폼 제거 - 형태 조형 - 파일링 - 표면정리
③ 스마일라인 잡기 - 네일 폼 적용 - 화이트 젤 도포 - 클리어 젤 도포 - 네일 폼 재단 - 핑크 젤 도포 - 네일 폼 제거 - 형태 조형 - 파일링 - 표면정리
④ 스마일라인 잡기 - 네일 폼 적용 - 핑크 젤 도포 - 클리어 젤 도포 - 네일 폼 재단 - 화이트 젤 도포 - 네일 폼 제거 - 형태 조형 - 파일링 - 표면정리

정답 13.④ 14.① 15.③ 16.②

PART 12
아크릴 네일

예상문제

1. 아크릴릭 네일에 대한 설명으로 맞는 것은? [참조 p235, p236, p239, p241]

   ① 투톤 스캅쳐인 프렌치 스캅쳐에 적용할 수 없다.
   ② 네일 폼을 사용하여 다양한 형태로 조형이 가능하다.
   ③ 두꺼운 손톱 구조로만 완성되며 다양한 형태로 만들 수 없다.
   ④ 물어뜯는 손톱에 사용하여서는 안된다.

2. 아크릴릭 스컬프처 시술 시 손톱에 부착해 길이를 연장하는데 받침대 역할을 하는 재료로 옳은 것은? [참조 p236, p239, p241]

   ① 네일 폼   ② 리퀴드
   ③ 모노머   ④ 아크릴파우더

3. 아크릴릭 네일의 설명으로 맞는 것은? [참조 p235]

   ① 네일 폼을 사용하여 다양한 형태로 조형이 가능하다.
   ② 투톤 스컬프처인 프렌치 스컬프처에 적용할 수 없다.
   ③ 물어뜯는 손톱에 사용하여서는 안된다.
   ④ 두꺼운 손톱 구조로만 완성되며 다양한 형태로 만들 수 없다.

4. 아크릴릭 시술에서 핀칭(Pinching)을 하는 주된 이유는? [참조 p235]

   ① 리프팅(Lifting)방지에 도움이 된다.
   ② C커브에 도움이 된다.
   ③ 하이 포인트 형성에 도움이 된다.
   ④ 에칭(Etching)에 도움이 된다.

정답 1. ② 2. ① 3. ① 4. ②

5. 원톤 스컬프처의 완성 시 인조네일의 아름다운 구조 설명으로 틀린 것은? [참조 p239]

① 옆선이 네일의 사이드 월 부분과 자연스럽게 연결되어야 한다.
② 컨벡스와 컨케이브의 균형이 균일해야 한다.
③ 하이포인트의 위치가 스트레스 포인트 부근에 위치해야 한다.
④ 인조네일의 길이는 길어야 아름답다.

6. 아크릴 프렌치 스컬프처 시술 시 형성되는 스마일 라인의 설명으로 틀린 것은? [참조 p167, p168, p169, p171]

① 선명한 라인 형성　　② 일자 라인 형성
③ 균일한 라인 형성　　④ 좌우 라인 대칭

7. 아크릴 재료로 쓰이지 않는 것은? [참조 p235]

① 모노머　　② 폴리머
③ 카탈리스트　　④ 올리고머

8. 아크릴 브러시에 대한 설명으로 옳지 않은 것은? [참조 p235, p236]

① 브러시의 끝 부분인 팁(Tip)은 정교한 라인 등의 미세 작업 시 사용된다.
② 아크릴 브러시의 중간 부분인 벨리(Belly)는 편평하게 펼 때 사용한다.
③ 브러시의 시작 부분인 백(Back)은 길이를 정리할 때 사용한다.
④ 브러시의 각도가 직각에 가까울수록 큰 볼을 만들 수 있다.

9. 아크릴 볼을 만들 때 볼 크기를 가장 크게 조절할 수 있는 각도는? [참조 p236]

① 90°　　② 70°
③ 45°　　④ 30°

정답 5.④ 6.② 7.④ 8.④ 9.④

10. 아크릴 원톤 스컬프처에 대한 설명으로 옳지 않은 것은? [참조 p235, p236, p239]

① 아크릴 브러시의 팁(Tip) 부분으로 프리에지를 조형한다.
② 아크릴 브러시의 벨리(Belly) 부분으로 두께를 조형한다.
③ 아크릴 브러시의 백(Back) 부분으로 길이를 조형한다.
④ 아크릴 브러시의 백(Back) 부분으로 베드를 조형한다.

11. 아크릴 프렌치 스컬프처에서 스마일 라인 조형 시 가장 중요하게 요구되는 작업은? [참조 p241]

① 좌우 대칭　　　　　② 길이
③ 두께　　　　　　　④ 파일링

12. 아크릴 원톤 스컬프처와 아크릴 프렌치 스컬프처 작업의 가장 큰 차이점은? [참조 p236, p239, p241]

① 두께　　　　　　　② 길이
③ 스마일라인 조형　　④ 파일링

13. 네일 폼 적용에 대한 설명으로 옳지 않은 것은? [참조 p236, p239, p241]

① 네일 폼을 적용할 때는 측면에서 볼 경우 수평이 되도록 장착해야 한다.
② 네일 폼은 재단하지 않고 그대로 사용한다.
③ 네일 폼은 자연 네일의 프리에지와 자연스럽게 연결될 수 있도록 적용한다.
④ 하이포니키움을 손상시키지 않도록 주의하여 적용하여야 한다.

정답　10. ④　11. ①　12. ③　13. ②

14. 아크릴에 대한 설명으로 옳지 않은 것은? [참조 p235]

① 아크릴은 저분자의 아크릴 수지이다.

② 보통 액상의 아크릴 리퀴드(Acrylic Liquid-Monomer : 단량체)와 분말 성분의 아크릴 파우더 (Acrylic Powder-Polymer)를 혼합하여 사용한다.

③ 혼합 시 일어나는 중합(Polymerization)을 상온 화학 중합이라 한다.

④ 상온에서 중합 개시제의 반응으로 래디컬이 발생하여 경화가 시작된다.

15. 아크릴 종류와 그에 따른 용도로 잘못 짝지어진 것은? [참조 p235]

① 모노머 아크릴 리퀴드 – 강도 및 경화 속도를 조절하는 액체

② 올리고머 리퀴드 – 광중합 반응을 개시시키는 물질

③ 폴리머 리퀴드 – 단독으로는 경화되지 않고 모노머인 아크릴 리퀴드와 결합하여 경화

④ 카탈리스트 – 촉매제로 화학 중합 개시제, 굳는 속도 조절

정답 14. ① 15. ②

PART 13
인조 네일 보수

예상문제

1. 아크릴릭 네일의 시술과 보수에 관련한 내용으로 틀린 것은? [참조 p253, p254]

   ① 공기방울이 생긴 인조 네일은 촉촉하게 젖은 브러시의 사용으로 인해 나타날 수 있는 현상이다.
   ② 노랗게 변색되는 인조 네일은 제품과 시술하는 과정에서 발생한 것으로 보수를 해야 한다.
   ③ 적절한 온도 이하에서 시술했을 경우 인조네일에 금이 가거나 깨지는 현상이 나타날 수 있다.
   ④ 기존에 시술되어진 인조 네일과 새로 자라나온 자연 네일을 자연스럽게 연결해 주어야 한다.

2. 아크릴릭 보수 과정 중 옳지 않은 것은? [참조 p253, p254]

   ① 심하게 들뜬 부분은 파일과 니퍼를 적절히 사용하여 세심히 잘라내고 경계가 없도록 파일링 한다.
   ② 새로 자라난 손톱 부분에 에칭을 주고 프라이머를 바른다.
   ③ 적절한 양의 비드로 큐티클 부분에 자연스러운 라인을 만든다.
   ④ 새로 비드를 얹은 부위는 파일링이 필요하지 않다.

3. 아크릴릭 네일의 보수 과정에 대한 설명으로 가장 거리가 먼 것은? [참조 p253, p254]

   ① 들뜬 부분의 경계를 파일링 한다.
   ② 아크릴릭 표면이 단단하게 굳은 후에 파일링한다.
   ③ 새로 자라난 자연 손톱 부분에 프라이머를 바른다.
   ④ 들뜬 부분에 오일 도포 후 큐티클을 정리한다.

4. 인조네일을 보수하는 이유로 틀린 것은? [참조 p253, p254]

   ① 깨끗한 네일 미용의 유지
   ② 녹황색균의 방지
   ③ 인조 네일의 견고성 유지
   ④ 인조 네일의 원활한 제거

정답 1. ① 2. ④ 3. ④ 4. ④

5. 자연 네일을 오버레이하여 보강할 때 사용할 수 없는 재료는?

[참조 p245, p246, p249, p250, p253, p 254, p257, p258]

① 실크
② 아크릴
③ 젤
④ 파일

6. 새로 성장한 손톱과 아크릴 네일 사이의 공간을 보수하는 방법으로 옳은 것은? [참조 p253, p254]

① 들뜬 부분은 니퍼나 다른 도구를 이용하여 강하게 뜯어낸다.
② 손톱과 아크릴 네일 사이의 턱을 거친 파일로 강하게 파일링 한다.
③ 아크릴 네일 보수 시 프라이머를 손톱과 인조 네일 전체에 바른다.
④ 들뜬 부분을 파일로 갈아내고 손톱 표면에 프라이머를 바른 후 아크릴 화장물을 올려준다.

7. UV젤 네일 시술 시 리프팅이 일어나는 이유로 적절하지 않은 것은? [참조 p257, p258]

① 네일의 유·수분기를 제거하지 않고 시술했다.
② 젤을 프리에지까지 시술하지 않았다.
③ 젤을 큐티클라인에 닿지 않게 시술했다.
④ 큐어링 시간을 잘 지키지 않았다.

8. 팁 네일 문제점과 원인의 이유로 적절하지 않은 것은? [참조 p245, p246]

① 네일 팁 접착 시 유수분 밸런스를 잘 맞춘 경우
② 가까운 거리에서 과도하게 경화 촉진제를 사용하여 네일 접착제의 표면만 건조한 경우
③ 위생 처리된 도구를 사용하지 않아 세균이 번식되어 손톱의 병변이 생긴 경우
④ 외부적인 압력으로 충격이 가해진 경우

정답 5. ④ 6. ④ 7. ③ 8. ①

9. 팁 네일 제거 시 적절하지 않은 것은? [참조 p116, p245]

① 들뜬 면적이 넓을 경우 니퍼를 사용하여 네일 화장물을 제거한다.

② 들뜬 면적이 적을 경우 인조 네일용 파일(180그릿)을 사용하여 네일 화장물을 제거한다.

③ 들뜬 부분이 없을 경우 니퍼를 사용하여 네일 화장물을 제거한다.

④ 들뜬 부분을 제거 후 팁 네일과 동일한 화장물 적용한다.

10. 팁 네일과 동일한 화장물 적용 시 주의사항이 아닌 것은? [참조 p245, p246]

① 큐티클 정리 시 보수할 부분에 큐티클 오일을 바르지 않는다.

② 큐티클 정리 시 건식 케어를 한다.

③ 인조 네일이 약 30% 이상 없어졌거나 팁이 부러졌을 경우는 작업을 하지 않는다.

④ 인조 네일과 자연 네일 사이에 곰팡이가 생긴 경우 제거 후 보수 작업을 한다.

11. 랩 네일 보수의 문제점으로 볼 수 없는 것은? [참조 p249, p250]

① 들뜸　　　　　　　　② 부러짐
③ 세균번식　　　　　　④ 벗겨짐

12. 아크릴 네일 문제점과 원인으로 잘못 설명된 것은? [참조 p253, p254]

① 들뜸 - 불순물이 섞인 아크릴 리퀴드와 아크릴 파우더를 사용한 경우

② 들뜸 - 큐티클 주변의 루즈 스킨을 제거하지 않은 경우

③ 들뜸 - 외부적인 압력으로 충격이 가해진 경우

④ 들뜸 - 전 처리(프리퍼레이션) 작업을 미흡하게 한 경우

정답　9. ③　10. ④　11. ③　12. ③

13. 아크릴 네일에서 곰팡이가 생기는 원인으로 적절하지 않은 것은? [참조 p253, p254]

   ① 큐티클 주변의 루즈 스킨을 제거하지 않은 경우

   ② 들뜸 현상을 방치한 경우

   ③ 아크릴을 제거해야 할 시기에 제거하지 않고 계속 보수 작업만 했을 경우

   ④ 아크릴 보수 작업 시 들뜬 부분을 충분히 제거하지 않고 그 위에 아크릴을 올린 경우

14. 젤 네일 보수에서 주로 생기는 원인이 아닌 것은? [참조 p257, p258]

   ① 들뜸   ② 곰팡이
   ③ 깨짐   ④ 벗겨짐

15. 젤 네일의 벗겨짐 현상의 원인으로 올바른 것은? [참조 p257, p258]

   ① 전 처리(프리퍼레이션) 작업이 미흡하게 된 경우

   ② 자연 네일이 길어 나오면서 큐티클 주변의 유·수분으로 큐티클 라인에서 컬러 젤이 벗겨지는 경우

   ③ 과도하게 길이를 연장하여 무게 중심이 변화한 경우

   ④ 젤 재료의 품질이 떨어지거나 오래된 젤 램프기기를 사용한 경우

정답 13. ① 14. ② 15. ②

PART 14
네일 화장물 적용 마무리

예상문제

1. 자연 네일이 매끄럽게 되도록 손톱 표면의 거칠음과 기복을 제거하는 데 사용하는 도구로 가장 적합한 것은? [참조 p265, p267]

   ① 100그릿 네일 파일 ② 에머리 보드
   ③ 네일 클리퍼 ④ 샌딩 파일

2. 손톱에 네일 폴리시가 착색되었을 때 착색을 제거하는 제품은? [참조 p76, p164, p263]

   ① 네일 화이트너 ② 네일 표백제
   ③ 네일 보강제 ④ 폴리시 리무버

3. 인조 네일 잔여물 정리 시 사용되는 제품은? [참조 p164, p263]

   ① 오일 ② 폴리시 리무버
   ③ 네일 보강제 ④ 폴리시 리무버

4. 자외선 램프 기기에 조사해야만 경화되는 네일 재료는? [참조 p221, p222, p225, p235]

   ① 아크릴릭 모노머 ② 아크릴릭 폴리머
   ③ 아크릴릭 올리고머 ④ UV젤

정답 1.④ 2.② 3.① 4.④

5. 다음 중 네일 마무리 작업으로 옳지 않은 것은? [참조 p263, p265, p267, p268]

① 일반 네일 폴리시 물리적 건조 - 용제의 휘발에 의해 자연 건조하는 일반 네일 폴리시에 많은 양의 공기가 노출되도록 하는 방법이다
② 일반 네일 폴리시 잔여물 정리 - 네일 주변의 벗어난 컬러를 폴리시 리무버로 정리한다.
③ 젤 네일 폴리시 잔여물 정리 - 젤 컬러가 도포된 네일 표면이 매끄럽지 않은 부분은 젤클린저로 잔여물을 정리한다.
④ 인조네일 잔여물 정리 - 인조 네일의 표면과 주변에 오일을 가볍게 도포하여 마무리 한다.

정답 5. ③

PART 15 공중위생관리

예상문제

1. 공중위생 감시원의 업무 범위에 해당되는 것은? [참조 p317, p318]

   ① 위생 관리상태의 확인
   ② 위생서비스 평가 계획 수립
   ③ 소비자와 영업자의 분쟁 조정
   ④ 위생 서비스 수준 평가 후 포상

2. 다음 중 1군 감염병에 해당하는 것은? [참조 p283, p284]

   ① 콜레라, 장티푸스
   ② 선홍열, 홍역
   ③ 세균성 이질, 야콥병
   ④ 결핵, 공수병

3. 세계보건기구에서 규정한 보건행정의 범위에 속하지 않는 것은? [참조 p299]

   ① 보건관례기록의 보존
   ② 환경위생과 감염병 관리
   ③ 보건통계와 만성병 관리
   ④ 모자보건과 보건간호

4. 소독용 승홍수의 희석 농도로 적합한 것은? [참조 p29, p31, p309, p310, p311]

   ① 10~20%
   ② 5~7%
   ③ 2~5%
   ④ 0.1~0.5%

5. 이·미용업 영업과 관련하여 과태료 부과 대상이 아닌 사람은? [참조 p319, p320]

   ① 위생관리 의무를 위반한 자
   ② 위생교육을 받지 않은 자
   ③ 무신고 영업자
   ④ 관계공무원 출입, 검사 방해자

정답 1. ① 2. ① 3. ③ 4. ④ 5. ③

6. 손님에게 음란행위를 알선한 사람에 대한 관계행정기관의 장의 요청이 있는 때, 1차 위반에 대하여 행할 수 있는 행정처분으로 영업소와 업주에 대한 행정 처분기준이 바르게 짝지어진 것은?

[참조 p317]

① 영업정지 1월 – 면허정지 1월
② 영업정지 1월 – 면허정지 2월
③ 영업정지 2월 – 면허정지 2월
④ 영업정지 3월 – 면허정지 3월

7. 질병발생의 3대 요소는? [참조 p278]

① 숙주, 환경, 병명
② 병인, 숙주, 환경
③ 숙주, 체력, 환경
④ 감정, 체력, 숙주

8. 다음중 물리적 화학에 속하지 않는 것은? [참조 p29, p30, p308, p309, p311]

① 자외선 소독
② 증기 소독
③ 자비 소독
④ 알콜 소독

9. 손을 대상으로 하는 제품 중 알코올 주 베이스로 하며 청결 및 소독을 주된 목적으로 하는 제품은?

[참조 p39, p94, p311]

① 핸드워시
② 새니타이저
③ 비누
④ 핸드크림

10. 우리나라 보건행정기구 중 보건후생부가 설치된 시기는? [참조 p300]

① 조선 후기
② 일제 강점기
③ 미군정 시기
④ 대한민국 정부 수립 이후

정답 6. ③ 7. ② 8. ④ 9. ② 10. ③

11. 보건지표에 대한 설명으로 옳지 않은 것은? [참조 p276, p277]

   ① 일반 출산율은 가임 여성인구 1,000명당 출산율을 의미한다.
   ② 주산기 사망률은 생후 4개월까지의 신생아 사망률을 의미한다.
   ③ 영아 사망률은 한 국가의 보건 수준을 나타내는 가장 대표적인 지표이다.
   ④ α-index는 1에 가까워질수록 해당 국가의 보건 수준이 높다고 할 수 있다.

12. 하수 처리에서 활성오니법 관련 작용은 무엇인가? [참조 p289]

   ① 산화작용   ② 부패작용
   ③ 침전작용   ④ 여과작용

13. 다음 중 감염형 식중독이 아닌 것은? [참조 p293, 294]

   ① 살모넬라 식중독   ② 포도상구균 식중독
   ③ 장염 비브리오 식중독   ④ O-157

14. W.H.O 헌장에 나와 있는 건강의 정의를 가장 잘 표현한 것은? [참조 p273, p299]

   ① 질병이 없거나 허약하지 않은 상태
   ② 육체적, 정신적, 사회적으로 완전히 안녕한 상태
   ③ 육체적, 정신적으로 안정된 상태
   ④ 육체적, 정신적, 물질적으로 완전한 상태

15. 다음 중 공중보건의 대상이 아닌 것은? [참조 p273]

   ① 개인   ② 가족
   ③ 학교   ④ 지역사회

정답 11. ② 12. ① 13. ② 14. ② 15. ①

16. 다음 중 윈슬로와 핸런의 공중보건학의 범위에 해당되지 않는 것은? [참조 p273]

   ① 암환자 치료
   ② 감염병 관리
   ③ 식품위생
   ④ 보건영양

17. 공중보건학의 질병관리분야에서 역학의 궁극적인 목적은 무엇인가? [참조 p278]

   ① 질병치료
   ② 감염병의 근절
   ③ 기생충질환관리
   ④ 질병 발생의 원인 제거를 통한 질병예방

18. 다음 중 감염병의 생성과정이 올바른 것은? [참조 p278, p279]

   ① 병원소 → 병원체 → 병원소로부터 병원체의 탈출 → 병원체의 전파 → 병원체의 침입 → 숙주의 감염
   ② 병원체 → 병원소 → 병원소로부터 병원체의 탈출 → 병원체의 침입 → 병원체의 전파 → 숙주의 감염
   ③ 병원체 → 병원소 → 병원소로부터 병원체의 탈출 → 병원체의 전파 → 병원체의 침입 → 숙주의 감염
   ④ 병원체 → 병원소 → 병원소로부터 병원체의 탈출 → 병원체의 침입 → 숙주의 감염 → 병원체의 전파

19. 다음 중 바이러스가 병원체인 것은? [참조 p278, p279]

   ① 장티푸스
   ② 파라티푸스
   ③ 폴리오
   ④ 세균성 이질

20. 병원체에 감염되어 있으나 증상이 나타나지 않아 보건학적으로 관리가 가장 어려운 보균자는? [참조 p279]

   ① 잠복기 보균자
   ② 만성 보균자
   ③ 회복기 보균자
   ④ 건강 보균자

정답 16. ① 17. ④ 18. ③ 19. ③ 20. ④

21. 다음 중 병원소와 질병이 잘못 짝지어진 것은? [참조 p279, p282]

    ① 소 : 결핵, 탄저병, 살모넬라증
    ② 돼지 : 콜레라, 탄저병
    ③ 양 : 브루셀라증, 탄저병
    ④ 쥐 : 페스트, 살모넬라증, 양충병

22. 예방접종 후 획득되는 면역을 무엇이라 하는가? [참조 p280, p281]

    ① 자연능동면역
    ② 인공능동면역
    ③ 자연수동면역
    ④ 인공수동면역

23. 질병이환 후 획득되는 면역을 무엇이라 하는가? [참조 p280, p281]

    ① 자연능동면역
    ② 인공능동면역
    ③ 자연수동면역
    ④ 인공수동면역

24. 다음 중 1군 감염병에 해당되지 않는 것은? [참조 p282, p283, p284, p307]

    ① 탄저병
    ② 콜레라
    ③ 파라티푸스
    ④ 장출혈성대장균감염증

25. 노인의 사회적 문제에 해당되지 않는 것은? [참조 p287]

    ① 평균수명의 증가로 인구 노령화의 가속화
    ② 노인 보건 의료대책 미비
    ③ 노인을 위한 다양한 문화센타 프로그램
    ④ 노인의 사회활동 기회 부족

정답 21. ② 22. ② 23. ① 24. ① 25. ③

26. 다음 중 인구가 감소하는 인구 구성형태는? [참조 p274, p275]

    ① 항아리형 ② 별형
    ③ 종형 ④ 피라미드형

27. 다음 중 한 나라의 건강수준을 다른 나라들과 비교하고자 할 때 쓰이는 건강지표에 해당되지 않는 것은? [참조 p273, p277]

    ① 비례사망지수 ② 조사망률
    ③ 평균수명 ④ 유병률

28. 대기오염으로 인한 건강장애의 대표적인 것은? [참조 p281, p282]

    ① 위장 질환 ② 내분비 질환
    ③ 호흡기 질환 ④ 신경질환

29. 다음 중 군집독의 가장 큰 원인은? [참조 p289, p290]

    ① 실내 온도 변화 ② 실내 산소 증가
    ③ 실내 공기의 오존 증가 ④ 실내공기 이화학적 조성 변화

30. 다음 중 공기의 자정능력에 대한 설명과 관계없는 것은? [참조 p289]

    ① 태양광선의 적외선에 의한 열선작용
    ② 태양광선의 자외선에 의한 살균작용
    ③ 식물의 탄소동화에 ;의한 CO_2 및 O_2교환
    ④ 강설과 강우에 의한 용해성 가스나 분진의 세정작용

정답 26. ① 27. ④ 28. ③ 29. ④ 30. ①

31. 다음 중 보건학적으로 가장 쾌적한 기온은?　　　　　　　　　　　　[참조 p289]

　　① 30~35℃　　　　　　　　　② 20~25℃
　　③ 16~20℃　　　　　　　　　④ 10~15℃

32. 다음 중 수질오염의 지표에 해당되지 않는 것은?　　　　　　　　[참조 p288, 289]

　　① 용존산소량(DO)　　　　　　② 화학적산소요구량(COD)
　　③ 생물학적산소요구량(BOD)　 ④ 부유물질(SS)

33. 이따이따이병은 어떠한 중금속에 오염되었을때 발생되는 질병인가?　[참조 p287, p294]

　　① 수은　　　　　　　　　　　② 카드뮴
　　③ 비소　　　　　　　　　　　④ 납

34. 상수도 정수과정으로 옳은 것은?　　　　　　　　　　　　　　　　[참조 p290]

　　① 침전 → 여과 → 염소소독 → 송수 → 배수 → 급수
　　② 염소소독 → 여과 → 침전 → 송수 → 배수 → 급수
　　③ 침전 → 염소소독 → 여과 → 송수 → 배수 → 급수
　　④ 여과 → 침전 → 염소소독 → 송수 → 배수 → 급수

35. 하수의 호기성 처리법은?　　　　　　　　　　　　　　　　　　　[참조 p289]

　　① 본처리　　　　　　　　　　② 오니처리
　　③ 예비처리　　　　　　　　　④ 매몰

정답　31. ③　32. ④　33. ②　34. ①　35. ①

36. 다음 중 이·미용실에서 사용하는 타월을 철저하게 소독하지 않았을 때 주로 발생할 수 있는 감염병은? [참조 p16, p283, p284]

① 장티푸스　　　　② 페스트
③ 트리코마　　　　④ 일본뇌염

37. 경구감염을 일으키지 않는 기생충으로만 짝지어진 것은? [참조 p285, p286]

① 폐흡충, 아메바성이질　　　　② 회충, 요충
③ 사상충, 말라리아　　　　　　④ 유구조충, 편충

38. 통조림, 소시지 등의 식품으로 중독될 수 있는 균은? [참조 p294]

① 병원성 대장균　　　　② 장염비브리오균
③ 보툴리누스균　　　　④ 살모넬라균

39. 화농성 질병이 있는 사람이 만든 식품을 먹고 식중독을 일으켰다면 가장 관련있는 원인균은? [참조 p294]

① 살모넬라균　　　　② 장염비브리오균
③ 보툴리누스균　　　④ 포도상구균

40. 유구조충은 무엇으로 인해 감염되는가? [참조 p285, p286]

① 쇠고기　　　　② 돼지고기
③ 연어　　　　　④ 조개

정답 36. ③　37. ③　38. ③　39. ④　40. ②

41. 세균성 식중독이 소화기계 감염병과 구별되는 점이 아닌 것은? [참조 p281, p282, p293, p294]

① 균량과 독소량이 다량 포함되어 있지 않다.
② 앓고 난 후에 면역이 획득되지 않는다.
③ 2차 감염은 없고 원인식품의 섭취에 의해서 발병한다.
④ 잠복기가 길다.

42. 다음 중 폐디스토마의 제1숙주는? [참조 p285, p286]

① 가재
② 담수어
③ 다슬기
④ 연어

43. 다음 중 3대 영양소에 해당되지 않는 것은? [참조 p58, p59, p297, p298]

① 탄수화물
② 무기질
③ 단백질
④ 지방

44. 다음 중 조절소에 해당되는 것은? [참조 p58, p59]

① 탄수화물
② 지방
③ 공기
④ 비타민

45. 보건행정에 대한 설명으로 틀린 것은? [참조 p298, p299, p300]

① 공중보건의 목적을 달성하기 위하여 과학적 관리방식을 통한 능률적 행정활동
② 공중보건의 목적을 달성하기 위하여 보건사업의 법률적 관계를 조정하는 행정활동
③ 국민의 생명연장, 질병예방 등을 위한 행정활동 과정
④ 국가 간의 질병교류를 막기 위해 개인의 책임하에 수행하는 행정활동

정답 41. ④ 42. ③ 43. ② 44. ④ 45. ④

46. 멸균의 정의로 옳은 것은? [참조 p29, p311]

　① 미생물의 발육과 성장을 억제 또는 정지시켜 부패나 발효를 억제하는 것

　② 병원성, 비병원성, 포자 등을 완전하게 제거하여 멸균시키는 것

　③ 병원 미생물을 파괴하여 감염력을 없애는 것

　④ 미생물을 사멸시킬 수는 있지만 포자는 사멸이 안되는 것

47. 저온 살균법을 발견하였으며, 근대 면역학의 아버지는? [참조 p29, p30, p274, p305, p311]

　① 코흐　　　　　　　　　② 레벤차

　③ 리스트　　　　　　　　④ 파스퇴르

48. 박테리아의 형태에 따른 분류가 아닌 것은? [참조 p307]

　① 구균　　　　　　　　　② 나선균

　③ 간균　　　　　　　　　④ 유산균

49. 바이러스에 대한 설명으로 옳은 것은? [참조 p307, p308]

　① 열에 강하다

　② 세균여과기로 여과가 가능하다

　③ 일반 현미경으로 관찰이 가능하다

　④ 핵산으로 DNA와 RNA중 어느 하나만 가지고 있는 생물로 기본적인 세포구조가 결여 되어 있다

50. 다음 중 바이러스성 질환이 아닌 것은? [참조 p307, p308]

　① 인플루엔자　　　　　　② 헤르페스

　③ 수부백선　　　　　　　④ 폴리오

정답 46. ②　47. ④　48. ④　49. ④　50. ③

51. 다음은 어떤 미생물에 관한 설명인가? [참조 p307, p308]

> 바이러스와 박테리아의 중간에 속하는 미생물로 이, 벼룩, 진드기 등의 흡혈 절지동물에 기생하며 이를 매개로 하여 감염된다.

① 진균류 ② 원충동물
③ 리케차 ④ 세균류

52. 다음은 어떤 균에 대한 설명인가? [참조 p294, p306, p307, p308]

> 미생물의 생장을 위해서 반드시 산소가 필요로 하는 균
> 예) 결핵균, 디프테리아, 백일해 등

① 통성혐기성균 ② 호기성균
③ 혐기성균 ④ 모든 균

53. 산소의 유무에 상관없이 증식이 가능한 세균은? [참조 p294, p306, p307, p308]

① 통성혐기성균 ② 호기성균
③ 혐기성균 ④ 모든 균

54. 미생물의 증식 환경에 영향을 미치는 요인? [참조 p307]

① 온도 ② 수분
③ 산소 ④ 온도, 수분, 산소 등 모두

정답 51. ③ 52. ② 53. ① 54. ④

55. 물리적 소독법이 아닌 것은? [참조 p29, p30, p3089, p309, p311]

　① 건열멸균법　　　　② 자비소독법
　③ 고압증기 멸균법　　④ 승홍수소독법

56. 네일숍 타올 소독방법으로 적당한 방법은? [참조 p16, p30]

　① 소각소독법　　　　② 자비소독법
　③ 건열멸균법　　　　④ 알코올소독

57. 물리적 소독법의 특징 중 옳은 것은? [참조 p29, p30, p308, p309, p311]

　① 소각소독법 : 코흐의 증기솥을 이용한 방법
　② 자비소독법 : 100℃에서 15~20분간 가열
　③ 저온소독법 : 100~135℃에서 20분간 고온의 수증기를 쐬는 방법
　④ 고압증기 멸균법 : 62~63℃에서 30분간 가열

58. 저온살균법의 가장 이상적인 온도 및 시간은? [참조 p30]

　① 30~35℃ 10분간　　② 62~63℃ 30분간
　③ 80~90℃ 30초간　　④ 35℃ 2초간

59. 다음 중 소독 효과가 가장 강력한 것은? [참조 p29, p30, p31]

　① 화염멸균법　　　　② 유통증기소독
　③ 자비소독　　　　　④ 소각소독법

정답　55. ④　56. ②　57. ②　58. ②　59. ①

60. 소독방법에 대한 설명으로 틀린 것은? [참조 p29, p30, p31, p305]

    ① 자비소독법은 건열법의 하나이다.
    ② 물리적 소독법에는 건열법, 습열법 등이 있다.
    ③ 소각소독법은 건열법이다.
    ④ 화염멸균법은 직접 열을 가하여 미생물을 죽이는 것이다.

61. 우유 소독에 주로 사용되는 소독법은? [참조 p30, p305]

    ① 고압증기 멸균법   ② 유통증기 멸균법
    ③ 저온소독법   ④ 자비소독법

62. 석탄산의 희석액이 80배와 어느 소독제의 160 희석액이 같은 살균력을 가졌다면 이 소독약의 석탄산 계수는? [참조 p30, p31]

    ① 2.0   ② 0.5
    ③ 0.2   ④ 2.5

63. 소독약의 살균력을 비교하기 위하여 사용되는 것은? [참조 p31, p309, p310, p311]

    ① 승홍수계수   ② 알코올계수
    ③ 석탄산계수   ④ 크레졸계수

64. 역성비누와 중성세제에 관한 설명 중 맞는 것은? [참조 p31, p309, p310]

    ① 역성비누는 세정력이 뛰어나다.   ② 중성세제는 세정력이 떨어진다.
    ③ 중성세제는 살균력이 우수하다.   ④ 역성비누는 살균력이 우수하다.

정답 60. ① 61. ③ 62. ① 63. ③ 64. ④

65. 양이온 계면활성제를 사용한 소독약은? [참조 p31, p87, p88, p309, p310, p311]

① 역성비누　　　　　　　　② 승홍수
③ 알코올　　　　　　　　　④ 석탄산

66. 화학적 소독법의 특징 중 옳은 것은? [참조 p31, p309, p311]

① 포름알데히드 : 상처부위 소독 시 수용액의 농도는 2.5~3.5%의 수용액으로 사용한다.
② 석탄산 : 메탄올을 산화시켜 얻은 기체로서, 자극성 냄새를 갖는 무색기체이다.
③ 승홍수 : 피부 소독 시에는 0.1%(1/1000)용액을 이용하여 소독한다.
④ 알코올 : 소독력의 살균지표이다.

67. 유일한 가스체로서 실내소독이 가능한 소독제는? [참조 p309]

① 생석회　　　　　　　　　② 크레졸
③ 포름알데히드　　　　　　④ 알코올

68. 다음 중 화학적 소독에 대한 설명으로 적당하지 않은 것은? [참조 p31, p32, p309]

① 피부에 상처를 입어서 3%의 과산화 수소로 소독을 하였다.
② 니퍼에 묻은 잔여물을 70% 알코올로 소독하였다.
③ 코로나 방역을 위하여 70%의 페놀로 소독하였다.
④ 바닥에 제품을 떨어뜨려서 2%의 크레졸로 소독하였다.

69. 소독약의 사용 및 보관상 주의사항 중 틀린 것은? [참조 p14, p16, p29, p32, p33, p318]

① 미생물의 종류에 따라 소독약의 방법과 시간을 고려한다.
② 소독 대상에 다라 적당한 소독방법을 선정한다.
③ 소독약은 미리 조재하여 보관하여 사용한다.
④ 냉암소에 보관한다.

정답　65. ①　66. ③　67. ③　68. ③　69. ③

70. 소독약의 살균기전이 다른 것은? [참조 p308]

① 석탄산　　② 승홍수
③ 알코올　　④ 과산화수소

71. 다음의 내용은 어떤 소독약인가? [참조 p31, p309, p311]

> 피부소독 시에는 0.1%(1/1000)용액을 희석하여 사용하며 온도가 높을수록 살균력이 강하다. 금속을 부식시킨다.

① 알코올　　② 승홍수
③ 과산화수소　　④ 크레졸

72. 공중위생관리법의 목적은? [참조 p313]

① 국민의 사회적 지위향상　　② 건강증진
③ 수명연장　　④ 감염병 관리

73. 이·미용업을 하고자 하는 자는 누구에게 신고를 해야 하는가? [참조 p320]

① 보건복지부장관　　② 시장, 군수, 구청장
③ 대통령　　④ 도지사, 광역시장

74. 다음 중 미용사 면허를 받을 수 있는 자는? [참조 p314]

① 정신질환자　　② 약물중독자
③ 금치산자　　④ 감염성이 없는 결핵환자

정답 70. ④　71. ②　72. ②　73. ②　74. ④

75. 이·미용사의 면허증을 재교부 신청 시 할 수 없는 경우는? [참조 p315]

① 면허증이 훼손되었을 때
② 면허증을 잃어 버렸을 때
③ 성명 및 주민번호의 변경이 있을 때
④ 자격증이 취소되었을 때

76. 이·미용업소의 일부 시설의 사용중지 명령을 받고도 계속하여 그 시설을 사용한 자에 대한 벌칙 사항은? [참조 p319]

① 1년 이하의 징역 또는 1천만원 이하의 벌금
② 1년 이하의 징역 또는 500만원 이하의 벌금
③ 6월 이하의 징역 또는 500만원 이하의 벌금
④ 월 이하의 징역 또는 300만원 이하의 벌금

77. 미용업소 내 조명은 얼마 이상의 유지하도록 법에 규정되어 있는가? [참조 p314]

① 65Lux
② 75Lux
③ 80Lux
④ 150Lux

78. 다음 중 공중위생 감시원이 될 수 없는 자는? [참조 p317]

① 위생사 또는 환경기사 2급 이상의 자격증이 있는 자
② 2년 이상 공중위생 행정에 종사한 경력이 있는 자
③ 외국에서 위생사 또는 환경기사의 면허증을 받은 자
④ 고등교육법에 의한 대학에서 화학, 화공학, 위생학 분야를 전공하고 졸업한 자

정답 75. ④ 76. ① 77. ② 78. ②

79. 과태료 처분에 불복이 있는 자는 처분을 고지받은 날로부터 며칠 이내에 처분권자에게 이의를 제기할 수 있는가? [참조 p320]

① 10일 이내 ② 15일 이내
③ 30일 이내 ④ 60일 이내

80. 다음 중 위생교육에 대한 내용으로 옳지 않은 것은? [참조 p318, p319]

① 공중위생 영업자는 매년 받아야 한다.
② 이·미용업소 개설 시 미리 받아야 한다.
③ 위생교육은 시, 군수, 구청장이 실시한다.
④ 위생교육은 매년 8시간을 받아야 한다.

81. 다음 중 청문을 실시해야 하는 경우가 아닌 것은? [참조 p313, p314]

① 미용사의 면허를 취소시킬 때
② 공중위생영업의 일부 시설의 사용을 중지시킬 때
③ 과태료 납부를 안 했을 경우
④ 영업소 폐쇄 명령 등의 처분을 하고자 하는 때

82. 다음 중 관계 공무원으로 하여금 1차 위반만으로도 영업을 폐쇄조치하는 처분의 대상이 아닌 경우는? [참조 p314, p317]

① 신고를 하지 아니하고 영업소의 소재지를 변경할 때
② 영업의 폐쇄명령을 받고도 계속 영업을 한 경우
③ 손님에게 도박, 그 밖에 사행 행위를 한 때
④ 법을 위반하여 영업정지기간 중 영업을 계속하는 경우

정답 79. ③ 80. ④ 81. ③ 82. ③

83. 미용업(네일)의 업무범위가 아닌 것은? [참조 p316]

① 의료기기나 의약품을 사용하지 아니하는 시술
② 발톱 손질
③ 제모
④ 손톱 손질

84. 공중위생영업자가 풍속관련 법령 등을 위반하여 관계행정기간의 장의 요청이 있을 때 당국이 취할 수 있는 조치 사항은? [참조 p317]

① 일정기간 동안의 업무정지
② 6월 이내 기간의 영업정지
③ 국가기술자격취소
④ 개선명령

85. 이·미용사의 면허를 받을 수 있는 자는? [참조 p 314]

① 금치산자
② 정신병자
③ 면허취소 1년 이상 경과한 자
④ 마약중독자

86. 공중위생업의 승계에 관해 잘못 설명한 것은? [참조 p313]

① 공중위생의 신고를 한 자가 그 공중 위생업을 양도하거나 사망할 대 양수인, 상속인이 지위를 승계한다.
② 이·미용업의 경우 면허를 소지한 자에 한하여 승계할 수 있다.
③ 법인의 합병이 있을 경우 합병 후 존속하는 법인이나 합병에 의하여 설립된 법인은 그 공중위생업자의 지위를 승계한다.
④ 이·미용업의 경우 영업자가 면허가 없어도 면허를 소지한 사람을 고용하면 합법적으로 영업이 가능하다.

정답 83. ③ 84. ② 85. ③ 86. ④

87. 공중위생영업소의 위생관리 수준을 향상하기 위하여 위생서비스 평가계획을 수립하여야 하는 자는? [참조 p318, p319, p320]

① 행정자치부장관
② 보건복지부장관
③ 시·도지사
④ 시장, 군수, 구청장

88. 업소의 시설 및 설비는 누구의 영으로 유지, 관리할 수 있는가? [참조 p313]

① 보건복지부령
② 대통령
③ 시장
④ 도지사

89. 다음 중 미용업을 하는 자가 지켜야 할 사항으로 틀린 것은? [참조 p313, p314, p315, p316]

① 의료기구와 의약품을 사용하지 아니하는 순수한 화장 또는 피부미용을 한다.
② 소독을 한 기구와 소독을 하지 아니한 기구는 따로 보관 한다.
③ 미용사 면허증을 영업소 안에 제시한다.
④ 면도기는 1회용 면도날을 계속 사용해도 무관하다.

90. 이·미용업의 개설자 및 종사자는 언제 위생교육을 받아야 하는가? [참조 p318]

① 개설 후 3월 이내
② 개설 전에 미리
③ 개설 후 지체 없이
④ 아무 때나 상관없다.

91. 이·미용업주가 위생교육을 받지 않았을 때의 벌칙은? [참조 p319, p320]

① 300만 원 이하의 벌금
② 200만 원 이하의 과태료
③ 500만 원 이하의 벌금
④ 100만 원 이하의 과태료

정답 87. ③ 88. ① 89. ④ 90. ② 91. ②

92. 위생 서비스 수준의 평가는 몇 년마다 실시하는가? [참조 p320]

    ① 1년   ② 2년
    ③ 3년   ④ 5년

93. 소독을 한 기구와 소독을 아니한 기구를 각각 다른 용기에 보관하지 아니할 때 3차 행정처분은? [참조 p313, p314, p317]

    ① 경고   ② 영업정지 10일
    ③ 영업정지 1월   ④ 폐쇄조치

94. 관계공무원의 출입. 검사를 거부 기피하거나 방해한 대 2차 행정처분은? [참조 p313, p314, p317]

    ① 경고   ② 영업정지5일
    ③ 영업정지 20일   ④ 영업정지 10일

95. 관할구역 안의 공중위생 영업자의 현황을 파악·관리하여야 하는 자가 아닌 것은? [참조 p313]

    ① 시장   ② 군수
    ③ 구청장   ④ 세무서장

96. 면허가 취소되거나 업무정지 명령을 받은 자는 언제까지 시. 도지사에게 면허증을 반납하여야 하는가? [참조 p315]

    ① 7일 이내   ② 15일 이내
    ③ 30일 이내   ④ 지체없이

정답 92. ② 93. ② 94. ③ 95. ④ 96. ④

97. 위생교육은 연 몇 시간 이상 받는가? [참조 p318]

　　① 2시간　　　　　　　　② 3시간
　　③ 4시간　　　　　　　　④ 6시간

98. 다음 중 가장 무거운 벌칙은? [참조 p319, p320]

　　① 영업자의 준수사항을 지키지 아니한 자
　　② 면허정지기간 중에 업무를 행한 자
　　③ 미용업소의 위생관리 의무를 지키지 아니한 자
　　④ 영업소의 폐쇄명령을 받고도 계속하여 영업을 한 자

99. 성매매알선 등 행위의 처벌에 관한 법률 등의 위반으로 이. 미용업소의 폐쇄명령을 받은 후 얼마의 기간이 지나야 동일 장소에서 영업이 가능한가? [참조 p313, p314, p317]

　　① 3개월　　　　　　　　② 6개월
　　③ 1년　　　　　　　　　④ 1년6개월

100. 미용업소의 신고사항이 아닌 것은? [참조 p313, p320]

　　① 개업　　　　　　　　② 폐업
　　③ 영업소의 명칭 또는 상호의 변경　　④ 1월간 휴업

101. 미용사 면허를 신규로 신청하는 경우 수수료는 얼마인가? [참조 p314, p315]

　　① 5,000원　　　　　　　② 5,500원
　　③ 6,000원　　　　　　　④ 6,500원

정답 97. ②　98. ④　99. ③　100. ④　101. ②

102. 현재 이·미용업에 종사하고 있는 사람이 면허증의 재교부 받고자 할 경우 누구에게 서류를 제출해야 하는가? [참조 p315, p320]

① 면허를 받는 시장, 군수, 구청장
② 영업소를 관할하는 시장, 군수, 구청장
③ 면허를 받는 시. 도지사
④ 영업소를 관할하는 시. 도지사

103. 위생관리등급의 구분과 관련하여 녹색등급은 어떤 업소를 의미하는가? [참조 p317]

① 최우수업소
② 우수업소
③ 일반관리 대상업소
④ 일반업소

104. 공중위생관리법령에 따른 과징금의 부과 및 납부에 관한 사항으로 틀린 것은? [참조 p320]

① 과징금을 부과하고자 할 때에는 위반행위의 종별과 해당과징금의 금액을 명시하여 이를 납부할 것을 서면으로 통지하여야 한다.
② 통지를 받은 자는 통지를 받은 날부터 20일 이내에 과징금을 납부해야 한다.
③ 과징금액이 클 때는 과징금의 2분의 1범위에서 각각 분할 납부가 가능하다.
④ 과징금의 징수절차는 보건복지 가족부령으로 정한다.

105. 다음 중 미용업을 폐업할 경우는 폐업할 날부터 몇 일 이내에 신고하여야 하는가? [참조 p313]

① 바로
② 7일
③ 10일
④ 20일

106. 다음 중 미용업자가 영업신고사항 변경 신고를 하려는 경우에 제출 서류는? [참조 p320]

① 영업 신고증
② 면허증 원본
③ 교육 필증
④ 보건증

정답 102. ② 103. ① 104. ④ 105. ④ 106. ①

107. 다음 중 이.미용 기구의 소독 기준 및 방법으로 맞는 것은? [참조 p31, p309, p310, p311]

① 자외선 소독 : 1㎠당 65㎼ 이상의 자외선을 30분 이상 쬐어준다.
② 건열멸균소독 : 섭씨 100℃ 이상의 건조한 열에 1시간 이상 쐬어준다.
③ 크레졸소독 : 크레졸수(크레졸 3%, 물 97%의 수용액을 말한다)에 10분 이상 담가둔다.
④ 열탕소독 : 섭씨 70℃ 이상의 물속에 10분 이상 끓여준다.

108. 무자격안마사로 하여금 안마사의 업무에 관한 행위를 하게 한 때 3차 위반 시 영업소에 대한 행정처분은? [참조 p313, p314, p317]

① 영업정지 1월
② 영업정지 2월
③ 영업정지 3월
④ 영업장 폐쇄 명령

109. 공중이용시설의 위생관리 규정에 따라 청소하여야 하는 실내 공기정화시설 및 설비 중 틀린 것은? [참조 p13, p318]

① 공기정화기와 이에 연결된 급. 배기관
② 중앙집중식 냉. 난방시설의 급. 배기구
③ 영업소 외부 환경
④ 화장실용 배기관

110. 다음 중 위생교육을 받지 아니한 때 2차 행정처분은? [참조 p313, p314, p317, p318, p319, p320]

① 경고
② 영업정지 5일
③ 영업정지 10일
④ 영업장 폐쇄명령

111. 과태료 처분에 불복이 잇는 자는 처분을 고지 받은 날로부터 (   )일 이내에 처분권자에게 이의를 제기 할 수 있다. 다음 중 (   ) 안에 들어갈 기간은? [참조 p320]

① 7일 이내
② 15일 이내
③ 20일 이내
④ 30일 이내

정답 107. ③ 108. ④ 109. ③ 110. ② 111. ④

MEMO

No.11

PART 17

최근 기출문제

미용사(네일) 필기 기출문제(2014년 11월 16일)

미용사(네일) 필기 기출문제(2015년 4월 4일)

미용사(네일) 필기 기출문제(2015년 7월 19일)

미용사(네일) 필기 기출문제(2015년 10월 10일)

미용사(네일) 필기 기출문제(2016년 1월 24일)

미용사(네일) 필기 기출문제(2016년 4월 2일)

미용사(네일) 필기 기출문제(2016년 7월 10일)

PART.17 최근 기출문제

미용사(네일) 필기 기출문제 (2014년 11월 16일)

1. 세계보건기구에서 규정한 보건행정의 범위에 속하지 않는 것은? [참조 p299]

   ① 보건관계 기록의 보전
   ② 환경위생과 감염병 관리
   ③ 보건통계와 만성병 관리
   ④ 모자보건과 보건간호

2. 공기의 자정작용 현상이 아닌 것은? [참조 p289]

   ① 산소, 오존, 과산화수소 등에 의한 산화작용 작용
   ② 태양광선 중 자외선에 의한 살균
   ③ 식물의 탄소동화작용에 의한 CO_2의 생산 작용
   ④ 공기 자체의 희석작용

3. 법정 감염병 중 제4군 감염병에 속하는 것은? [참조 p284]

   ① 콜레라
   ② 디프테리아
   ③ 황열
   ④ 말라리아

4. 다음 중 감염병 관리상 가장 중요하게 취급해야 할 대상자는? [참조 p279]

   ① 건강보균자
   ② 잠복기 환자
   ③ 현성환자
   ④ 회복기보균자

5. 절지동물에 의해 매개되는 감염병이 아닌 것은? [참조 p282, p283, p284, p307]

   ① 유행성 일본뇌염
   ② 발진티푸스
   ③ 탄저
   ④ 페스트

정답 1. ③ 2. ③ 3. 답없음 4. ① 5. ③

6. 다음 기생충 중 송어, 연어 등의 생식으로 주로 감염될 수 있는 것은? [참조 p285, p286]

   ① 유구낭충증　　　　② 유구조충증
   ③ 무구조충증　　　　④ 긴촌충증

7. 영아사망률의 계산공식으로 옳은 것은? [참조 p277]

   ① (연간 출생아 수 / 인구) × 1000
   ② (그 해의 1~4세 사망아 수 / 어느 해의 1~4세 인구) × 1000
   ③ (그 해 1세 미만 사망아 수 / 어느 해의 연간 출생아 수) × 1000
   ④ (그 해의 출생 28일 이내의 사망아 수 / 어느 해의 연간 출생아 수) × 1000

8. 호기성 세균이 아닌 것은? [참조 p294, p306, p307, p308]

   ① 결핵균　　　　② 백일해균
   ③ 파상풍균　　　　④ 녹농균

9. 석탄산 10% 용액 200mL 2% 용액으로 만들고자 할 때 첨가해야 하는 물의 양은? [참조 p30, p31, p309, p310, p311]

   ① 200mL　　　　② 400mL
   ③ 800mL　　　　④ 1,000mL

10. 석탄산 소독에 대한 설명으로 틀린 것은? [참조 p30, p31, p309, p310, p311]

    ① 단백질 응고작용이 있다.
    ② 저온에서는 살균효과가 떨어진다.
    ③ 금속기구 소독에 부적합하다.
    ④ 포자 및 바이러스에 효과적이다.

정답 6. ④　7. ③　8. ③　9. ③　10. ④

11. 자비 소독법 시 일반적으로 사용하는 물의 온도와 시간은? [참조 p29, p30, p308, p309, p311]

① 150℃에서 15분간
② 135℃에서 20분간
③ 100℃에서 20분간
④ 80℃에서 30분간

12. 다음 중 이·미용실에서 사용하는 타월을 철저하게 소독하지 않았을 때 주로 발생할 수 있는 감염병은? [참조 p16, p283, p284]

① 장티푸스
② 트라코마
③ 페스트
④ 일본뇌염

13. 소독용 승홍수의 희석 농도로 적합한 것은? [참조 p31, p309, p311]

① 10~20%
② 5~7%
③ 2~5%
④ 0.1~0.5%

14. 세균증식에 가장 적합한 최적 수소이온 농도는? [참조 p307]

① pH 3.5~5.5
② pH 6.0~8.0
③ pH 8.5~10.5
④ pH 10.5~11.5

15. 피부의 면역에 관한 설명으로 옳은 것은? [참조 p61, p62]

① 세포성 면역에는 보체, 항체 등이 있다.
② T 림프구는 항원전달세포에 해당한다.
③ B 림프구는 면역글로불린이라고 불리는 항체를 생성한다.
④ 표피에 존재하는 각질형성세포는 면역조절에 작용하지 않는다.

정답 11. ③ 12. ② 13. ④ 14. ② 15. ③

16. 멜라노사이트(melanocyte)가 주로 분포되어 있는 곳은? [참조 p53, p76, p77]

① 투명층　　　　　　　　② 과립층
③ 각질층　　　　　　　　④ 기저층

17. 다음 중 자외선 B(UV-B)의 파장 범위는? [참조 p60]

① 100~190nm　　　　　　② 200~280nm
③ 290~320nm　　　　　　④ 330~400nm

18. 다음 중 원발진(Primary lesions)에 해당하는 피부질환은? [참조 p65, p66]

① 면포　　　　　　　　　② 미란
③ 가피　　　　　　　　　④ 반흔

19. 비타민에 대한 설명 중 틀린 것은? [참조 p58, p59, p85, p86, p297]

① 비타민 A가 결핍되면 피부가 건조해지고 거칠어진다.
② 비타민 C는 교원질 형성에 중요한 역할을 한다.
③ 레티노이드는 비타민 A를 통칭하는 용어이다.
④ 비타민 A는 많은 양이 피부에서 합성된다.

20. 바이러스성 피부질환은? [참조 p65, p66]

① 모낭염　　　　　　　　② 절종
③ 용종　　　　　　　　　④ 단순포진

정답　16. ④　17. ③　18. ①　19. ④　20. ④

21. 피부의 기능과 그 설명이 틀린 것은? [참조 p51, p51, p53, p55]

① 보호기능 – 피부면의 산성막은 박테리아의 감염과 미생의 침입으로부터 피부를 보호한다.

② 흡수기능 – 피부는 외부의 온도를 흡수, 감지한다.

③ 영양분 교환기능 – 프로비타민 D가 자외선을 받으면 비타민 D로 전환된다.

④ 저장기능 – 진피조직은 신체 중 가장 큰 저장기관으로 각종 영양분과 수분을 보유하고 있다.

22. 공중위생관리법상 이·미용업자의 변경신고사항에 해당되지 않는 것은? [참조 p320]

① 업소의 소재지 변경

② 영업소의 명칭 또는 상호 변경

③ 대표자의 성명(법인의 경우)

④ 신고한 영업장 면적의 2분의 1 이하의 변경

23. 과징금을 기한 내에 납부하지 아니한 경우에 이를 징수하는 방법은? [참조 p320]

① 지방세 체납처분의 예에 의하여 징수

② 부가가치세 체납처분의 예에 의하여 징수

③ 법인세 체납처분의 예에 의하여 징수

④ 소득세 체납처분의 예의 의하여 징수

24. 공중위생 영업소의 위생서비스 평가 계획을 수립하는 자는? [참조 p318, p319, p320]

① 시·도지사　　　　　　　　　② 안전행정부장관

③ 대통령　　　　　　　　　　　④ 시장·군수·구청장

정답 21. ④　22. 모두 답　23. 모두 답　24. ①

25. 이·미용업 영업과 관련하여 과태료 부과대상이 아닌 사람은? [참조 p319]

    ① 위생관리 의무를 위반한 자
    ② 위생교육을 받지 않은 자
    ③ 무신고 영업자
    ④ 관계공무원 출입·검사 방해자

26. 이·미용업소 내에 게시하지 않아도 되는 것은? [참조 p320]

    ① 이·미용업 신고증
    ② 개설자의 면허증 원본
    ③ 근무자의 면허증 원본
    ④ 이·미용 요금표

27. 다음 중 이·미용사 면허를 받을 수 없는 자는? [참조 p314]

    ① 교육부장관이 인정하는 고등기술학교에서 6개월 이상 이·미용에 관한 소정의 과정을 이수한 자
    ② 전문대학에서 이·미용에 관한 학과를 졸업한 자
    ③ 국가기술자격법에 의한 이·미용사의 자격을 취득한 자
    ④ 고등학교에서 이·미용에 관한 학과를 졸업한 자

28. 다음 중 공중위생 감시원을 두는 곳을 모두 고른 것은? [참조 p313]

㉠ 특별시	㉡ 광역시	㉢ 도	㉣ 군

    ① ㉡, ㉢
    ② ㉠, ㉢
    ③ ㉠, ㉡, ㉢
    ④ ㉠, ㉡, ㉢, ㉣

정답 25. ③ 26. ③ 27. ① 28. ④

29. 피부표면에 물리적인 장벽을 만들어 자외선을 반사하고 분산하는 자외선 차단 성분은? [참조 p77, p78]

① 옥틸메톡시신나메이트
② 파라아미노안식향산(PABA)
③ 이산화티탄
④ 벤조페논

30. 다량의 유성 성분을 물에 일정기간 동안 안정한 상태로 균일하게 혼합시키는 화장품 제조기술은? [참조 p91]

① 유화
② 가용화
③ 경화
④ 분산

31. 화장품의 원료로써 알코올의 작용에 대한 설명으로 틀린 것은? [참조 p81]

① 다른 물질과 혼합해서 그것을 녹이는 성질이 있다.
② 소독작용이 있어 화장수, 양모제 등에 사용한다.
③ 흡수작용이 강하기 때문에 건조의 목적으로 사용한다.
④ 피부에 자극을 줄 수도 있다.

32. 기초 화장품을 사용하는 목적이 아닌 것은? [참조 p92]

① 세안
② 피부정돈
③ 피부보호
④ 피부결점 보안

33. 네일 에나멜(nail enamel)에 대한 설명으로 틀린 것은? [참조 p08, p76, p 11]

① 손톱에 광택을 부여하고, 아름답게 할 목적으로 사용하는 화장품이다.
② 피막 형성제로 톨루엔이 함유되어 있다.
③ 대부분 니트로셀룰로스를 주성분으로 한다.
④ 안료가 배합되어 손톱에 아름다운 색채를 부여하기 때문에 네일 컬러라고도 한다.

정답 29. ③ 30. ① 31. ③ 32. ④ 33. ②

34. 다음 중 화장품의 4대 요건이 아닌 것은? [참조 p70]

　　① 안전성　　　　　　② 안정성
　　③ 유효성　　　　　　④ 기능성

35. 다음 중 햇빛에 노출했을 때 색소침착의 우려가 있어 사용 시 유의해야 하는 에센셜 오일은? [참조 p86]

　　① 라벤더　　　　　　② 티트리
　　③ 제라늄　　　　　　④ 레몬

36. 신경조직과 관련된 설명으로 옳은 것은? [참조 p106]

　　① 말초신경은 외부나 체내에 가해진 자극에 의해 감각기에 발생한 신경흥분을 중추신경에 전달한다.
　　② 중추신경계의 체성신경은 12쌍의 뇌신경과 31쌍의 척수신경으로 이루어져 있다.
　　③ 중추신경계는 뇌신경, 척수신경 및 자율신경으로 구성된다.
　　④ 말초신경은 교감신경과 부교감신경으로 구성된다.

37. 하이포키니움(하조피)에 대한 설명으로 옳은 것은? [참조 p08, p76, p111]

　　① 네일 매트릭스를 병원균으로부터 보호한다.
　　② 손톱아래 살과 연결된 끝부분으로 박테리아의 침입을 막아준다.
　　③ 손톱 측면의 피부를 네일 베드와 연결된다.
　　④ 매트릭스 윗부분으로 손톱으로 성장시킨다.

38. 손톱의 생리적인 특성에 대한 설명으로 틀린 것은? [참조 p55]

　　① 일반적으로 1일 평균 0.1㎜~0.15㎜ 정도 자란다.
　　② 손톱의 성장은 조소피의 조직이 경화되면서 오래된 세포를 밀어내는 현상이다.
　　③ 손톱의 본체는 각질층이 변형된 것으로 얇은 층이 겹으로 이루어져 단단한 층을 이루고 있다.
　　④ 주로 경단백질인 케라틴과 이를 조성하는 아미노산 등으로 구성되어 있다.

정답 34. ④　35. ④　36. ①　37. ②　38. ②

39. 손톱의 구조에 대한 설명으로 옳은 것은? [참조 p131, p132]

① 매트릭스(조모)손톱의 성장이 진행되는 곳으로 이상이 생기면 손톱의 변형을 가져온다.

② 네일 베드(조상) : 손톱의 끝부분에 해당되며 손톱의 모양으로 만들 수 있다.

③ 루눌라(반월) : 매트릭스와 네일 베드가 만나는 부분으로 미생물 침입을 막는다.

④ 네일 보디(조체) : 손톱 측면으로 손톱과 피부를 밀착 시킨다.

40. 네일의 길이와 모양을 자유롭게 조절할 수 있는 것은? [참조 p131, p132]

① 프리에지(자유연) ② 네일 그루브(조구)
③ 네일 폴드(조주름) ④ 에포니키움(조상피)

41. 고객을 위한 네일 미용인의 자세가 아닌 것은? [참조 p47]

① 고객의 경제 상태 파악 ② 고객의 네일 상태 파악
③ 선택 가능한 시술 방법 설명 ④ 선택 가능한 관리방법 설명

42. 큐티클이 과잉 성장하여 손톱 위로 자라는 질병은 무엇인가? [참조 p41, p42, p43, p44, p45]

① 표피조막(테리지움) ② 교조증(오니코파지)
③ 조갑비대증(오니콕시스) ④ 고랑 파진 손톱(휘로우 네일)

43. 변색된 손톱의 특성이 아닌 것은? [참조 p40]

① 네일 보디에 퍼런 멍이 반점처럼 나타난다.

② 혈액순환이나 심장이 좋지 못한 상태에서 나타날 수 있다.

③ 베이스 코트를 바르지 않고, 유색 네일 폴리시를 바를 경우 나타날 수 있다.

④ 손톱의 색상이 청색, 황색, 검푸른색, 자색 등으로 나타난다.

정답 39. ① 40. ① 41. ① 42. ① 43. ①

44. 건강한 손톱의 특성이 아닌 것은? [참조 p40, p131, p163, p164]

① 매끄럽고 광택이 나며 반투명한 핑크빛을 띤다.
② 약 8~12%의 수분을 함유하고 있다.
③ 모양이 고르고, 표면이 균일하다.
④ 탄력이 있고, 단단하다.

45. 둘째~다섯째 손가락에 작용을 하며 손허리뼈의 사이를 메워주는 손의 근육은? [참조 p102]

① 벌레근(충양근)
② 뒤침근(회의근)
③ 손가락폄근(지신근)
④ 엄지맞섬근(무지대립근)

46. 젤 램프기기와 관련한 설명으로 틀린 것은? [참조 p221, p222]

① LED램프는 400~700㎜ 정도의 파장을 사용한다.
② UV 램프는 UV-A 파장 정도를 사용한다.
③ 젤 네일에 사용되는 광선은 자외선과 적외선이다.
④ 젤 네일의 광택이 떨어지거나 경화속도가 떨어지면 램프는 교체함이 바람직하다.

47. 매니큐어의 어원으로 손을 지칭하는 라틴어는? [참조 p07]

① 패디스(Pedis)
② 마누스(Mauns)
③ 큐라(Cura)
④ 매니스(Manis)

정답 44. ② 45. ① 46. ③ 47. ②

48. 손톱의 특징에 대한 설명으로 틀린 것은? [참조 p55, p131, p132]

① 네일보디와 네일루트는 산소를 필요로 한다.

② 지각 신경이 집중되어 있는 반투명의 각질판이다.

③ 손톱의 경도는 함유된 수분의 함량이나 각질의 조성에 따라 다르다.

④ 네일베드의 모세혈관으로부터 산소를 공급받는다.

49. 네일관리의 유래와 역사에 대한 설명으로 틀린 것은? [참조 p08, p09]

① 중국에서는 네일에도 연지를 발라 '조홍'이라 하였다.

② 기원전 시대에는 관목이나 음식물, 식물 등에서 색상을 추출하였다.

③ 고대 이집트에서 왕족은 짙은 색으로 낮은 계층의 사람들은 옅은 색만을 사용하게 하였다.

④ 중세시대에는 금색이나 은색 또는 검정이나 흑적색 등의 색상으로 특권층의 신분을 표시했다.

50. 몸쪽 손목뼈(근위 수근골)가 아닌 것은? [참조 p99, p100]

① 손배뼈(주상골) ② 알머리뼈(유두골)
③ 세모뼈(삼각골) ④ 콩알뼈(두상골)

51. 파고드는 발톱을 예방하기 위한 발톱 모양으로 적합한 것은? [참조 p42]

① 라운드형 ② 스퀘어형
③ 포인트형 ④ 오발형

52. 매니큐어 시술에 관한 설명으로 옳은 것은? [참조 p131, p132, p133, p134, p135, p136, p163, p164]

① 손톱모양을 만들 때 양쪽 방향으로 파일링한다.

② 큐티클은 상조피 바로 밑 부분까지 깨끗하게 제거한다.

③ 네일 폴리시를 바르기 전에 유분기를 깨끗하게 제거한다.

④ 자연 네일이 약한 고객은 네일 컬러링 후 탑 코트를 2회 바른다.

정답 48. ① 49. ④ 50. ② 51. ② 52. ③

53. 아크릴릭 네일의 시술과 보수에 관련한 내용으로 틀린 것은? [참조 p253, p254]

① 공기방울이 생긴 인조 네일은 촉촉하게 젖은 브러시의 사용으로 인해 나타날 수 있는 현상이다.

② 노랗게 변색되는 인조 네일은 제품과 시술하는 과정에서 발생한 것으로 보수를 해야 한다.

③ 적절한 온도 이하에서 시술 했을 경우 인조 네일에 금이 가거나 깨지는 현상이 나타날 수 있다.

④ 기존에 시술되어진 인조 네일과 새로 자라나온 자연 네일을 자연스럽게 연결해 주어야 한다.

54. 자연 네일의 형태 및 특성에 따른 네일 팁 적용 방법으로 옳은 것은? [참조 p191, p192]

① 넓적한 손톱에는 끝이 좁아지는 내로 팁을 적용한다.

② 아래로 향한 손톱(claw nail)에는 커브 팁을 적용한다.

③ 위로 솟아 오른 손톱(spoon nail)에는 옆선에 커브가 없는 팁을 적용한다.

④ 물어뜯는 손톱에는 팁을 적용할 수 없다.

55. 그러데이션 기법의 컬러링에 대한 설명으로 틀린 것은? [참조 p173, p174, p179]

① 색상 사용의 제한이 없다.

② 스폰지를 사용하여 시술할 수 있다.

③ UV 젤의 적용 시에도 활용할 수 있다.

④ 일반적으로 큐티클 부분으로 갈수록 컬러링 색상이 자연스럽게 진해지는 기법이다.

56. 아크릴릭 네일 재료인 프라이머에 대한 설명으로 틀린 것은? [참조 p143, p145, p147]

① 손톱 표면의 유·수분을 제거해 주고 건조시켜 주어 아크릴의 접착력을 강하게 해준다.

② 산성 제품을 피부에 화상을 입힐 수 있으므로 최소량만을 사용한다.

③ 인조 네일 전체에 사용하며 방부제 역할을 해준다.

④ 손톱 표면의 pH밸런스를 맞춰준다.

정답 53. ① 54. ① 55. ④ 56. ③

57. 손톱의 프리에지 부분을 유색 폴리시로 칠해주는 컬러링 테크닉은? [참조 p132, p167, p168]

① 프렌치 매니큐어(French manicure)
② 핫오일 매니큐어(Hot oil manicure)
③ 레귤러 매니큐어(Regular manicure)
④ 파라핀 매니큐어(Paraffin manicure)

58. 오렌지 우드스틱의 사용 용도로 적합하지 않은 것은? [참조 p112, p117, p133]

① 큐티클을 밀어 올릴 때
② 폴리시의 여분을 닦아 낼 때
③ 네일 주위의 굳은살을 정리 할 때
④ 네일 주위의 이물질을 제거할 때

59. 투톤 아크릴 스컬프처의 시술을 대한 설명으로 틀린 것은? [참조 p236, p239, p241]

① 프렌치 스컬프처(French sculpture)라고도 한다.
② 화이트 파우더 특성상 프리에지가 퍼져 보일 수 있으므로 핀칭에 유의해야 한다.
③ 스트레스 포인트에 화이트 파우더가 얇게 시술되면 떨어지기 쉬우므로 주의한다.
④ 스퀘어 모양으로 잡기 위해 파일을 30도 정도 살짝 기울여 파일링한다.

60. 젤 네일에 관한 설명으로 틀린 것은? [참조 p221, p222]

① 아크릴릭에 비해 강한 냄새가 없다.
② 일반 네일 폴리시에 비해 광택이 오래 지속된다.
③ 소프트 젤(Soft Gel)은 아세톤에 녹지 않는다.
④ 젤 네일은 하드 젤(Hard Gel)과 소프트 젤(Soft Gel)로 구분

정답 57. ① 58. ③ 59. ④ 60. ③

미용사(네일) 필기 기출문제 (2015년 4월 4일)

1. 다음 중 감염병 유행의 3대 요소는? [참조 p278]

   ① 숙주, 유전, 환경
   ② 환경, 유전, 병원체
   ③ 병원체, 숙주, 환경
   ④ 감수성, 환경, 병원체

2. 일반적으로 이·미용업소의 실내 쾌적 습도 범위로 가장 알맞은 것은? [참조 p13]

   ① 10~20%
   ② 20~40%
   ③ 40~70%
   ④ 70~90%

3. 자력으로 의료문제를 해결할 수 없는 생활무능력자 및 저소득층을 대상으로 공적으로 의료를 보장하는 제도는? [참조 p302, p303]

   ① 의료보험
   ② 의료보호
   ③ 실업보험
   ④ 연금보험

4. 공중보건학의 범위 중 보건 관리 분야에 속하지 않는 사업은? [참조 p299, p300, p301]

   ① 보건 통계
   ② 사회 보장 제도
   ③ 보건 행정
   ④ 산업 보건

5. 다음 중 수인성 감염병에 속하는 것은? [참조 p282, p283, p284, p307]

   ① 유행성 출혈열
   ② 성홍열
   ③ 세균성 이질
   ④ 탄저병

정답 1. ③ 2. ③ 3. ② 4. ④ 5. ③

6. 인공조명을 할 때 고려 사항 중 틀린 것은? [참조 p291]

① 광색은 주광색에 가깝고, 유해 가스의 발생이 없어야 한다.

② 열의 발생이 적고, 폭발이나 발화의 위험이 없어야 한다.

③ 균등한 조도를 위해 직접조명이 되도록 해야 한다.

④ 충분한 조도를 위해 빛이 좌상방에서 비춰줘야 한다.

7. 솔라닌(solanin)이 원인이 되는 식중독과 관계가 깊은 것은? [참조 p293]

① 감자 ② 복어
③ 버섯 ④ 조개

8. 미생물의 발육과 그 작용을 제거하거나 정지시켜 음식물의 부패나 발효를 방지하는 것은? [참조 p306]

① 방부 ② 소독
③ 살균 ④ 살충

9. 물의 살균에 많이 이용되고 있으며 산화력이 강한 것은? [참조 p31, p308]

① 포름알데히드(Formaldehyde) ② 오존(O_3)
③ E.O(Ethylene Oxide)가스 ④ 에탄올(Ethanol)

10. 소독제를 수돗물로 희석하여 사용할 경우 가장 주의해야 할 점은? [참조 p32, p290]

① 물의 경도 ② 물의 온도
③ 물의 취도 ④ 물의 탁도

정답 6. ③ 7. ① 8. ① 9. ② 10. ①

11. 소독제를 사용할 때 주의 사항이 아닌 것은? [참조 p293]

① 취급 방법
② 농도 표시
③ 소독제병의 세균오염
④ 알코올 사용

12. 다음 중 금속제품의 기구소독에 가장 적합하지 않는 것은? [참조 p31, p33, p34, p305, p309, p311]

① 알코올
② 역성비누
③ 승홍수
④ 크레졸수

13. 다음 중 하수도 주위에 흔히 사용되는 소독제는? [참조 p31]

① 생석회
② 포르말린
③ 역성비누
④ 과망간산칼륨

14. 개달감염(介達傳染)과 무관한 것은? [참조 p308]

① 의복
② 식품
③ 책상
④ 장난감

15. 피부구조에서 지방세포가 주로 위치하고 있는 곳은? [참조 p53]

① 각질층
② 진피
③ 피하조직
④ 투명층

16. 다음 중 기미의 생성 유발 요인이 아닌 것은? [참조 p63]

① 유전적 요인
② 임신
③ 갱년기 장애
④ 갑상선 기능 저하

정답 11. ④ 12. ③ 13. ① 14. ② 15. ③ 16. ④

17. 외인성 피부질환의 원인과 가장 거리가 먼 것은? [참조 p63]

① 유전인자　　② 산화
③ 피부건조　　④ 자외선

18. 다음 중 원발진에 해당하는 피부변화는? [참조 p65, p66]

① 가피　　② 미란
③ 위축　　④ 구진

19. 자외선으로부터 어느 정도 피부를 보호하며 진피조직에 투여하면 피부주름과 처짐 현상에 가장 효과적인 것은? [참조 p77, p83]

① 콜라겐　　② 엘라스틴
③ 무코다당류　　④ 멜라닌

20. 정상피부와 비교하여 점막으로 이루어진 피부의 특징으로 옳지 않는 것은? [참조 p53]

① 혀와 경구개를 제외한 입안의 점막은 과립층을 가지고 있다.
② 당김미세섬유사(tonofilament)의 발달이 미약하다.
③ 미세융기가 잘 발달되어 있다.
④ 세포에 다량의 글리코겐이 존재한다.

21. 성장기 어린이의 대사성 질환으로 비타민D 결핍 시 뼈 발육에 변형을 일으키는 것은?

[참조 p58, p59, p85, p86, p297]

① 석회결석　　② 골막파열증
③ 괴혈증　　④ 구루병

정답 17. ①　18. ④　19. ①　20. ①　21. ④

22. 시·도지사 또는 시장·군수·구청장은 공중위생관리상 필요하다고 인정하는 때에 공중위생영업자 등에 대하여 필요한 조치를 취할 수 있다. 이 조치에 해당하는 것은? [참조 p313]

   ① 보고
   ② 청문
   ③ 감독
   ④ 협의

23. 법령상 위생교육에 대한 기준으로 ( )안에 적합한 것은? [참조 p318, p319, p320]

   > 공중위생관리법령상 위생교육을 받은 자가 위생교육을 받은 날부터 ( ) 이내에 위생 교육을 받은 업종과 같은 업종의 영업을 하려는 경우에는 해당 영업에 대한 위생 교육을 받은 것으로 본다.

   ① 2년
   ② 2년 6개월
   ③ 3년
   ④ 3년 6개월

24. 미용사에게 금지되지 않는 업무는 무엇인가? [참조 p316]

   ① 얼굴의 손질 및 화장을 행하는 업무
   ② 의료기기를 사용하는 피부 관리 업무
   ③ 의약품을 사용하는 눈썹손질 업무
   ④ 의약품을 사용하는 제모

25. 다음 중 이·미용업에 있어서 과태료 부과 대상이 아닌 사람은? [참조 p319, p320]

   ① 위생관리 의무를 지키지 아니한 자
   ② 영업소외의 장소에서 이용 또는 미용업무를 행한 자
   ③ 보건복지부령이 정하는 중요사항을 변경하고도 변경 신고를 하지 아니한 자
   ④ 관계 공무원의 출입·검사를 거부·기피 방해한 자

정답 22. ① 23. ① 24. ① 25. ③

26. 손님에게 음란행위를 알선한 사람에 대한 관계행정기관의 장의 요청이 있는 때, 1차 위반에 대하여 행할 수 있는 행정처분으로 영업소와 업주에 대한 행정 처분기준이 바르게 짝지어진 것은? [참조 p317]

① 영업정지 1월 – 면허정지 1월
② 영업정지 1월 – 면허정지 2월
③ 영업정지 2월 – 면허정지 2월
④ 영업정지 3월 – 면허정지 3월

27. 이·미용업 영업장 안의 조명도 기준은? [참조 p317]

① 50룩스 이상
② 75룩스 이상
③ 100룩스 이상
④ 125룩스 이상

28. 이·미용업 영업신고를 하면서 신고인이 확인에 동의하지 아니하는 때에 첨부하여야 하는 서류가 아닌 것은? (단, 신고인이 전자정부 법에 따른 행정정보의 공동이용을 통한 확인에 동의하지 아니하는 경우임) [참조 p320]

① 영업시설 및 설비개요서
② 교육필증
③ 이·미용사 자격증
④ 면허증

29. 동물성 단백질의 일종으로 피부의 탄력유지에 매우 중요한 역할을 하며 피부의 파열을 방지하는 스프링 역할을 하는 것은? [참조 p53, p83]

① 아줄렌
② 엘라스틴
③ 콜라겐
④ DNA

30. 식물의 꽃, 잎, 줄기, 뿌리, 씨, 과피, 수지 등에서 방향성이 높은 물질을 추출한 휘발성 오일은? [참조 p81, p82]

① 동물성 오일
② 에센셜 오일
③ 광물성 오일
④ 밍크 오일

정답 26. ③ 27. ② 28. ③ 29. ② 30. ②

31. 화장품의 피부흡수에 관한 설명으로 옳은 것은? [참조 p92, p93, p94, p95]

① 분자량이 적을수록 피부흡수율이 높다.
② 수분이 많을수록 피부흡수율이 높다.
③ 동물성 오일 〈 식물성 오일 〈 광물성오일 순으로 피부흡수력이 높다.
④ 크림류 〈 로션류 〈 화장수류 순으로 피부흡수력이 높다.

32. 여드름 피부에 맞는 화장품 성분으로 가장 거리가 먼 것은? [참조 p84, p86]

① 캄퍼
② 로즈마리 추출물
③ 알부틴
④ 하마멜리스

33. 보습제가 갖추어야 할 조건으로 틀린 것은? [참조 p92]

① 다른 성분과 혼용성이 좋을 것
② 모공수축을 위해 휘발성이 있을 것
③ 적절한 보습능력이 있을 것
④ 응고점이 낮을 것

34. 메이크업 화장품에 주로 사용되는 제조방법은? [참조 p90, p91, p92]

① 유화
② 가용화
③ 겔화
④ 분산

35. 화장품법상 기능성 화장품에 속하지 않는 것은? [참조 p72, p77]

① 미백에 도움을 주는 제품
② 주름개선에 도움을 주는 제품
③ 여드름 완화에 도움을 주는 제품
④ 자외선으로부터 피부를 보호하는 데 도움을 주는 제품

정답 31. ① 32. ③ 33. ② 34. ④ 35. ③

36. 손톱이 나빠지는 후천적 요인이 아닌 것은? [참조 p76]

① 잘못된 푸셔와 니퍼사용에 의한 손상

② 손톱 강화제 사용 빈도수

③ 과도한 스트레스

④ 잘못된 파일링에 의한 손상

37. 손톱의 특성이 아닌 것은? [참조 p55, p131, p132]

① 손톱은 피부의 일종이며, 머리카락과 같은 케라틴과 칼슘으로 만들어져 있다.

② 손톱의 손상으로 조갑이 탈락되고 회복되는 데는 6개월 정도 걸린다.

③ 손톱의 성장은 겨울보다 여름이 잘 자란다.

④ 엄지손톱의 성장이 가장 느리며, 중지 손톱이 가장 빠르다.

38. 고객을 응대할 때 네일 아티스트의 자세로 틀린 것은? [참조 p47, p48]

① 고객에게 알맞은 서비스를 하여야 한다.

② 모든 고객은 공평하게 하여야 한다.

③ 진상고객은 단념해야 한다.

④ 안전규정을 준수하고 충실히 하여야 한다.

39. 손톱에 색소가 침착되거나 변색되는 것을 방지하고 네일 표면을 고르게 하여 폴리시의 밀착성을 높이는 데 사용되는 네일 미용 화장품은? [참조 p76, p164]

① 톱 코트
② 베이스 코트
③ 폴리시 리무버
④ 큐티클 오일

정답 36. ② 37. ④ 38. ③ 39. ②

40. 에나멜을 바르는 방법으로 손톱을 가늘어 보이게 하는 것은? [참조 p131, p163, p164]

① 프리에지　　　　　　② 루눌라
③ 프렌치　　　　　　　④ 프리 월

41. 골격근에 대한 설명으로 틀린 것은? [참조 p102]

① 인체의 약 60%를 차지한다.　　② 횡문근이라고도 한다.
③ 수의근이라고도 한다.　　　　④ 대부분이 골격에 부착되어 있다.

42. 매니큐어를 가장 잘 설명한 것은? [참조 p131, p163, p164]

① 네일 에나멜을 바르는 것이다.
② 손톱모양을 다듬고 색깔을 칠하는 것이다.
③ 손 매뉴얼테크닉과 네일 에나멜을 바르는 것이다.
④ 손톱 모양을 다듬고 큐티클정리, 컬러링 등을 포함한 관리이다.

43. 매니큐어의 유래에 관한 설명 중 틀린 것은? [참조 p7, p8, p9]

① 중국은 특권층의 신분을 드러내기 위해 홍화를 손톱에 바르기 시작했다.
② 매니큐어는 고대 희랍어에서 유래된 말로 마누와 큐라의 합성어이다.
③ 17세기 경 인도의 상류층 여성들은 손톱의 뿌리부분에 신분을 나타내는 목적으로 문신을 했다.
④ 건강을 기원하는 주술적 의미에서 손톱에 빨간색을 물들이게 되었다.

44. 다음 중 하지의 신경에 속하지 않는 것은? [참조 p106, p107]

① 총비골 신경　　　　　② 액와신경
③ 복재신경　　　　　　④ 배측신경

정답 40. ④　41. ①　42. ④　43. ②　44. ②

45. 표피성 진균증중 네일 몰드는 습기, 열, 공기에 의해 균이 번식되어 발생한다. 이 때 몰드가 발생한 수분 함유율이 옳게 표기된 것은? [참조 p55, p307]

① 2%~5%   ② 7%~10%
③ 12%~18%   ④ 23%~25%

46. 손톱의 역할 및 기능과 가장 거리가 먼 것은? [참조 p132]

① 물건을 잡거나 성상을 구별하는 기능   ② 작은 물건을 들어 올리는 기능
③ 방어와 공격의 기능   ④ 몸을 지탱해주는 기능

47. 네일 재료에 대한 설명으로 적합하지 않은 것은? [참조 p76, p132]

① 네일 에나멜 시너 – 에나멜을 묽게 해주기 위해 사용한다.
② 큐티클 오일 – 글리세린을 함유하고 있다.
③ 네일블리치 – 20볼륨 과산하수소를 함유하고 있다.
④ 네일보강제 – 자연 네일이 강한 고객에게 사용하면 효과적이다.

48. 뼈의 기능이 아닌 것은? [참조 p98]

① 흡수기능   ② 지렛대 역할
③ 보호작용   ④ 무기질 저장

49. 매니큐어 시술 시에 미관상 제거의 대상이 되는 손톱을 덮고 있는 각질세포는? [참조 p55, p131, p132]

① 네일 큐티클(Nail Cuticle)   ② 네일 플레이트(Nail Plate)
③ 네일 프리에지(Nail Free edge)   ④ 네일 그루브(Nail Groove)

정답 45. ④   46. ④   47. ④   48. ①   49. ①

50. 다음( )안의 a와 b에 알맞은 단어를 바르게 짝지은 것은? [참조 p136, p155]

> (a)는 폴리시 리무버나 아세톤을 담아 펌프식으로 편리하게 사용할 수 있다.
> (b)는 아크릴 리퀴드를 덜어 담아 사용할 수 있는 용기이다.

① a-다크디시, b-작은종지
② a-디스펜서, b-다크디시
③ a-다크디시, b-디스펜서
④ a-디스펜서, b-디펜디시

51. 페디큐어 시술 과정에서 베이스코트를 바르기 전 발가락이 서로 닿지 않게 하기 위해 사용하는 도구는? [참조 p35]

① 엑티베이터
② 콘 커터
③ 클리퍼
④ 토 세퍼레이터

52. 큐티클 정리 및 제거 시 필요한 도구로 알맞은 것은? [참조 p133, p134, p135, p136]

① 파일, 톱 코트
② 라운드 패드, 니퍼
③ 샌딩 블록, 핑거볼
④ 푸셔, 니퍼

53. 네일 팁 접착 방법의 설명으로 틀린 것은? [참조 p241]

① 네일 팁 접착 시 자연 네일의 1/2 이상 덮지 않는다.
② 올바른 각도의 팁 접착으로 공기가 들어가지 않도록 유의한다.
③ 손톱과 네일 팁 전체에 프라이머를 도포한 후 접착한다.
④ 네일 팁 접착할 때 5-10초 동안 누르면서 기다린 후 팁의 양쪽 꼬리부분을 살짝 눌러준다.

정답 50. ④ 51. ④ 52. ④ 53. ③

54. UV젤 네일 시술 시 리프팅이 일어나는 이유로 적절하지 않은 것은? [참조 p221, p222]

① 네일의 유·수분기를 제거하지 않고 시술했다.
② 젤을 프리에지까지 시술하지 않았다.
③ 젤을 큐티클라인에 닿지 않게 시술했다.
④ 큐어링 시간을 잘 지키지 않았다.

55. 습식매니큐어 시술에 관한 설명 중 틀린 것은? [참조 p133, p134, p135]

① 베이스코트를 가능한 얇게 1회 전체에 바른다.
② 벗겨짐을 방지하기 위해 도포한 폴리시를 완전히 커버하여 탑 코트를 바른다.
③ 프리에지 부분까지 깔끔하게 바른다.
④ 손톱의 길이 정리는 클리퍼를 사용할 수 없다.

56. 아크릴릭 보수 과정 중 옳지 않은 것은? [참조 p253, p254]

① 심하게 들뜬 부분은 파일과 니퍼를 적절히 사용하여 세심히 잘라내고 경계가 없도록 파일링한다.
② 새로 자라난 손톱 부분에 에칭을 주고 프라이머를 바른다.
③ 적절한 양의 비드로 큐티클 부분에 자연스러운 라인을 만든다.
④ 새로 비드를 얹은 부위는 파일링이 필요하지 않다.

57. 아크릴릭 스컬프처 시술 시 손톱에 부착해 길이를 연장하는 데 받침대 역할을 하는 재료로 옳은 것은? [참조 p236, p239, p241]

① 네일 폼
② 리퀴드
③ 모노머
④ 아크릴파우더

정답 54. ③   55. ④   56. ④   57. ①

58. 다른 모양(Shape)보다 강한 느낌을 주며, 대회용으로 많이 사용되는 손톱모양은? [참조 p128]

① 오벌　　　　　　　　② 라운드
③ 스퀘어　　　　　　　④ 아몬드형

59. 발톱의 모양(Shape)으로 가장 적절한 것은? [참조 p41]

① 라운드　　　　　　　② 오발
③ 스퀘어　　　　　　　④ 아몬드

60. 아크릴릭 네일의 설명으로 맞는 것은? [참조 p236, p239, p241]

① 네일 폼을 사용하여 다양한 형태로 조형이 가능하다.
② 투톤 스컬프처인 프렌치 스컬프처에 적용할 수 없다.
③ 물어뜯는 손톱에 사용하여서는 안 된다.
④ 두꺼운 손톱 구조로만 완성되며 다양한 형태로 만들 수 없다.

정답 58. ③　59. ③　60. ①

미용사(네일) 필기 기출문제 (2015년 7월 19일)

1. 결핵예방접종으로 사용하는 것은? [참조 p280]

   ① DPT
   ② MMR
   ③ PPD
   ④ BCG

2. 장티푸스, 결핵, 파상풍 등의 예방접종으로 얻어지는 면역은? [참조 p280]

   ① 인공 능동면역
   ② 인공 수동면역
   ③ 자연 능동면역
   ④ 자동 수동면역

3. 한 나라의 건강수준을 다른 국가들과 비교할 수 있는 지표로 세계보건기구가 제시한 것은? [참조 p273]

   ① 인구증가율, 평균수명, 비례사망지수
   ② 비례사망지수, 조사망율, 평균수명
   ③ 평균수명, 조사망율, 국민소득
   ④ 의료시설, 평균수명, 주거상태

4. 질병발생의 3대 요소는? [참조 p278]

   ① 숙주, 환경, 병명
   ② 병인, 숙주, 환경
   ③ 숙주, 체력, 환경
   ④ 감정, 체력, 숙주

5. 상수(上水)에서 대장균 검출의 주된 의의는? [참조 p290, p291]

   ① 소독상태가 불량하다.
   ② 환경위생의 상태가 불량하다.
   ③ 오염의 지표가 된다.
   ④ 감염병 발생의 우려가 있다.

> 정답 1. ④ 2. ① 3. ② 4. ② 5. ③

6. 세계보건기구에서 정의하는 보건행정의 범위에 속하지 않는 것은? [참조 p299]

   ① 산업행정　　　　　　　　② 모자보건
   ③ 환경위생　　　　　　　　④ 감염병 관리

7. 폐흡충 감염이 발생할 수 있는 경우는? [참조 p285, p286]

   ① 가재를 생식했을 때　　　② 우렁이를 생식했을 때
   ③ 은어를 생식했을 때　　　④ 소고기를 생식했을 때

8. 미생물의 종류에 해당하지 않는 것은? [참조 p307, p308]

   ① 벼룩　　　　　　　　　　② 효모
   ③ 곰팡이　　　　　　　　　④ 세균

9. 계면활성제 중 가장 살균력이 강한 것은? [참조 p87, p88]

   ① 음이온성　　　　　　　　② 양이온성
   ③ 비이온성　　　　　　　　④ 양쪽이온성

10. 재질에 관계없이 빗이나 브러시 등의 소독방법으로 가장 적합한 것은? [참조 p22, p30, p34, p35]

    ① 70%알코올 솜으로 닦는다.
    ② 고압증기 멸균기에 넣어 소독한다.
    ③ 락스액에 담근 후 씻어낸다.
    ④ 세제를 풀어 세척한 후 자외선 소독기에 넣는다.

정답　6. ①　7. ①　8. ①　9. ②　10. ④

11. 물리적 소독법에 속하지 않는 것은? [참조 p29, p30, p308, p309, p311]

   ① 건열 멸균법　　　　　　② 고압증기 멸균법
   ③ 크레졸 소독법　　　　　④ 자비 소독법

12. 소독제인 석탄산의 단점이라 할 수 없는 것은? [참조 p29, p30, p308, p309, p311]

   ① 유기물 접촉 시 소독력이 약화된다.　② 피부에 자극성이 있다.
   ③ 금속에 부식성이 있다.　　　　　　　④ 독성과 취기가 강하다.

13. 소독제의 구비조건에 해당하지 않는 것은? [참조 p32, p306, p311]

   ① 높은 살균력을 가질 것　　　　② 인체에 해가 없을 것
   ③ 저렴하고 구입과 사용이 간편할 것　④ 용해성이 낮을 것

14. 미생물의 증식을 억제하는 영양의 고갈과 건조 등이 불리한 환경 속에서 생존하기 위하여 세균이 생성하는 것은? [참조 p29, p311]

   ① 아포　　　　　　② 협막
   ③ 세포벽　　　　　④ 점질층

15. 기계적 손상에 의한 피부질환이 아닌 것은? [참조 p65]

   ① 굳은살　　　　　② 티눈
   ③ 종양　　　　　　④ 욕창

정답 11. ③　12. ①　13. ④　14. ①　15. ③

16. 표피와 진피의 경계선의 형태는? [참조 p51, p53]

    ① 직선
    ② 사선
    ③ 물결상
    ④ 점선

17. 사람의 피부 표면은 주로 어떤 형태인가? [참조 p51, p53]

    ① 삼각 또는 마름모꼴의 다각형
    ② 삼각 또는 사각형
    ③ 삼각 또는 오각형
    ④ 사각 또는 오각형

18. 다음 중 영양소와 그 최종 분해로 연결이 옳은 것은? [참조 p58, p59, p85, p86, p297]

    ① 탄수화물-지방산
    ② 단백질-아미노산
    ③ 지방-포도당
    ④ 비타민-미네랄

19. 건강한 피부를 유지하기 위한 방법이 아닌 것은? [참조 p53, p54, p295]

    ① 적당한 수분을 항상 유지해 주어야 한다.
    ② 두꺼운 각질층은 제거해 주어야 한다.
    ③ 일광욕을 많이 해야 건강한 피부가 된다.
    ④ 충분한 수면과 영양을 공급해 주어야 한다.

20. 백반증에 관한 내용 중 틀린 것은? [참조 p55]

    ① 멜라닌 세포의 과다한 증식으로 일어난다.
    ② 백색반점이 피부에 나타난다.
    ③ 후천적 탈색소 질환이다.
    ④ 원형, 타원형 또는 부정형의 흰색반점이 나타난다.

정답 16. ③ 17. ① 18. ② 19. ③ 20. ①

21. 자외선차단지수의 설명으로 옳지 않은 것은? [참조 p60]

　① SPF라 한다.

　② SPF 1이란 대략 1시간을 의미한다.

　③ 자외선의 강약에 따라 차단제의 효과시간이 변한다.

　④ 색소침착부위에는 가능하면 1년 내내 차단제를 사용하는 것이 좋다.

22. 공중위생관리법상 이·미용업 영업장안의 조명도는 얼마 이상이어야 하는가? [참조 p314]

　① 50룩스　　　　　　　　　② 75룩스
　③ 100룩스　　　　　　　　 ④ 125룩스

23. 공중위생영업자가 영업소 폐쇄명령을 받고도 계속하여 영업을 하는 때에 대한 조치사항으로 옳은 것은? [참조 p313, p317]

　① 당해 영업소가 위법한 영업소임을 알리는 게시물 등을 부착

　② 당해 영업소의 출입자 통제

　③ 당해 영업소의 출입금지구역 설정

　④ 당해 영업소의 강제 폐쇄 집행

24. 다음 중 이·미용사면허를 발급할 수 있는 사람만으로 짝지어진 것은? [참조 p320]

㉠ 특별·광역시장	㉡ 도지사	㉢ 시장	㉣ 구청장	㉤ 군수

　① ㉠, ㉡　　　　　　　　　② ㉠, ㉡, ㉢
　③ ㉠, ㉡, ㉢, ㉣　　　　　④ ㉢, ㉣, ㉤

정답 21. ② 22. ② 23. ① 24. ④

25. 이·미용업 영업신고를 하지 않고 영업을 한 자에 해당하는 벌칙기준은? [참조 p319]

① 6월 이하의 징역 또는 100만 원 이하의 벌금
② 6월 이하의 징역 또는 300만 원 이하의 벌금
③ 1년 이하의 징역 또는 500만 원 이하의 벌금
④ 1년 이하의 징역 또는 1천만 원 이하의 벌금

26. 공중위생관리법상 위생교육에 관한 설명으로 틀린 것은? [참조 p318, p319, p320]

① 위생교육은 교육부장관이 허가한 단체가 실시할 수 있다.
② 공중위생영업의 신고를 하고자 하는 자는 원칙적으로 미리 위생교육을 받아야 한다.
③ 공중위생영업자는 매년 위생교육을 받아야 한다.
④ 위생교육을 받아야 하는 자 중 영업에 직접 종사하지 아니하거나 2 이상의 장소에서 영업을 하는 자는 종업원 중 영업장별로 공중위생에 관한 책임자를 지정하고 그 책임자로 하여금 위생교육을 받게 하여야 한다.

27. 과태료처분에 불복이 있는 자는 그 처분의 고지를 받은 날부터 얼마의 기간 이내에 처분권자에게 이의를 제기 할 수 있는가? [참조 p320]

① 10일
② 20일
③ 30일
④ 3개월

28. 이·미용업자는 신고한 영업장 면적을 얼마 이상 증감하였을 때 변경신고를 하여야 하는가? [참조 p320]

① 5분의 1
② 4분의 1
③ 3분의 1
④ 2분의 1

정답 25. ④ 26. ① 27. ③ 28. ③

29. 라벤더 에센셜 오일의 효능에 대한 설명으로 가장 거리가 먼 것은? [참조 p82, p83]

① 재생작용
② 화상치유작용
③ 이완작용
④ 모유생성작용

30. SPF에 대한 설명으로 틀린 것은? [참조 p86]

① Sun Protection Factor의 약자로써 자외선 차단지수라 불리어진다.
② 엄밀히 말하면 UV-B 방어효과를 나타내는 지수라고 볼 수 있다.
③ 오존층으로부터 자외선이 차단되는 정보를 알아보기 위한 목적으로 이용된다.
④ 자외선 차단제를 바른 피부에 최소한의 홍반을 일어나게 하는데 필요한 자외선 양을 바르지 않는 피부에 최소한의 홍반을 일어나게 하는데 필요한 자외선 양으로 나눈 값이다.

31. AHA에 대한 설명으로 옳은 것은? [참조 p84]

① 물리적으로 각질을 제거하는 기능을 한다.
② 글리콜산은 사탕수수에 함유된 것으로 침투력이 좋다.
③ pH 3.5 이상에서 15% 농도가 각질제거에 가장 효과적이다.
④ AHA보다 안전성은 떨어지나 효과가 좋은 BHA가 많이 사용된다.

32. 화장품의 분류에 관한 설명 중 틀린 것은? [참조 p71]

① 샴푸, 헤어린스는 모발용 화장품에 속한다.
② 팩, 마사지 크림은 스페셜 화장품에 속한다.
③ 퍼퓸(perfume), 오데코롱(eau de Cologne)은 방향 화장품에 속한다.
④ 자외선차단제나 태닝제품은 기능성 화장품에 속한다.

정답 29. ④ 30. ③ 31. ② 32. ②

33. 일반적으로 많이 사용하고 있는 화장수의 알코올 함유량은? [참조 p80]

① 70% 전후　　② 10% 전후
③ 30% 전후　　④ 50% 전후

34. 손을 대상으로 하는 제품 중 알코올을 주 베이스로 하며, 청결 및 소독을 주된 목적으로 하는 제품은? [참조 p39, p94]

① 핸드워시(hand wash)　　② 새니타이저(sanitizer)
③ 비누(soap)　　④ 핸드크림(hand cream)

35. 피부의 미백을 돕는 데 사용되는 화장품 성분이 아닌 것은? [참조 p58, p59, p85, p86, p297]

① 플라센타, 비타민 C　　② 레몬추출물, 감초추출물
③ 코직산, 구연산　　④ 캄퍼, 카모마일

36. 다음 중 네일 팁의 재질이 아닌 것은? [참조 p173, p174, p179, p187]

① 아세테이트　　② 플라스틱
③ 아크릴　　④ 나일론

37. 건강한 네일의 조건에 대한 설명으로 틀린 것은? [참조 p40]

① 건강한 네일은 유연하고 탄력성이 좋아서 튼튼하다.
② 건강한 네일은 네일베드에 단단히 잘 부착되어야 한다.
③ 건강한 네일은 연한 핑크빛을 띠며 내구력이 좋아야 한다.
④ 건강한 네일은 25~30%의 수분과 10%의 유분을 함유해야 한다.

정답 33. ②　34. ②　35. ④　36. ③　37. ④

38. 네일 역사에 대한 설명으로 잘못 연결된 것은? [참조 p8, p9, p10]

　① 1930년대 – 인조네일 개발　　② 1950년대 – 패디큐어 등장

　③ 1970년대 – 아몬드형 네일 유행　④ 1990년대 – 네일시장의 급성장

39. 네일 숍에서 시술이 불가능한 손톱 병변에 해당하는 것은? [참조 p41, p42, p43, p44, p45]

　① 조갑박리증(오니코리시스)　　② 조갑위측증(오니케트로피아)

　③ 조갑비대증(오니콕시스)　　　④ 조갑익상편(테리지움)

40. 손과 발의 뼈구조에 대한 설명으로 틀린 것은? [참조 p99, p100, p101]

　① 한 손은 손목뼈 8개, 손바닥뼈 5개, 손가락뼈 14개로 총 27개의 뼈로 구성되어 있다.

　② 한 발은 발목뼈 7개, 발바닥뼈 5개, 발가락뼈 14개로 총 26개의 뼈로 구성되어 있다.

　③ 손목뼈는 손목을 구성하는 뼈로 8개의 작고 다른 뼈들이 두 줄로 손목에 위치하고 있다.

　④ 발목뼈는 몸의 무게를 지탱하는 5개의 길고 가는 뼈로 체중을 지탱하기 위해 튼튼하고 길다.

41. 네일 큐티클에 대한 설명으로 옳은 것은? [참조 p131, p132]

　① 살아있는 각질 세포이다.　　　② 완전히 제거가 가능하다.

　③ 네일 베드에서 자라나온다.　　④ 손톱주위를 덮고 있다.

42. 손톱의 구조에 대한 설명으로 가장 거리가 먼 것은? [참조 p54, p55, p131, p132]

　① 네일 플레이트(조판)는 단단한 각질 구조물로 신경과 혈관이 없다.

　② 네일 루트(조근)는 손톱이 자라나기 시작하는 곳이다.

　③ 프리에지(자유연)는 손톱의 끝부분으로 네일베드와 분리되어 있다.

　④ 네일 베드(조상)는 네일 플레이트(조판) 위에 위치하며 손톱의 신진대사를 돕는다.

정답　38. ③　39. ①　40. ④　41. ④　42. ④

43. 자율 신경에 대한 설명으로 틀린 것은? [참조 p106, p107]

① 복재신경 – 종아리 뒤 바깥쪽을 내려와 발뒤꿈치의 바깥쪽 뒤에 분포

② 배측신경 – 발등에 분포

③ 요골신경 – 손등에 외측과 요골에 분포

④ 수지골신경 – 손가락에 분포

44. 마누스(Manus)와 큐라(Cura)라는 말에서 유래된 용어는? [참조 p07]

① 네일 팁(Nail Tip)　　② 매니큐어(Manicure)

③ 페디큐어(Pedicure)　　④ 아크릴릭(Acrylic)

45. 다음 중 조갑종렬증(오니코렉시스)에 관한 설명으로 옳은 것은? [참조 p41, p42, p43, p44, p45]

① 손톱의 색이 푸르스름하게 변하는 증상이다.

② 멜라닌색소가 착색되어 일어나는 증상이다.

③ 손톱이 갈라지거나 부서지는 증상이다.

④ 큐티클이 과잉 성장하여 네일 플레이트 위로 자라는 증상이다.

46. 다음 중 고객관리카드의 작성 시 기록해야 할 내용과 가장 거리가 먼 것은? [참조 p47, p48]

① 손발의 질병 및 이상증상

② 시술 시 주의사항

③ 고객이 원하는 서비스의 종류 및 시술내용

④ 고객의 학력여부 및 가족사항

정답 43. ① 44. ② 45. ③ 46. ④

47. 손목을 굽히고 손가락을 구부리는 데 작용하는 근육은? [참조 p102]

   ① 회내근
   ② 회외근
   ③ 장근
   ④ 굴근

48. 네일의 구조에서 모세혈관, 림프 및 신경조직이 있는 것은? [참조 p47, p48]

   ① 매트릭스
   ② 에포니키움
   ③ 큐티클
   ④ 네일보디

49. 다음 중 손톱 밑의 구조에 포함되지 않는 것은? [참조 p54, p55, p131, p132]

   ① 반월(루눌라)
   ② 조모(매트릭스)
   ③ 조근(네일루트)
   ④ 조상(네일 베드)

50. 에포니키움과 관련한 설명으로 틀린 것은? [참조 p54, p55, p131, p132]

   ① 네일 메트릭스를 보호한다.
   ② 에포니키움 위에는 큐티클이 존재한다.
   ③ 에포니키움 아래편은 끈적한 형질로 되어 있다.
   ④ 에포니키움의 부상은 영구적인 손상을 초래한다.

51. 푸셔로 큐티클을 밀어 올릴 때 가장 적합한 각도는? [참조 p134]

   ① 15°
   ② 30°
   ③ 45°
   ④ 60°

정답 47. ④ 48. ① 49. ③ 50. ② 51. ③

52. 팁 위드 랩 시술 시 사용하지 않는 재료는? [참조 p205, p207]

   ① 글루 드라이
   ② 실크
   ③ 젤 글루
   ④ 아크릴 파우더

53. 컬러링의 설명으로 틀린 것은? [참조 p163, p164]

   ① 베이스 코트는 폴리시의 착색을 방지한다.
   ② 폴리시 브러시의 각도는 90도로 잡는 것이 가장 적합하다.
   ③ 폴리시는 얇게 바르는 것이 빨리 건조하고 색상이 오래 유지된다.
   ④ 톱 코트는 폴리시의 광택을 더해주고 지속력을 높인다.

54. 네일 종이 폼의 적용 설명으로 틀린 것은? [참조 p221, p222]

   ① 다양한 스컬프처 네일 시술 시에 사용한다.
   ② 자연스런 네일의 연장을 만들 수 있다.
   ③ 디자인 UV젤 팁 오버레이 시에 사용한다.
   ④ 일회용이며 프렌치 스컬프처에 적용한다.

55. 패디큐어 시술 순서로 가장 적합한 것은? [참조 p133, p134, p135, p136]

   ① 소독하기 - 폴리시지우기 - 발톱 모양 만들기 - 큐티클 오일 바르기 - 큐티클 정리하기
   ② 폴리시 지우기 - 소독하기 - 발톱 표면 정리하기 - 큐티클 오일 바르기 - 큐티클 정리하기
   ③ 소독하기 - 발톱 표면 정리하기 - 폴리시 지우기 - 발톱 모양 만들기 - 큐티클 정리하기
   ④ 폴리시 지우기 - 소독하기 - 발톱 모양 만들기 - 큐티클 오일 바르기 - 큐티클 정리하기

정답 52. ④ 53. ② 54. ③ 55. ①

56. 프렌치 컬러링에 대한 설명으로 옳은 것은? [참조 p167, p168, p169, p171]

① 옐로 라인에 맞추어 완만한 U자 형태로 컬러링한다.
② 프리에지의 컬러링의 너비는 규격화되어 있다.
③ 프리에지의 컬러링 색상은 흰색으로 규정되어 있다.
④ 프리에지 부분만을 제외하고 컬러링한다.

57. 아크릴릭 시술에서 핀칭(Pinching)을 하는 주된 이유는? [참조 p241]

① 리프팅(Lifting)방지에 도움이 된다.
② C커브에 도움이 된다.
③ 하이 포인트 형성에 도움이 된다.
④ 에칭(Etching)에 도움이 된다.

58. 아크릴릭 네일의 제거 방법으로 가장 적합한 것은? [참조 p116]

① 드릴머신으로 갈아준다.
② 솜에 아세톤을 적혀 호일로 감싸 30분 정도 불린 후 오렌지 우드스틱으로 밀어서 떼어준다.
③ 100그릿 파일로 파일링하여 제거한다.
④ 솜에 알코올을 적셔 호일로 감싸 30분 정도 불린 후 오렌지 우드스틱으로 밀어서 떼어준다.

59. UV젤의 특징이 아닌 것은? [참조 p221, p222]

① 올리고머 형태의 분자구조를 가지고 있다.
② 톱 젤의 광택은 인조 네일 중 가장 좋다.
③ 젤은 농도에 따라 묽기가 약간씩 다르다.
④ UV젤은 상온에서 경화가 가능하다.

60. 패디큐어 시술 시 굳은살을 제거하는 도구의 명칭은? [참조 p35]

① 푸셔
② 토 세퍼레이터
③ 콘커터
④ 클리퍼

정답 56. ① 57. ② 58. ② 59. ④ 60. ③

미용사(네일) 필기 기출문제 (2015년 10월 10일)

1. 영양소의 3대 작용으로 틀린 것은? [참조 p58, p59]

   ① 신체의 생리기능 조절　　② 에너지 열량 감소
   ③ 신체의 조직구성　　　　　④ 열량공급 작용

2. 다음 중 식물에게 가장 피해를 많이 줄 수 있는 기체는? [참조 p287, p288]

   ① 일산화탄소　　② 이산화탄소
   ③ 탄화수소　　　④ 이산화황

3. ( ) 안에 들어갈 알맞은 것은? [참조 p280]

   > (　　)(이)란 감염병 유행지역의 입국자에 대하야 감염병 감염이 의심되는 사람의 강제격리로서 "건강격리"라고도 한다.

   ① 검역　　② 감금
   ③ 감시　　④ 전파예방

4. 감염병을 옮기는 질병과 그 매개곤충을 연결한 것으로 옳은 것은? [참조 p292]

   ① 말라리아 – 진드기
   ② 발진티푸스 – 모기
   ③ 양충병(쯔쯔가무시) – 진드기
   ④ 일본뇌염 – 체체파리

정답 1. ② 2. ④ 3. ① 4. ③

5. 사회보장의 종류에 따른 내용의 연결이 옳은 것은? [참조 p301]

① 사회보험 – 기초생활보장, 의료보장

② 사회보험 – 소득보장, 의료보장

③ 공적부조 – 기초생활보장, 보건의료서비스

④ 공적부조 – 의료보장, 사회복지서비스

6. 일명 도시형, 유입형이라고도 하며 생산층 인구가 전체인구의 50% 이상이 되는 인구구성의 유형은? [참조 p274, p275]

① 별형(star form)
② 항아리형(pot form)
③ 농촌형(guitar form)
④ 종형(bell form)

7. 다음 감염병 중 호흡기계 감염병에 속하는 것은? [참조 p281]

① 발진티푸스
② 파라티푸스
③ 디프테리아
④ 황열

8. 이 미용업소에서 공기 중 비말감염으로 가장 쉽게 옮겨질 수 있는 감염병은? [참조 p308]

① 인플루엔자
② 대장균
③ 뇌염
④ 장티푸스

9. 소독약의 살균력 지표로 가장 많이 이용되는 것은? [참조 p29, p30, p308, p309, p311]

① 알코올
② 크레졸
③ 석탄산
④ 포름알데히드

정답 5. ② 6. ① 7. ③ 8. ① 9. ③

10. 소독제의 구비조건과 가장 거리가 먼 것은? [참조 p32, p306]

① 높은 살균력을 가질 것
② 인축에 해가 없어야 할 것
③ 저렴하고 구입과 사용이 간편할 것
④ 냄새가 강할 것

11. 다음 소독 방법 중 완전 멸균으로 가장 빠르고 효과적인 방법은? [참조 p305]

① 유통증기법
② 간헐살균법
③ 고압증기법
④ 건열소독

12. 인체에 질병을 일으키는 병원체 중 대체로 살아있는 세포에서만 증식하고 크기가 가장 작아 전자현미경으로만 관찰할 수 있는 것은? [참조 p306, p307]

① 구균
② 간균
③ 바이러스
④ 원생동물

13. 다음 중 아포(포자)까지도 사멸시킬 수 있는 멸균 방법은? [참조 p30]

① 자외선조사법
② 고압증기멸균법
③ P.O.(Propylene Oxide)가스 멸균법
④ 자비소독법

14. 이 미용업소 쓰레기통, 하수구 소독으로 효과적인 것은? [참조 p31]

① 역성비누액, 승홍수
② 승홍수, 포르말린수
③ 생석회, 석회유
④ 역성비누액, 생석회

정답 10. ④ 11. ③ 12. ③ 13. ② 14. ③

15. 여드름을 유발하는 호르몬은? [참조 p55]

   ① 인슐린(insulin) ② 안드로겐(androgen)
   ③ 에스트로겐(estrogen) ④ 티록신(thyroxine)

16. 멜라닌 세포가 주로 위치하는 곳은? [참조 p53, p77]

   ① 각질층 ② 기저층
   ③ 유극층 ④ 망상층

17. 사춘기 이후 성호르몬의 영향을 받아 분비되기 시작하는 땀샘으로 체취선이라고 하는 것은?
   [참조 p54, p55]

   ① 소한선 ② 대한선
   ③ 갑상선 ④ 피지선

18. 일광화상의 주된 원인이 되는 자외선은? [참조 p60]

   ① UV-A ② UV-B
   ③ UV-C ④ 가시광선

19. 노화 피부에 대한 전형적인 증세는? [참조 p63, p64]

   ① 피지가 과다 분비되어 번들거린다.
   ② 항상 촉촉하고 매끈하다.
   ③ 수분이 80% 이상이다.
   ④ 유분과 수분이 부족하다.

정답 15. ② 16. ② 17. ② 18. ② 19. ④

20. 다음 중 뼈와 치아의 주성분이며, 결핍되면 혈액의 응고현상이 나타나는 영양소는? [참조 p58]

　① 인(P)　　　　　　　　② 아이오딘(I)
　③ 칼슘(Ca)　　　　　　 ④ 철분(Fe)

21. 피지, 각질세포, 박테리아가 서로 엉겨서 모공이 막한 상태를 무엇이라 하는가? [참조 p65, p66]

　① 구진　　　　　　　　② 면포
　③ 반점　　　　　　　　④ 결절

22. 과태로의 부과·징수 절차에 관한 설명으로 틀린 것은? [참조 p319, p320]

　① 시장·군수·구청장이 부과·징수한다.
　② 과태료 처분의 고지를 받은 날부터 30일 이내에 이의를 제기할 수 있다.
　③ 과태료 처분을 받은 자가 이의를 제기한 경우 처분권자는 보건복지부장관에게 이를 통지한다.
　④ 기간 내 이의제기 없이 과태료를 납부하지 아니한 때에는 지방세 체납 처분의 예에 따른다.

23. 면허의 정지명령을 받은 자가 반납한 면허증은 정지 기간 동안 누가 보관하는가? [참조 p313]

　① 관할 시·도지사　　　　② 관할 시장·군수·구청장
　③ 보건복지부장관　　　　④ 관할 경찰서장

24. 공중위생업자가 매년 받아야 하는 위생교육 시간은? [참조 p318]

　① 5시간　　　　　　　　② 4시간
　③ 3시간　　　　　　　　④ 2시간

정답 20. ③ 21. ② 22. ③ 23. ② 24. ③

25. 다음 중 청문의 대상이 아닌 때는? [참조 p313, p314, p315, p317]

① 면허취소 처분을 하고자 하는 때
② 면허정지 처분을 하고자 하는 때
③ 영업소폐쇄명령의 처분을 하고자 하는 때
④ 벌금으로 처벌하고자 하는 때

26. 신고를 하지 아니하고 영업소의 소재지를 변경한 때에 대한 1차 위반 시 행정처분 기준은? [참조 p317]

① 영업장 폐쇄명령　　② 영업정지 6월
③ 영업정지 3월　　　④ 영업정지 2월

27. 이·미용업 영업신고 신청 시 필요한 구비서류에 해당하는 것은? [참조 p320]

① 이·미용사 자격증 원본　　② 면허증 원본
③ 호적등본 및 주민등록본　　④ 건축물 대장

28. 공중위생관리법상 이·미용 기구의 소독기준 및 방법으로 틀린 것은?

[참조 p29, p30, p308, p309, p311]

① 건열멸균소독 : 섭씨 100℃ 이상의 건조한 열에 10분 이상 쐬어준다.
② 증기 소독 : 섭씨 100℃ 이상의 습한 열에 20분 이상 쐬어준다.
③ 열탕소독 : 섭씨 100℃ 이상의 물속에 10분 이상 끓여준다.
④ 석탄산수소독 : 석탄산수(석탄산 3%, 물 97%의 수용액)에 10분 이상 담가둔다.

29. 다음 중 미백 기능과 가장 거리가 먼 것은? [참조 p58, p59, p85, p86, p297]

① 비타민 C　　　　② 코직산
③ 캠퍼　　　　　　④ 감초

정답 25. ④　26. ①　27. ②　28. ①　29. ③

30. 린스의 기능으로 틀린 것은? [참조 p74]

   ① 정전기를 방지한다.
   ② 모발 표면을 보호한다.
   ③ 자연스러운 광택을 준다.
   ④ 세정력이 강하다.

31. 화장수에 대한 설명 중 올바르지 않은 것은? [참조 p92]

   ① 수렴화장수는 아스트린젠트라고 불린다.
   ② 수렴화장수는 지성, 복합성 피부에 효과적으로 사용된다.
   ③ 유연화장수는 건성 또는 노화피부에 효과적으로 사용된다.
   ④ 유연화장수는 모공을 수축시켜 피부결을 섬세하게 정리해 준다.

32. 화장품의 4대 요건에 속하지 않는 것은? [참조 p70]

   ① 안전성
   ② 안정성
   ③ 치유성
   ④ 유효성

33. 아줄렌(Azulene)은 어디에서 얻어지는가? [참조 p85]

   ① 카모마일(Camomile)
   ② 로얄젤리(Royal Jelly)
   ③ 아르니카(Arnica)
   ④ 조류(Algae)

34. 화장품 성분 중 기초화장품이나 메이크업 화장품에 널리 사용되는 고형의 유성성분으로 화학적으로는 고급지방산에 고급알코올이 결합된 에스테르이며, 화장품의 굳기를 증가시켜주는 원료에 속하는 것은? [참조 p83]

   ① 왁스(wax)
   ② 폴리에틸렌글리콜(polyethylene glycol)
   ③ 피마자유(caster oil)
   ④ 바셀린(vaseline)

정답 30. ④ 31. ④ 32. ③ 33. ① 34. ①

35. 향수에 대한 설명으로 옳은 것은? [참조 p71, p75, p76]

① 퍼퓸(perfume extract) - 알코올 70%와 향수원액을 30% 포함하며, 향이 3일 정도 지속된다.

② 오드 퍼퓸(eau de perfume) - 알코올 95% 이상, 향수원액 2~3%로 30분 정도 향이 지속된다.

③ 샤워 코롱(shower cologne) - 알코올 80%와 물 및 향수원액 15%가 함유된 것으로 5시간 정도 향이 지속된다.

④ 헤어 토닉(hair tonic) - 알코올 85~95%와 향수원액 8% 가량이 함유된 것으로 향이 2~3시간 정도 지속된다.

36. 네일 숍(shop)의 안전관리를 위한 대처방법으로 가장 적합하지 않은 것은? [참조 p22, p23]

① 화학물질을 사용할 때는 반드시 뚜껑이 있는 용기를 이용한다.

② 작업 시 마스크를 착용하여 가루의 흡입을 막는다.

③ 작업공간에서는 음식물이나 음료, 흡연을 금한다.

④ 가능하면 스프레이 형태의 화학물질을 사용한다.

37. 손톱의 구조 중 조근에 대한 설명으로 가장 적합한 것은? [참조 p54, p55, p131, p132]

① 손톱 모양을 만든다.　　② 연분홍의 반달모양이다.

③ 손톱이 자라기 시작하는 곳이다.　　④ 손톱의 수분공급을 담당한다.

38. 네일 질환 중 교조증(오니코파지, Onychophagy)의 원인과 관리법 중 가장 적합한 것은? [참조 p41]

① 유전에 의하여 손톱의 끝이 두껍게 자라는 것이 원인으로 매니큐어나 페디큐어가 증상을 완화 시킨다.

② 멜라닌 색소가 착색되어 일어나는 증상이 원인이며 손톱이 자라면서 없어지기도 한다.

③ 손톱을 심하게 물어뜯을 경우 원인이 되며 인조손톱을 붙여서 교정할 수 있다.

④ 식습관이나 질병에서 비롯된 증상이 원인이며 부드러운 파일을 사용하여 관리한다.

정답 35. ① 36. ④ 37. ③ 38. ③

39. 네일미용 관리 중 고객관리에 대한 응대로 지켜야 할 사항이 아닌 것은? [참조 p47, p48]

① 시술의 우선순위에 대한 논쟁을 막기 위해서 예약 고객을 우선으로 한다.

② 고객이 도착하기 전에 필요한 물건과 도구를 준비해야 한다.

③ 관리 중에는 고객과 대화를 나누지 않는다.

④ 고객에게 소지품과 옷 보관함을 제공하고 바뀌는 일이 없도록 한다.

40. 다음 중 손톱의 역할과 가장 거리가 먼 것은? [참조 p132]

① 손끝과 발끝을 외부 자극으로부터 보호한다.

② 미적 장식적 기능이 있다.

③ 방어와 공격의 기능이 있다.

④ 분비기능이 있다.

41. 한국의 네일미용의 역사에 관한 설명 중 틀린 것은? [참조 p10]

① 우리나라 네일 장식의 시작은 봉선화 꽃물을 들이는 것이라 할 수 있다.

② 한국의 네일 산업의 본격화되기 시작한 것은 1960년대 중반으로 미국과 일본의 영향으로 네일산업이 급성장하면서 대중화되기 시작했다.

③ 1990년대부터 대중화되어 왔고, 1998년에는 민간자격증이 도입되었다.

④ 화장품 회사에서 다양한 색상의 폴리시를 판매하면서 일반인들이 네일에 대해 관심을 갖기 시작했다.

42. 다음 중 네일미용 시술이 가능한 경우는? [참조 p41, p42, p43]

① 사상균증   ② 조갑구만증
③ 조갑탈락증   ④ 행네일

정답 39. ③ 40. ④ 41. ② 42. ④

43. 화학물질로부터 자신과 고객을 보호하는 방법으로 틀린 것은? [참조 p22]

① 화학물질은 피부에 닿아도 되기 때문에 신경 쓰지 않아도 된다.
② 통풍이 잘 되는 작업장에서 작업을 한다.
③ 공중 스프레이 제품보다 찍어 바르거나 솔로 바르는 제품을 선택한다.
④ 콘택트렌즈의 사용을 제한한다.

44. 손가락과 손가락 사이가 붙지 않고 벌어지게 하는 외향에 작용하는 손등의 근육은? [참조 p102]

① 외전근　　　　　　　　② 내전근
③ 대립근　　　　　　　　④ 회외근

45. 고객관리에 대한 설명으로 옳은 것은? [참조 p47, p48]

① 피부 습진이 있는 고객은 처치를 하면서 서비스한다.
② 진한 메이크업을 하고 고객을 응대한다.
③ 네일제품으로 인한 알레르기 반응기 생길 수 있으므로 원인이 되는 제품의 사용을 멈추도록 한다.
④ 문제성 피부를 지는 고객에게 주어진 업무수행을 자유롭게 한다.

46. 네일미용의 역사에 대한 설명으로 틀린 것은? [참조 p8, p9]

① 최초의 네일미용은 기원전 3000년경에 이집트에서 시작되었다.
② 고대 이집트에서는 헤나를 이용하여 붉은 오렌지색으로 손톱을 물들였다.
③ 그리스에서는 계란 흰자와 아라비아산 고무나무 수액을 섞어 손톱에 칠하였다.
④ 15세기 중국의 명 왕조에서는 흑색과 적색으로 손톱에 칠하여 장식하였다.

정답　43. ①　44. ①　45. ③　46. ③

47. 손톱의 구조에서 자유연(프리에지) 밑 부분의 피부를 무엇이라 하는가? [참조 p131, p132]

    ① 하조피(하이포니키움) ② 조구(네일 그루브)
    ③ 큐티클 ④ 조상연(페리오니키움)

48. 다음 중 발의 근육에 해당하는 것은? [참조 p103, p104, p105]

    ① 비복근 ② 대퇴근
    ③ 장골근 ④ 족배근

49. 네일도구의 설명으로 틀린 것은? [참조 p235, p236]

    ① 큐티클 니퍼 : 손톱 위에 거스러미가 생긴 살을 제거할 때 사용한다.
    ② 아크릴릭 브러시 : 아크릴릭 파우더로 볼을 만들어 인조손톱을 만들 때 사용한다.
    ③ 클리퍼 : 인조팁을 잘라 길이를 조절할 때 사용한다.
    ④ 아크릴릭 폼지 : 팁 없이 아크릴릭 파우더만을 가지고 네일을 연장할 때 사용하는 일종의 받침대 역할을 한다.

50. 다음 중 손가락의 수지골 뼈의 명칭이 아닌 것은? [참조 p100]

    ① 기절골 ② 말절골
    ③ 중절골 ④ 요골

51. 폴리시를 바르는 방법 중 손톱이 길고 가늘게 보이도록 하기 위해 양쪽 사이드 부위를 남겨두는 컬러링 방법은? [참조 p131, p163, p164]

    ① 프리에지(free edge) ② 풀코트(full coat)
    ③ 슬림 라인(slim line) ④ 루눌라(lunula)

정답 47. ① 48. ④ 49. ③ 50. ②, ④ 51. ③

52. UV-젤 네일의 설명으로 옳지 않은 것은? [참조 p221, p222]

   ① 젤은 끈끈한 점성을 가지고 있다.
   ② 파우더와 믹스되었을 때 단단해진다.
   ③ 네일 리무버로 제거되지 않는다.
   ④ 투명도와 광택이 뛰어나다.

53. 페디큐어의 시술방법으로 맞는 것은? [참조 p35]

   ① 파고드는 발톱의 예방을 위하여 발톱의 모양(shape)은 일자형으로 한다.
   ② 혈압이 높거나 심장병이 있는 고객은 마사지를 더 강하게 해 준다.
   ③ 모든 각질 제거에는 콘커터를 사용하여 완벽하게 제거한다.
   ④ 발톱의 모양은 무조건 고객이 원하는 형태로 잡아준다.

54. 습식매니큐어 시술에 관한 설명으로 틀린 것은? [참조 p133, p134, p135]

   ① 고객의 취향과 기호에 맞게 손톱 모양을 잡는다.
   ② 자연손톱 파일링 시 한 방향으로 시술한다.
   ③ 손톱 질환이 심각할 경우 의사의 진료를 권한다.
   ④ 큐티클은 죽은 각질피부이므로 반드시 모두 제거하는 것이 좋다.

55. 페디파일의 사용 방향으로 가장 적합한 것은? [참조 p35]

   ① 바깥쪽에서 안쪽으로   ② 왼쪽에서 오른쪽으로
   ③ 족문 방향으로   ④ 사선 방향으로

정답 52. ② 53. ① 54. ④ 55. ③

56. 네일 팁에 대한 설명으로 틀린 것은? [참조 p191, p192, p193, p194]

　① 네일 팁 접착 시 손톱의 1/2 이상 커버해서는 안 된다.
　② 네일 팁은 손톱의 크기에 너무 크거나 작지 않은 가장 잘 맞는 사이즈의 팁을 사용한다.
　③ 웰 부분의 형태에 따라 풀 웰(full well)과 하프 웰(half well)이 있다.
　④ 자연 손톱이 크고 납작한 경우 커브타입의 팁이 좋다.

57. 큐티클을 정리하는 도구의 명칭으로 가장 적합한 것은? [참조 p134, p135, p136]

　① 핑거볼　　　　　　　　② 니퍼
　③ 핀셋　　　　　　　　　④ 클리퍼

58. 네일 팁 오버레이의 시술과정에 대한 설명으로 틀린 것은? [참조 p191, p192, p193, p194]

　① 네일 팁 접착 시 자연손톱 길이의 1/2 이상 덮지 않는다.
　② 자연 손톱이 넓은 경우 좁게 보이게 하기 위하여 작은 사이즈의 네일 팁을 붙인다.
　③ 네일 팁의 접착력을 높여주기 위해 자연손톱의 에칭 작업을 한다.
　④ 프리프라이머를 자연손톱에만 도포한다.

59. 아크릴릭 시술 시 바르는 프라이머에 대한 설명 중 틀린 것은? [참조 p191, p192, p193, p194]

　① 단백질을 화학작용으로 녹여준다.
　② 아크릴릭 네일이 손톱에 잘 부착되도록 도와준다.
　③ 피부에 닿으면 화상을 입힐 수 있다.
　④ 충분한 양으로 여러 번 도포해야 한다.

정답 56. ④　57. ②　58. ②　59. ④

60. 아크릴릭 네일의 보수 과정에 대한 설명으로 가장 거리가 먼 것은? [참조 p253, p254, p255]

① 들뜬 부분의 경계를 파일링한다.

② 아크릴릭 표면이 단단하게 굳은 후에 파일링 한다.

③ 새로 자라난 자연 손톱 부분에 프라이머를 바른다.

④ 들뜬 부분에 오일 도포 후 큐티클을 정리한다.

정답 60. ④

미용사(네일) 필기 기출문제 (2016년 1월 24일)

1. 야채를 고온에서 요리할 때 가장 파괴되기 쉬운 비타민은?　[참조 p58, p59, p85, p86, p297]

   ① 비타민 A　　② 비타민 C
   ③ 비타민 D　　④ 비타민 K

2. 다음 중 병원소에 해당하지 않는 것은?　[참조 p279]

   ① 흙　　② 물
   ③ 가축　　④ 보균자

3. 일반폐기물 처리방법 중 가장 위생적인 방법은?　[참조 p288]

   ① 매립법　　② 소각법
   ③ 투기법　　④ 비료화법

4. 인구통계에서 5~9세 인구란?　[참조 p276, p277]

   ① 만4세 이상 ~ 만8세 미만 인구　　② 만5세 이상 ~ 만10세 미만 인구
   ③ 만4세 이상 ~ 만9세 미만 인구　　④ 4세 이상 ~ 9세 이하 인구

5. 모유수유에 대한 설명으로 옳지 않은 것은?　[참조 p62]

   ① 수유 전 산모의 손을 씻어 감염을 예방하여야 한다.
   ② 모유수유를 하면 배란을 촉진시켜 임신을 예방 하는 효과가 없다.
   ③ 모유에는 림프구, 대식세포 등의 백혈구가 들어 있어 각종 감염으로부터 장을 보호하고 설사를 예방하는 데 큰 효과를 갖고 있다.
   ④ 초유는 영양가가 높고 면역체가 있으므로 아기에게 반드시 먹이도록 한다.

정답　1. ②　2. ②　3. ②　4. ②　5. ②

6. 감염병 감염 후 얻어지는 면역의 종류는? [참조 p62, p280]

① 인공능동면역　　② 인공수동면역
③ 자연능동면역　　④ 자연수동면역

7. 다음 중 출생 후 아기에게 가장 먼저 실시하게 되는 예방접종은? [참조 p280]

① 파상풍　　② 결핵
③ 홍역　　④ 폴리오

8. 바이러스의 특성으로 가장 거리가 먼 것은? [참조 p306, p307]

① 생체 내에서만 증식이 가능하다.
② 일반적으로 병원체 중에서 가장 작다.
③ 황열바이러스가 인간질병 최초의 바이러스이다.
④ 항생제에 감수성이 있다.

9. 소독제의 적정 농도로 틀린 것은? [참조 p29, p30, p31, p308, p309, p311]

① 석탄산 1~3%　　② 승홍수 0.1%
③ 크레졸수 1~3%　　④ 알코올 1~3%

10. 병원성·비병원성 미생물 및 포자를 가진 미생물 모두를 사멸 또는 제거하는 것은?

[참조 p305, p306, p311]

① 소독　　② 멸균
③ 방부　　④ 정균

정답 6. ③　7. ②　8. ④　9. ④　10. ②

11. 다음 중 이·미용업소에서 가장 쉽게 옮겨질 수 있는 질병은? [참조 p14]

    ① 소아마비　　　　　　　　　② 뇌염
    ③ 비활동성 결핵　　　　　　　④ 감염성 안질

12. 다음 중 음용수 소독에 사용되는 소독제는? [참조 p209]

    ① 석탄산　　　　　　　　　　② 액체염소
    ③ 승홍　　　　　　　　　　　④ 알코올

13. 다음 중 미생물학의 대상에 속하지 않는 것은? [참조 p306, p307, p308]

    ① 세균　　　　　　　　　　　② 바이러스
    ③ 원충　　　　　　　　　　　④ 원시동물

14. 소독제의 사용 및 보존상의 주의 점으로 틀린 것은? [참조 p29, p30, p308, p309, p311]

    ① 일반적으로 소독제는 밀폐시켜 일광이 직사되지 않는 곳에 보존해야 한다.
    ② 부식과 상관이 없으므로 보관 장소의 제한이 없다.
    ③ 승홍이나 석탄산 같은 것은 인체에 유해하므로 특별히 주의 취급하여야 한다.
    ④ 염소제는 일광과 열에 의해 분해되지 않도록 냉암소에 보존하는 것이 좋다.

15. 리보플라빈이라고도 하며, 녹색 채소류, 밀의 배아, 효모, 계란, 우유 등에 함유되어 있고 결핍되면 피부염을 일으키는 것은? [참조 p58, p59, p85, p86, p297]

    ① 비타민 B2　　　　　　　　 ② 비타민 E
    ③ 비타민 K　　　　　　　　　④ 비타민 A

정답 11. ④　12. ②　13. ④　14. ②　15. ①

16. 다음 태양광선 중 파장이 가장 짧은 것은? [참조 p60, p61]

    ① UV - A
    ② UV - B
    ③ UV - C
    ④ 가시광선

17. 멜라닌 색소 결핍의 선천적 질환으로 쉽게 일광화상을 입는 피부병변은? [참조 p55]

    ① 주근깨
    ② 기미
    ③ 백색증
    ④ 노인성 반점(검버섯)

18. 진균에 의한 피부병변이 아닌 것은? [참조 p65]

    ① 족부백선
    ② 대상포진
    ③ 무좀
    ④ 두부백선

19. 피부에 대한 자외선의 영향으로 피부의 급성반응과 가장 거리가 먼 것은? [참조 p60]

    ① 홍반반응
    ② 화상
    ③ 비타민 D 합성
    ④ 광노화

20. 얼굴에서 피지선이 가장 발달된 곳은? [참조 p53, p54, p55]

    ① 이마 부분
    ② 코 옆 부분
    ③ 턱 부분
    ④ 뺨 부분

21. 에크린 땀샘(소한선)이 가장 많이 분포된 곳은? [참조 p53]

    ① 발바닥
    ② 입술
    ③ 음부
    ④ 유두

정답 16. ③ 17. ③ 18. ② 19. ④ 20. ② 21. ①

22. 이·미용업소 내에 반드시 게시하지 않아도 무방한 것은? [참조 p314, p320]

① 이·미용업 신고증
② 개설자의 면허증 원본
③ 최종지불요금표
④ 이·미용사 자격증

23. 다음 중 이·미용업의 시설 및 설비기준으로 옳은 것은? [참조 p13, p16, p24]

① 소독기, 자외선 살균기 등의 소독장비를 갖추어야 한다.
② 영업소 안에는 별실, 기타 이와 유사한 시설을 설치할 수 있다.
③ 응접장소와 작업장소를 구획하는 경우에는 커튼, 칸막이 기타 이와 유사한 장애물의 설치가 가능하며 외부에서 내부를 확인할 수 없어야 한다.
④ 탈의실, 욕실, 욕조 및 샤워기를 설치하여야 한다.

24. 풍속관련법령 등 다른 법령에 의하여 관계행정기관의 장의 요청이 있을 때 공중위생영업자를 처벌할 수 있는 자는? [참조 p318, p319, p320]

① 시·도지사
② 시장·군수·구청장
③ 보건복지부장관
④ 행정자치부장관

25. 1차 위반 시의 행정처분이 면허취소가 아닌 것은? [참조 p317]

① 국가기술자격법에 따라 이·미용사 자격이 취소된 때
② 이중으로 면허를 취득한 때
③ 면허정지처분을 받고 그 정지 기간 중 업무를 행 한 때
④ 국가기술자격법에 의하여 이·미용사 자격정지 처분을 받을 때

정답 22. ④ 23. ① 24. ② 25. ④

26. 다음 중 영업소 외에서 이용 또는 미용업무를 할 수 있는 경우는? [참조 p316]

> ⊙ 중병에 걸려 영업소에 나올 수 없는 자의 경우
> ⓒ 혼례 기타 의식에 참여하는 자에 대한 경우
> ⓒ 이용장의 감독의 받은 보조원이 업무를 하는 경우
> ⓔ 미용사가 손님 유치를 위하여 통행이 빈번한 장소 에서 업무를 하는 경우

① ⓒ
② ⊙, ⓒ
③ ⊙, ⓒ, ⓒ
④ ⊙, ⓒ, ⓒ, ⓔ

27. 공중위생영업의 승계에 대한 설명으로 틀린 것은? [참조 p313]

① 공중위생영업자가 그 공중위생영업을 양도하거나 사망한 때 또는 법인의 합병이 있는 때에는 그 양수인·상속인 또는 합병 후 존속하는 법인이나 합병에 의하여 설립되는 법인은 그 공중위생 영업자의 지위를 승계한다.
② 이용업 또는 미용업의 경우에는 규정에 의한 면허를 소지한 자에 한하여 공중위생영업자의 지위를 승계할 수 있다.
③ 민사집행법에 의한 경매, 채무자 회생 및 파산에 관한 법률에 의한 환가나 국제징수법·관세법 또는 지방세기본법에 의한 압류재산의 매각, 그 밖에 이에 준하는 절차에 따라 공중위생영업 관련시설 및 설비의 전부를 인수한 자는 이 법에 의한 그 공중위생영업자의 지위를 승계한다.
④ 공중위생영업자의 지위를 승계한 자는 1월 이내에 보건복지부령이 정하는 바에 따라 보건복지부장관에게 신고하여야 한다.

28. 처분기준이 2백만 원 이하의 과태료가 아닌 것은? [참조 p318, p319, p320]

① 규정을 위반하여 영업소 이외 장소에서 이·미용 업무를 행한 자
② 위생교육을 받지 아니한 자
③ 위생 관리 의무를 지키지 아니한 자
④ 관계 공무원의 출입·검사·기타 조치를 거부·방해 또는 기피한 자

정답 26. ② 27. ④ 28. ④

29. 향수의 부향률이 높은 순에서 낮은 순으로 바르게 정렬된 것은? [참조 p75]

   ① 퍼퓸(Perfume) 〉 오데 퍼퓸(Eau de Perfume) 〉 오데 토일렛(Eau de Toilet) 〉 오데 코롱(Eau de Cologne)
   ② 퍼퓸(Perfume) 〉 오데 토일렛(Eau de Toilet) 〉 오데 퍼퓸(Eau de Perfume) 〉 오데 코롱(Eau de Cologne)
   ③ 오데 코롱(Eau de Cologne) 〉 오데 퍼퓸(Eau de Perfume) 〉 오데 토일렛(Eau de Toilet) 〉 퍼퓸(Perfume)
   ④ 오데 코롱(Eau de Cologne) 〉 오데 토일렛(Eau de Toilet) 〉 오데 퍼퓸(Eau de Perfume) 〉 퍼퓸(Perfume)

30. 화장품의 요건 중 제품이 일정기간 동안 변질되거나 분리되지 않는 것을 의미하는 것은 무엇인가? [참조 p70, p79]

   ① 안전성　　　　　　　　② 안정성
   ③ 사용성　　　　　　　　④ 유효성

31. 자외선 차단 성분의 기능이 아닌 것은? [참조 p77, p86]

   ① 노화를 막는다.　　　　② 과색소를 막는다.
   ③ 일광화상을 막는다.　　④ 미백작용을 한다.

32. 다음 중 화장수의 역할이 아닌 것은? [참조 p92]

   ① 피부의 수렴작용을 한다.
   ② 피부 노폐물의 분비를 촉진시킨다.
   ③ 각질층에 수분을 공급한다.
   ④ 피부의 pH 균형을 유지시킨다.

정답　29. ①　30. ②　31. ④　32. ②

33. 양모에서 추출한 동물성 왁스는? [참조 p82]

　① 라놀린　　　　　　　② 스쿠알렌
　③ 레시틴　　　　　　　④ 리바이탈

34. 세정제에 대한 설명으로 옳지 않은 것은? [참조 p94, p95]

　① 가능한 한 피부의 생리적 균형에 영향을 미치지 않는 제품을 사용하는 것이 바람직하다.
　② 대부분의 비누는 알칼리성의 성질을 가지고 있어서 피부의 산, 염기 균형에 영향을 미치게 된다.
　③ 피부노화를 일으키는 활성산소로부터 피부를 보호하기 위해 비타민 C, 비타민 E를 사용한 기능성 세정제를 사용할 수도 있다.
　④ 세정제는 피지선에서 분비되는 피지와 피부장벽의 구성요소인 지질성분을 제거하기 위하여 사용된다.

35. 보디샴푸가 갖추어야 할 이상적인 성질과 거리가 먼 것은? [참조 p74, p75]

　① 각질의 제거 능력　　　　　② 적절한 세정력
　③ 풍부한 거품과 거품의 지속성　　④ 피부에 대한 높은 안정성

36. 파일의 거칠기 정도를 구분하는 기준은? [참조 p116]

　① 파일의 두께　　　　　② 그릿 숫자
　③ 소프트 숫자　　　　　④ 파일의 길이

37. 부드럽고 가늘며 하얗게 되어 네일 끝이 굴곡진 상태의 증상으로 질병, 다이어트, 신경성 등에서 기인되는 네일 병변으로 옳은 것은? [참조 p41, p42, p43, p44, p45]

　① 위축된 네일(onychatrophia)　　② 파란 네일(onychocyanosis)
　③ 계란껍질 네일(onychomalacia)　④ 거스러미 네일(hang nail)

정답 33. ①　34. ④　35. ①　36. ②　37. ③

38. 인체를 구성하는 생태학적 단계로 바르게 나열한 것은? [참조 p97, p98]

① 세포 - 조직 - 기관 - 계통 - 인체

② 세포 - 기관 - 조직 - 계통 - 인체

③ 세포 - 계통 - 조직 - 기관 - 인체

④ 인체 - 계통 - 기관 - 세포 - 조직

39. 네일의 역사에 대한 설명으로 틀린 것은? [참조 p8, p9]

① 최초의 네일관리는 기원전 3,000년경에 이집트와 중국의 상류층에서 시작되었다.

② 고대 이집트에서는 헤나라는 관목에서 빨간색과 오렌지색을 추출하였다.

③ 고대 이집트에서는 남자들도 네일관리를 하였다.

④ 네일관리는 지금까지 5,000년에 걸쳐 변화되어 왔다.

40. 고객의 홈케어 용도로 큐티클 오일을 사용 시 주된 사용 목적으로 옳은 것은? [참조 p113]

① 네일 표면에 광택을 주기 위해서

② 네일과 네일 주변의 피부에 트리트먼트 효과를 주기 위해서

③ 네일 표면에 변색과 오염을 방지하기 위해서

④ 찢어진 손톱을 보강하기 위해서

41. 폴리시 바르는 방법 중 네일을 가늘어 보이게 하는 것은? [참조 p131, p163, p164]

① 프리에지　　　　　　　② 루눌라

③ 프렌치　　　　　　　　④ 프리월

정답 38. ①　39. ③　40. ②　41. ④

42. 다음 중 네일의 병변과 그 원인의 연결이 잘못된 것은? [참조 p41, p42, p43, p44, p45]

① 모반점(니버스) – 네일의 멜라닌 색소 작용
② 과잉성장으로 두꺼운 네일 – 유전, 질병, 감염
③ 고랑 파진 네일 – 아연 결핍, 과도한 푸셔링, 순환계 이상
④ 붉거나 검붉은 네일 – 비타민, 레시틴 부족, 만성질환 등

43. 네일 매트릭스에 대한 설명 중 틀린 것은? [참조 p54, p55, p131, p132]

① 손·발톱의 세포가 생성되는 곳이다.
② 네일 매트릭스의 세로 길이는 네일 플레이트의 두께를 결정한다.
③ 네일 매트릭스의 가로 길이는 네일 베드의 길이를 결정한다.
④ 네일 매트릭스는 네일 세포를 생성시키는 데 필요한 산소를 모세혈관을 통해서 공급받는다.

44. 다음 중 손의 중간근(중수근)에 속하는 것은? [참조 p102]

① 엄지맞섬근(무지대립근)   ② 엄지모음근(무지내전근)
③ 벌레근(충양근)   ④ 작은원근(소원근)

45. 다음 중 뼈의 구조가 아닌 것은? [참조 p98, p99]

① 골막   ② 골질
③ 골수   ④ 골조직

46. 건강한 손톱의 조건으로 틀린 것은? [참조 p40, p131, p163, p164]

① 12~18%의 수분을 함유하여야 한다.   ② 네일 베드에 단단히 부착되어 있어야 한다.
③ 루눌라(반월)가 선명하고 커야 한다.   ④ 유연성과 강도가 있어야 한다.

정답 42. ④   43. ③   44. ③   45. ②   46. ③

47. 일반적인 손·발톱의 성장에 관한 설명 중 틀린 것은? [참조 p55]

① 소지 손톱이 가장 빠르게 자란다.

② 여성보다 남성의 경우 성장 속도가 빠르다.

③ 여름철에 더 빨리 자란다.

④ 발톱의 성장 속도는 손톱의 성장 속도보다 1/2 정도 늦다.

48. 다음 중 소독방법에 대한 설명으로 틀린 것은? [참조 p 31]

① 과산화수소 3% 용액을 피부 상처의 소독에 사용한다.

② 포르말린 1~1.5% 수용액을 도구 소독에 사용한다.

③ 크레졸 3% 물 97% 수용액을 도구 소독에 사용 한다.

④ 알코올 30%의 용액을 손, 피부 상처에 사용한다.

49. 한국 네일미용의 역사와 가장 거리가 먼 것은? [참조 p8, p9]

① 고려시대부터 주술적 의미로 시작하였다.

② 1990년대부터 네일산업이 점차 대중화되어 갔다.

③ 1998년 민간자격시험 제도가 도입 및 시행되었다.

④ 상류층 여성들은 손톱 뿌리부분에 문신 바늘로 색소를 주입하여 상류층임을 과시하였다.

50. 네일 도구를 제대로 위생처리하지 않고 사용했을 때 생기는 질병으로 시술할 수 없는 손톱의 병변은? [참조 p44, p45]

① 오니코렉시스(조갑종렬증)

② 오니키아(조갑염)

③ 에그쉘 네일(조갑연화증)

④ 니버스(모반점)

정답 47. ① 48. ④ 49. ④ 50. ②

51. 젤 큐어링 시 발생하는 히팅 현상과 관련한 내용으로 가장 거리가 먼 것은? [참조 p257]

   ① 손톱이 얇거나 상처가 있을 경우에 히팅 현상이 나타날 수 있다.
   ② 젤 시술이 두껍게 되었을 경우에 히팅 현상이 나타날 수 있다.
   ③ 히팅 현상 발생 시 경화가 잘 되도록 잠시 참는다.
   ④ 젤 시술 시 얇게 여러 번 발라 큐어링하여 히팅 현상에 대처한다.

52. 스마일 라인에 대한 설명 중 틀린 것은? [참조 p229]

   ① 손톱의 상태에 따라 라인의 깊이를 조절할 수 있다.
   ② 깨끗하고 선명한 라인을 만들어야 한다.
   ③ 좌우 대칭의 밸런스보다 자연스러움을 강조해야 한다.
   ④ 빠른 시간에 시술해서 얼룩지지 않도록 해야 한다.

53. 프라이머의 특징이 아닌 것은? [참조 p145]

   ① 아크릴릭 시술 시 자연손톱에 잘 부착되도록 돕는다.
   ② 피부에 닿으면 화상을 입힐 수 있다.
   ③ 자연손톱 표면의 단백질을 녹인다.
   ④ 알칼리 성분으로 자연손톱을 강하게 한다.

54. 가장 기본적인 네일 관리법으로 손톱모양 만들기, 큐티클 정리, 마사지, 컬러링 등을 포함하는 네일 관리법은? [참조 p132, p133, p134, p135, p136]

   ① 습식매니큐어　　　　② 페디아트
   ③ UV 젤네일　　　　　④ 아크릴 오버레이

정답 51. ③ 52. ③ 53. ④ 54. ①

55. 다음 중 원톤 스컬프처 제거에 대한 설명으로 틀린 것은? [참조 p253, p254]

① 니퍼로 뜯는 행위는 자연손톱에 손상을 주므로 피한다.
② 표면에 에칭을 주어 아크릴 제거가 수월하도록 한다.
③ 100% 아세톤을 사용하여 아크릴을 녹여준다.
④ 파일링만으로 제거하는 것이 원칙이다.

56. 페디큐어 과정에서 필요한 재료로 가장 거리가 먼 것은? [참조 p35]

① 니퍼
② 콘커터
③ 액티베이터
④ 토우 세퍼레이터

57. 자연손톱에 인조 팁을 붙일 때 유지하는 가장 적합한 각도는? [참조 p198]

① 35°
② 45°
③ 90°
④ 95°

58. 원톤 스컬프처의 완성 시 인조네일의 아름다운 구조 설명으로 틀린 것은? [참조 p225, p226]

① 옆선이 네일의 사이드 월 부분과 자연스럽게 연결되어야 한다.
② 컨벡스와 컨케이브의 균형이 균일해야 한다.
③ 하이포인트의 위치가 스트레스 포인트 부근에 위치해야 한다.
④ 인조네일의 길이는 길어야 아름답다.

정답 55. ④ 56. ③ 57. ② 58. ④

59. 네일 폼의 사용에 관한 설명으로 옳지 않은 것은? [참조 p225]

① 측면에서 볼 때 네일 폼은 항상 20° 하향하도록 장착한다.

② 자연 네일과 네일 폼 사이가 멀어지지 않도록 장착한다.

③ 하이포니키움이 손상되지 않도록 주의하며 장착한다.

④ 네일 폼이 틀어지지 않도록 균형을 잘 조절하여 장착한다.

60. 페디큐어의 정의로 옳은 것은? [참조 p07]

① 발톱을 관리하는 것을 말한다.

② 발과 발톱을 관리, 손질하는 것을 말한다.

③ 발을 관리하는 것을 말한다.

④ 손상된 발톱을 교정하는 것을 말한다.

정답 59. ① 60. ②

미용사(네일) 필기 기출문제 (2016년 4월 2일)

1. 자연적 환경요소에 속하지 않는 것은? [참조 p13]

   ① 기온　　　　　　　② 기습
   ③ 소음　　　　　　　④ 위생시설

2. 역학에 대한 내용으로 옳은 것은? [참조 p278]

   ① 인간 개인을 대상으로 질병 발생 현상을 설명하는 학문 분야이다.
   ② 원인과 경과보다 결과 중심으로 해석하여 질병 발생을 예방한다.
   ③ 질병 발생 현상을 생물학과 환경적으로 이분하여 설명한다.
   ④ 인간 집단을 대상으로 질병 발생과 그 원인을 탐구하는 학문이다.

3. 파리가 매개할 수 있는 질병과 거리가 먼 것은? [참조 p292]

   ① 아메바성 이질　　　② 장티푸스
   ③ 발진티푸스　　　　④ 콜레라

4. 인구구성 중 14세 이하가 65세 이상 인구의 2배 정도이며 출생률과 사망률이 모두 낮은 형은? [참조 p274]

   ① 피라미드형　　　　② 종형
   ③ 항아리형　　　　　④ 별형

5. 식생활이 탄수화물이 주가 되며, 단백질과 무기질이 부족한 음식물을 장기적으로 섭취함으로써 발생되는 단백질 결핍증은? [참조 p279]

   ① 펠라그라(pellagra)　　② 각기병
   ③ 콰시오르코르증(kwashiorkor)　　④ 괴혈병

정답 1. ④　2. ④　3. ③　4. ②　5. ③

6. 제1군 감염병에 해당하는 것은? [참조 p284]

　　① 콜레라, 장티푸스　　　　② 파라티푸스, 홍역
　　③ 세균성 이질, 폴리오　　　④ A형 간염, 결핵

7. 흡연이 인체에 미치는 영향으로 가장 적합한 것은? [참조 p295]

　　① 구강암, 식도암 등의 원인이 된다.
　　② 피부 혈관을 이완시켜서 피부 온도를 상승시킨다.
　　③ 소화촉진, 식욕증진 등에 영향을 미친다.
　　④ 폐기종에는 영향이 없다.

8. 대장균이 사멸되지 않는 경우는? [참조 p30]

　　① 고압증기멸균　　　　　　② 저온소독
　　③ 방사선멸균　　　　　　　④ 건열멸균

9. 다음 중 자외선 소독기의 사용으로 소독효과를 기대할 수 없는 경우는? [참조 p30]

　　① 여러 개의 머리빗　　　　② 날이 열린 가위
　　③ 염색용 볼　　　　　　　 ④ 여러 장의 겹쳐진 타월

10. 다음 중 가위를 끓이거나 증기소독한 후 처리방법으로 가장 적합하지 않은 것은? [참조 p30]

　　① 소독 후 수분을 잘 닦아낸다.
　　② 수분 제거 후 엷게 기름칠을 한다.
　　③ 자외선 소독기에 넣어 보관한다.
　　④ 소독 후 탄산나트륨을 발라둔다.

정답 6. ①　7. ①　8. ②　9. ④　10. ④

11. 다음 중 미생물의 종류에 해당하지 않는 것은? [참조 p306, p307, p308]

    ① 진균
    ② 바이러스
    ③ 박테리아
    ④ 편모

12. 금속성 식기, 면 종류의 의류, 도자기의 소독에 적합한 소독방법은? [참조 p30]

    ① 화염멸균법
    ② 건열멸균법
    ③ 소각소독법
    ④ 자비소독법

13. 100℃에서 30분간 가열하는 처리를 24시간마다 3회 반복하는 멸균법은? [참조 p30]

    ① 고압증기멸균법
    ② 건열멸균법
    ③ 고온멸균법
    ④ 간헐멸균법

14. 여러 가지 물리화학적 방법으로 병원성 미생물을 가능한 한 제거하여 사람에게 감염의 위험이 없도록 하는 것은? [참조 p29, p30]

    ① 멸균
    ② 소독
    ③ 방부
    ④ 살충

15. 피지선에 대한 설명으로 틀린 것은? [참조 p53, p54, p55]

    ① 피지를 분비하는 선으로 진피 중에 위치한다.
    ② 피지선은 손바닥에는 없다.
    ③ 피지의 1일 분비량은 10~20g 정도이다.
    ④ 피지선이 많은 부위는 코 주위이다.

정답 11. ④ 12. ④ 13. ④ 14. ② 15. ③

16. 다음 중 입모근과 가장 관련 있는 것은? [참조 p54]

　① 수분 조절　　　　　　② 체온 조절
　③ 피지 조절　　　　　　④ 호르몬 조절

17. 적외선이 피부에 미치는 작용이 아닌 것은? [참조 p61]

　① 온열 작용　　　　　　② 비타민 D 형성 작용
　③ 세포증식 작용　　　　④ 모세혈관 확장 작용

18. 얼굴에 있어 T존 부위는 번들거리고, 볼 부위는 당기는 피부 유형은? [참조 p56, p57]

　① 건성피부　　　　　　② 정상(중성) 피부
　③ 지성피부　　　　　　④ 복합성피부

19. 다음 중 기미의 유형이 아닌 것은? [참조 p53]

　① 표피형 기미　　　　　② 진피형 기미
　③ 피하조직형 기미　　　④ 혼합형 기미

20. 지용성 비타민이 아닌 것은? [참조 p58, p59, p85, p86, p297]

　① Vitamin D　　　　　　② Vitamin A
　③ Vitamin E　　　　　　④ Vitamin B

정답　16. ②　17. ②　18. ④　19. ③　20. ④

21. 단순포진이 나타나는 증상으로 가장 거리가 먼 것은? [참조 p65]

    ① 통증이 심하여 다른 부위로 통증이 퍼진다.
    ② 홍반이 나타나고 곧이어 수포가 생긴다.
    ③ 상체에 나타나는 경우 얼굴과 손가락에 잘 나타난다.
    ④ 하체에 나타나는 경우 성기와 둔부에 잘 나타난다.

22. 공중위생관리법에서 사용하는 용어의 정의로 틀린 것은? [참조 p313]

    ① "공중위생영업"이라 함은 다수인을 대상으로 위생관리서비스를 제공하는 영업으로서 숙박업, 목욕장업, 이용업, 미용업, 세탁업, 위생관리용 역업을 말한다.
    ② "숙박업"이라 함은 손님이 잠을 자고 머물 수 있도록 시설 및 설비 등의 서비스를 제공하는 영업을 말한다.
    ③ "위생관리용역업"이라 함은 공중이 이용하는 건축물, 시설물 등의 청결유지와 실내공기정화를 위한 청소 등을 대행하는 영업을 말한다.
    ④ "미용업"이라 함은 손님의 머리카락 또는 수염을 깎거나 다듬는 등의 방법으로 손님의 용모를 단정하게 하는 영업을 말한다.

23. 공중위생관리법상의 규정에 위반하여 위생교육을 받지 아니한 때 부과되는 과태료의 기준은? [참조 p318, p319, p320]

    ① 300만 원 이하
    ② 500만 원 이하
    ③ 400만 원 이하
    ④ 200만 원 이하

24. 이·미용사의 면허가 취소되거나 면허의 정지명령을 받은 자는 누구에게 면허증을 반납하여야 하는가? [참조 p313]

    ① 보건복지부장관
    ② 시·도지사
    ③ 시장·군수·구청장
    ④ 보건소장

정답 21. ① 22. ④ 23. ④ 24. ③

25. 개선을 명할 수 있는 경우에 해당하지 않는 사람은? [참조 p318, p319, p320]

   ① 공중위생영업의 종류별 시설 및 설비기준을 위반한 공중위생영업자
   ② 위생관리의무 등을 위반한 공중위생영업자
   ③ 공중위생영업자의 지위를 승계한 자로서 이에 관한 신고를 하지 아니한 자
   ④ 위생관리의무를 위반한 공중위생시설의 소유자 등

26. 이·미용업자의 위생관리 기준에 대한 내용 중 틀린 것은? [참조 p318]

   ① 요금표 외의 요금을 받지 않을 것
   ② 의료행위를 하지 않을 것
   ③ 의료용구를 사용하지 않을 것
   ④ 1회용 면도날은 손님 1인에 한하여 사용할 것

27. 위생서비스 평가 결과 위생서비스의 수준이 우수하다고 인정되는 영업소에 대하여 포상을 실시할 수 있는 자에 해당하지 않는 것은? [참조 p318, p319, p320]

   ① 구청장   ② 시·도지사
   ③ 군수   ④ 보건소장

28. 손님에게 도박 그 밖에 사행행위를 하게 한 때에 대한 1차 위반 시 행정처분기준은? [참조 p317]

   ① 영업정지 1월   ② 영업정지 2월
   ③ 영업정지 3월   ④ 영업장 폐쇄명령

정답 25. ③   26. ①   27. ④   28. ①

29. 에멀전의 형태를 가장 잘 설명한 것은? [참조 p91]

　① 지방과 물이 불균일하게 섞인 것이다
　② 두 가지 액체가 같은 농도의 한 액체로 섞여있다.
　③ 고형의 물질이 아주 곱게 혼합되어 균일한 것처럼 보인다.
　④ 두 가지 또는 그 이상의 액상물질이 균일하게 혼합되어 있는 것이다.

30. 다음 중 피부 상재균의 증식을 억제하는 항균기능을 가지고 있고, 발생한 체취를 억제하는 기능을 가진 것은? [참조 p75]

　① 보디샴푸　　　　　② 데오도란트
　③ 샤워코롱　　　　　④ 오데토일렛

31. 기능성화장품에 사용되는 원료와 그 기능의 연결이 틀린 것은? [참조 p77, p78, p84, p85, p86]

　① 비타민 C – 미백효과
　② AHA(Alpha – hydroxy acid) – 각질 제거
　③ DHA(dihydroxy acetone) – 자외선 차단
　④ 레티노이드(retinoid) – 콜라겐과 엘라스틴의 회복을 촉진

32. 방부제가 갖추어야 할 조건이 아닌 것은? [참조 p88]

　① 독특한 색상과 냄새를 지녀야 한다.
　② 적용 농도에서 피부에 자극을 주어서는 안 된다.
　③ 방부제로 인하여 효과가 상실되거나 변해서는 안 된다.
　④ 일정 기간 동안 효과가 있어야 한다.

정답 29. ④ 30. ② 31. ③ 32. ①

33. 화장품법상 화장품이 인체에 사용되는 목적 중 틀린 것은? [참조 p69]

    ① 인체를 청결하게 한다.
    ② 인체를 미화한다.
    ③ 인체의 매력을 증진시킨다.
    ④ 인체의 용모를 치료한다.

34. 에센셜 오일의 보관 방법에 관한 내용으로 틀린 것은? [참조 p82]

    ① 뚜껑을 닫아 보관해야 한다.
    ② 직사광선을 피하는 것이 좋다.
    ③ 통풍이 잘되는 곳에 보관해야 한다.
    ④ 투명하고 공기가 통할 수 있는 용기에 보관하여야 한다.

35. 기초화장품의 기능이 아닌 것은? [참조 p92]

    ① 피부 세정
    ② 피부 정돈
    ③ 피부 보호
    ④ 피부결점 커버

36. 발허리뼈(중족골) 관절을 굴곡시키고, 외측 4개 발가락의 지골간관절을 신전시키는 발의 근육은?
    [참조 p103, p104, p105]

    ① 벌레근(충양근)
    ② 새끼벌림근(소지외전근)
    ③ 짧은새끼굽힘근(단소지굴근)
    ④ 짧은엄지굽힘근(단무지굴근)

37. 한국네일미용에서 부녀자와 처녀들 사이에서 염지갑화라고 하는 봉선화 물들이기 풍습이 이루어졌던 시기로 옳은 것은? [참조 p10]

    ① 신라시대
    ② 고구려시대
    ③ 고려시대
    ④ 조선시대

정답 33. ④ 34. ④ 35. ④ 36. ① 37. ③

38. 네일 매트릭스에 대한 설명으로 옳은 것은? [참조 p69]

① 네일 베드를 보호하는 기능을 한다.
② 네일 보디를 받쳐주는 역할을 한다.
③ 모세혈관, 림프, 신경조직이 있다.
④ 손톱이 자라기 시작하는 곳이다.

39. 손톱의 성장과 관련한 내용 중 틀린 것은? [참조 p54, p55, p131, p132]

① 겨울보다 여름이 빨리 자란다.
② 임신기간 동안에는 호르몬의 변화로 손톱이 빨리 자란다.
③ 피부유형 중 지성피부의 손톱이 더 빨리 자란다.
④ 연령이 젊을수록 손톱이 더 빨리 자란다.

40. 손톱의 특성에 대한 설명으로 가장 거리가 먼 것은? [참조 p54, p55, p131, p132]

① 조체(네일 보디)는 약 5% 수분을 함유하고 있다.
② 아미노산과 시스테인이 많이 함유되어 있다.
③ 조상(네일 베드)은 혈관에서 산소를 공급받는다.
④ 피부의 부속물로 신경, 혈관, 털이 없으며 반투명의 각질판이다.

41. 손톱과 발톱을 너무 짧게 자를 경우 발생할 수 있는 것은? [참조 p42]

① 오니코렉시스
② 오니코아트로피
③ 오니코파이마
④ 오니코크립토시스

42. 다음 중 손의 근육이 아닌 것은? [참조 p102]

① 바깥쪽뼈사이근(장측골간근)
② 등쪽뼈사이근(배측골간근)
③ 새끼맞섬근(소지대립근)
④ 반힘줄근(반건양근)

정답 38. ③ 39. ③ 40. ① 41. ④ 42. ④

43. 자연네일이 매끄럽게 되도록 손톱 표면의 거칠음과 기복을 제거하는 데 사용하는 도구로 가장 적합한 것은? [참조 p127]

① 100그릿 네일 파일
② 에머리 보드
③ 네일 클리퍼
④ 샌딩 파일

44. 네일 미용관리 후 고객이 불만족할 경우 네일 미용인이 우선적으로 해야 할 대처 방법으로 가장 적합한 것은? [참조 p48]

① 만족할 수 있는 주변의 네일 샵 소개
② 불만족 부분을 파악하고 해결방안 모색
③ 숍 입장에서의 불만족 해소
④ 할인이나 서비스 티켓으로 상황 마무리

45. 손톱의 주요한 기능 및 역할과 가장 거리가 먼 것은? [참조 p54, p55, p131, p132]

① 물건을 잡거나 긁을 때 또는 성상을 구별하는 기능이 있다.
② 방어와 공격의 기능이 있다.
③ 노폐물의 분비기능이 있다.
④ 손끝을 보호한다.

46. 외국의 네일미용 변천과 관련하여 그 시기와 내용의 연결이 옳은 것은? [참조 p08, p09]

① 1885년 : 폴리시의 필름형성제인 니트로셀룰로스가 개발되었다.
② 1892년 : 손톱 끝이 뾰족한 아몬드형 네일이 유행하였다.
③ 1917년 : 도구를 이용한 케어가 시작되었으며 유럽에서 네일관리가 본격적으로 시작되었다.
④ 1960년 : 인조손톱 시술이 본격적으로 시작되었으며 네일관리와 아트가 유행하기 시작하였다.

정답 43. ④ 44. ② 45. ③ 46. ①

47. 손톱 밑의 구조가 아닌 것은? [참조 p54, p55, p131, p132]

① 조근(네일 루트)   ② 반월(루눌라)
③ 조모(매트릭스)   ④ 조상(네일 베드)

48. 손톱의 이상증상 중 손톱을 심하게 물어뜯어 생기는 증상으로 인조손톱 관리나 매니큐어를 통해 습관을 개선할 수 있는 것은? [참조 p41]

① 고랑진 손톱   ② 교조증
③ 조갑위축증   ④ 조내성증

49. 손가락 마디에 있는 뼈로서 총 14개로 구성되어 있는 뼈는? [참조 p100]

① 손가락뼈(수지골)   ② 손목뼈(수근골)
③ 노뼈(요골)   ④ 자뼈(척골)

50. 손톱에 대한 설명 중 옳은 것은? [참조 p54, p55, p131, p132]

① 손톱에는 혈관이 있다.
② 손톱의 주성분은 인이다.
③ 손톱의 주성분은 단백질이며, 죽은 세포로 구성되어 있다.
④ 손톱에는 신경과 근육이 존재한다.

51. 인조네일을 보수하는 이유로 틀린 것은? [참조 p245, p246, p249, p250, p253, p254, p257, p258]

① 깨끗한 네일 미용의 유지   ② 녹황색균의 방지
③ 인조네일의 견고성 유지   ④ 인조네일의 원활한 제거

정답 47. ① 48. ② 49. ① 50. ③ 51. ④

52. 페디큐어 컬러링 시 작업 공간 확보를 위해 발가락 사이에 끼워주는 도구는? [참조 p35]

① 페디파일
② 푸셔
③ 토 세퍼레이터
④ 콘커터

53. 자연 네일을 오버레이하여 보강할 때 사용할 수 없는 재료는? [참조 p191]

① 실크
② 아크릴
③ 젤
④ 파일

54. 남성 매니큐어 시 자연 네일의 손톱모양 중 가장 적합한 형태는? [참조 p128]

① 오발형
② 아몬드형
③ 둥근형
④ 사각형

55. 페디큐어 작업과정 중 ( )에 해당하는 것은? [참조 p133, p134, p135, p136]

손·발소독 – 폴리시 제거 – 길이 및 모양잡기 – (   ) – 큐티클 정리 – 각질 제거하기

① 매뉴얼테크닉
② 족욕기에 발 담그기
③ 페디파일링
④ 톱 코트 바르기

56. 라이트 큐어드 젤에 대한 설명이 옳은 것은? [참조 p222, p225]

① 공기 중에 노출되면 자연스럽게 응고된다.
② 특수한 빛에 노출시켜 젤을 응고시키는 방법이다.
③ 경화 시 실내온도와 습도에 민감하게 반응한다.
④ 글루 사용 후 글루드라이를 분사시켜 말리는 방법이다.

정답 52. ③ 53. ④ 54. ③ 55. ② 56. ②

57. 네일 팁 작업에서 팁을 접착하는 올바른 방법은? [참조 p191, p192, p192, p193, p198]

① 자연네일보다 한 사이즈 정도 작은 팁을 접착한다.
② 큐티클에 최대한 가깝게 부착한다.
③ 45° 각도로 네일 팁을 접착한다.
④ 자연네일의 절반 이상을 덮도록 한다.

58. 베이스코트와 톱 코트의 주된 기능에 대한 설명으로 가장 거리가 먼 것은? [참조 p164]

① 베이스코트는 손톱에 색소가 착색되는 것을 방지한다.
② 베이스코트는 폴리시가 곱게 발리는 것을 도와준다.
③ 톱 코트는 폴리시에 광택을 더하여 컬러를 돋보이게 한다.
④ 톱 코트는 손톱에 영양을 주어 손톱을 튼튼하게 해준다.

59. 습식매니큐어 작업 과정에서 가장 먼저 해야 할 절차는? [참조 p133, p135]

① 컬러 지우기　　　　② 손톱 모양 만들기
③ 손 소독하기　　　　④ 핑거볼에 손 담그기

60. 아크릴 프렌치 스컬프처 시술 시 형성되는 스마일 라인의 설명으로 틀린 것은?
[참조 p167, p168, p169, p171, p241]

① 선명한 라인 형성　　② 일자 라인 형성
③ 균일한 라인 형성　　④ 좌우 라인 대칭

정답 57. ③　58. ④　59. ③　60. ②

미용사(네일) 필기 기출문제 (2016년 7월 10일)

1. 다음 중 제2군 감염병이 아닌 것은? [참조 p283, p284]

   ① 홍역
   ② 성홍열
   ③ 폴리오
   ④ 디프테리아

2. 다음 5대 영양소 중 신체의 생리기능조절에 주로 작용하는 것은?

   [참조 p58, p59, p85, p86, p295, p296, p297]

   ① 단백질, 지방
   ② 비타민, 무기질
   ③ 지방, 비타민
   ④ 탄수화물, 무기질

3. 다음 중 감염병이 아닌 것은? [참조 p283]

   ① 폴리오
   ② 풍진
   ③ 성병
   ④ 당뇨병

4. 다음 중 실내공기 오염의 지표로 널리 사용되는 것은? [참조 p13, p289]

   ① CO_2
   ② CO
   ③ Ne
   ④ NO

5. 보건행정의 특성과 거리가 먼 것은? [참조 p297, p298, p299, p300]

   ① 공공성과 사회성
   ② 과학성과 기술성
   ③ 조장성과 교육
   ④ 독립성과 독창성

정답 1. ② 2. ② 3. ④ 4. ① 5. ④

6. 출생 시 모체로부터 받는 면역은? [참조 p281]

   ① 인공능동면역　　　　　② 인공수동면역
   ③ 자연능동면역　　　　　④ 자연수동면역

7. 오늘날 인류의 생존을 위협하는 대표적인 3요소는? [참조 p274]

   ① 인구 – 환경오염 – 교통문제　　② 인구 – 환경오염 – 인간관계
   ③ 인구 – 환경오염 – 빈곤　　　　④ 인구 – 환경오염 – 전쟁

8. 다음 중 이학적(물리적) 소독법에 속하는 것은? [참조 p309, p311]

   ① 크레졸 소독　　　　　② 생석회 소독
   ③ 열탕 소독　　　　　　④ 포르말린 소독

9. 다음 중 살균효과가 가장 높은 소독 방법은? [참조 p29, p30, p308]

   ① 염소소독　　　　　　② 일광소독
   ③ 저온소독　　　　　　④ 고압증기멸균

10. 이·미용 작업 시 시술자의 손 소독 방법으로 가장 거리가 먼 것은? [참조 p 31]

    ① 흐르는 물에 비누로 깨끗이 씻는다.
    ② 락스액에 충분히 담갔다가 깨끗이 헹군다.
    ③ 시술 전 70% 농도의 알코올을 적신 솜으로 깨끗이 씻는다.
    ④ 세척액을 넣은 미온수와 솔을 이용하여 깨끗하게 닦는다.

정답　6. ④　7. ③　8. ③　9. ④　10. ②

11. 소독용 과산화수소(H_2O_2) 수용액의 적당한 농도는? [참조 p31]

   ① 2.5 ~ 3.5%
   ② 3.5 ~ 5.0%
   ③ 5.0 ~ 6.0%
   ④ 6.5 ~ 7.5%

12. 세균의 단백질 변성과 응고작용에 의한 기전을 이용하여 살균하고자 할 때 주로 이용하는 방법은? [참조 p308, p309]

   ① 가열
   ② 희석
   ③ 냉각
   ④ 여과

13. 이·미용실의 기구(가위, 레이저) 소독으로 가장 적합한 소독제는? [참조 p31, p32, p318]

   ① 70~80%의 알코올
   ② 100~200배 희석 역성비누
   ③ 5% 크레졸비누액
   ④ 50%의 페놀액

14. 살균작용의 기전 중 산화에 의하지 않는 소독제는? [참조 p308]

   ① 오존
   ② 알코올
   ③ 과망간산칼륨
   ④ 과산화수소

15. 흡연이 인체에 미치는 영향에 대한 설명으로 적절하지 않은 것은? [참조 p295]

   ① 간접흡연은 인체에 해롭지 않다.
   ② 흡연은 암을 유발할 수 있다.
   ③ 흡연은 피부의 표피를 얇아지게 해서 피부의 잔주름 생성을 증가시킨다.
   ④ 흡연은 비타민C를 파괴한다.

정답 11. ① 12. ① 13. ① 14. ② 15. ①

16. 피부 관리가 가능한 여드름의 단계로 가장 적절한 것은? [참조 p65, p84]

   ① 결절
   ② 구진
   ③ 흰 면포
   ④ 농포

17. 다음 중 체모의 색상을 좌우하는 멜라닌이 가장 많이 함유되어 있는 곳은? [참조 p51, p53, p54, p55]

   ① 모표피
   ② 모피질
   ③ 모수질
   ④ 모유두

18. 다음에서 설명하는 피부병변은? [참조 p65]

신진대사의 저조가 원인으로 중년 여성 피부의 유핵 층에 자리하며, 안면의 상반부에 위치한 기름색과 땀구멍에 주로 생성하며 모래알 크기의 각질세포로서 특히 눈 아래 부분에 생긴다.

   ① 매상 혈관종
   ② 비립종
   ③ 섬망성 혈관종
   ④ 섬유종

19. 피부 상피세포조직의 성장과 유지 및 점막손상방지에 필수적인 비타민은?

   [참조 p58, p59, p85, p86, p297, p298]

   ① 비타민 A
   ② 비타민 B
   ③ 비타민 E
   ④ 비타민 K

정답 16. ③ 17. ② 18. ② 19. ①

20. 다한증과 관련한 설명으로 가장 거리가 먼 것은? [참조 p51, p52, p53, p54, p55]

① 더위에 견디기 어렵다.
② 땀이 지나치게 많이 분비된다.
③ 스트레스가 악화요인이 될 수 있다.
④ 손바닥의 다한증은 악수 등의 일상생활에서 불편함을 초래한다.

21. 인체에 있어 피지선이 존재하지 않는 곳은? [참조 p55]

① 이마
② 코
③ 귀
④ 손바닥

22. 이·미용업 영업자가 시설 및 설비기준을 위반한 경우 1차 위반에 대한 행정처분 기준은? [참조 p317]

① 경고
② 개선명령
③ 영업정지5일
④ 영업정지 10일

23. 공중위생감시원의 업무에 해당하지 않는 것은? [참조 p317, p318, p319, p320]

① 공중위생영업 신고 시 시설 및 설비의 확인에 관한사항
② 공중위생영업자 준수사항 이행 여부의 확인에 관한사항
③ 위생지도 및 개선명령 이행 여부의 확인에 관한사항
④ 세금납부 걱정 여부의 확인에 관한사항

24. 법에 따라 이·미용업 영업소 안에 게시하여야 하는 게시물에 해당하지 않는 것은? [참조 p320]

① 이·미용업 신고증
② 개설자의 면허증 원본
③ 최종 지불 요금표
④ 이·미용사 국가기술자격증

정답 20. ① 21. ④ 22. ② 23. ④ 24. ④

25. 과태료 처분에 불복이 있는 자는 그 처분의 고지를 받은 날부터 며칠 이내에 처분권자에게 이의를 제기할 수 있는가? [참조 p319, p320]

① 7일 이내
② 10일 이내
③ 15일 이내
④ 30일 이내

26. 이·미용업 위생교육에 관한 내용이 맞는 것은? [참조 p318, p319, p320]

① 위생교육 대상자는 이·미용업 영업자이다.
② 이·미용사의 면허를 받은 사람은 모두 위생교육을 받아야 한다.
③ 위생교육은 시·군·구청장이 실시한다.
④ 위생교육 시간은 매년 4시간으로 한다.

27. 이·미용사의 면허를 받을 수 없는 자는? [참조 p314]

① 전문대학에서 이용 또는 미용에 관한 학과를 졸업한 자
② 교육부장관이 인정하는 이·미용 고등학교에서 이용 또는 미용에 관한 학과를 졸업한 자
③ 교육부장관이 인정하는 고등기술학교에서 6개월 과정의 이용 또는 미용에 관한 소정의 과정을 이수한 자
④ 국가기술자격법에 의한 이·미용사의 자격을 취득한 자

28. 영업정지처분을 받고 그 영업정지기간 중 영업을 한때, 1차 위반 시 행정처분기준은? [참조 p 317]

① 경고 또는 개선명령
② 영업정지 1월
③ 영업장 폐쇄명령
④ 영업정지 2월

29. 다음 중 립스틱의 성분으로 가장 거리가 먼 것은? [참조 p73, p81]

① 색소
② 라놀린
③ 알란토인
④ 알코올

정답 25. ④ 26. ① 27. ③ 28. ③ 29. ④

30. 화장품 제조와 판매 시 품질의 특성으로 틀린 것은? [참조 p70]

① 효과성　　　　　　　② 유효성
③ 안정성　　　　　　　④ 안정성

31. 다음에서 설명하는 것은? [참조 p58, p59, p77, p84, p85, p86, p297]

> 비타민 A 유도체로 콜라겐 생성을 촉진, 케라티로사이트의 증식촉진, 표피의 두께증가, 히알루론산 생성을 촉진하여 피부 주름을 개선시키고 탄력을 증대시키는 성분이다.

① 코엔자임Q10　　　　② 레티놀
③ 알부틴　　　　　　　④ 세라마이트

32. 화장품의 사용목적과 가장 거리가 먼 것은? [참조 p69, p70, p71]

① 인체를 청결, 미화하기 위하여 사용한다.
② 용모를 변화시키기 위하여 사용한다.
③ 피부, 모발의 건강을 유지하기 위하여 사용한다.
④ 인체에 대한 약리적인 효과를 주기 위해 사용한다.

33. 향수의 구비 요건으로 가장 거리가 먼 것은? [참조 p75, p76]

① 향에 특징이 있어야 한다.
② 향은 적당히 강하고 지속성이 좋아야 한다.
③ 향은 확산성이 낮아야 한다.
④ 시대성에 부합되는 향이어야 한다.

정답　30. ①　31. ②　32. ④　33. ③

34. 계면활성제에 대한 설명으로 옳은 것은? [참조 p87, p88]

① 계면활성제는 일반적으로 둥근 머리모양의 소수성기와 막대꼬리모양의 친수성기를 가진다.
② 계면활성제의 피부에 대한 자극은 양쪽성 > 양이온성 > 음이온성 > 비이온성의 순으로 감소한다.
③ 비이온성 계면활성제는 피부에 대한 안전성이 높고 유화력이 우수하여 에멀전의 유화제로 사용된다.
④ 양이온성 계면활성제는 세정작용이 우수하여 비누, 샴푸 등에 사용 된다.

35. 자외선 차단제의 올바른 사용법은? [참조 p77, p78]

① 자외선 차단제는 아침에 한 번만 바르는 것이 중요하다.
② 자외선 차단제는 도포 후 시간이 경과되면 덧바르는 것이 좋다.
③ 자외선 차단제는 피부에 자극이 됨으로 되도록 사용하지 않는다.
④ 자외선 차단제는 자외선이 강한 여름에만 사용하면 된다.

36. 마누스(Manus)와 큐라(Cura)라는 단어에서 유래된 용어는? [참조 p07]

① 네일 팁(Nail Tip) ② 매니큐어(Manicure)
③ 페디큐어(Pedicure) ④ 아크릴(Arcylic)

37. 각 나라 네일 미용 역사의 설명으로 틀리게 연결된 것은? [참조 p07, p08, p09]

① 그리스, 로마 – 네일 관리로써 '마누스큐라' 라는 단어가 시작되었다.
② 미국 – 노크 행위는 예의에 어긋난 행동으로 여겨 손톱을 길게 길러 문을 긁도록 하였다.
③ 인도 – 상류 여성들은 손톱의 뿌리 부분에 문신바늘로 색소를 주입하여 상류층임을 과시하였다.
④ 중국 – 특권층의 신분을 드러내기 위해 '홍화' 의 재배가 유행하였고, 손톱에도 바르며 이를 '홍조' 라 하였다.

정답 34. ③ 35. ② 36. ② 37. ②

38. 네일미용 작업 시 실내 공기 환기 방법으로 틀린 것은? [참조 p13, p15]

   ① 작업장 내에 설치된 커튼은 장기적으로 관리한다.
   ② 자연환기와 신선한 공기의 유입을 고려하여 창문을 설치한다.
   ③ 공기보다 무거운 성분이 있으므로 환기구를 아래쪽에도 설치한다.
   ④ 겨울과 여름에는 냉·난방을 고려하여 공기청정기를 준비한다.

39. 손, 발톱 함유량이 가장 높은 성분은? [참조 p132]

   ① 칼슘
   ② 철분
   ③ 케라틴
   ④ 콜라겐

40. 네일 기본 관리 작업과정으로 옳은 것은? [참조 p133, p134, p135, p136, p164]

   ① 손 소독 → 프리에지 모양 만들기 → 네일 폴리시 제거 → 큐티클 정리하기 → 컬러도포하기 → 마무리하기
   ② 손 소독 → 네일 폴리시 제거 → 프리에지모양 만들기 → 큐티클 정리하기 → 컬러도포하기 → 마무리하기
   ③ 손 소독 → 프리에지 모양 만들기 → 큐티클 정리하기 → 네일 폴리시 제거 → 컬러도포하기 → 마무리하기
   ④ 프리에지 모양 만들기 → 네일 폴리시 제거 → 마무리하기 → 손 소독

41. 손의 근육과 가장 거리가 먼 것은? [참조 p102, p103]

   ① 벌림근(외전근)
   ② 모음근(내전근)
   ③ 맞섬근(대립근)
   ④ 엎침근(회내근)

정답 38. ① 39. ③ 40. ② 41. ④

42. 매니큐어 작업 시 알코올 소독 용기에 담가 소독하는 기구로 적절하지 못한 것은?

    [참조 p34, p35, p36, p317]

    ① 네일파일 ② 네일 클리퍼
    ③ 오렌지 우드스틱 ④ 네일 더스트 브러시

43. 네일숍에서의 감염 예방 방법으로 가장 거리가 먼 것은? [참조 p39, p40]

    ① 작업 장소에서 음식을 먹을 때는 환기에 유의해야 한다.
    ② 네일 서비스를 할 때는 상처를 내지 않도록 항상 조심해야 한다.
    ③ 감기 등 감염 가능성이 있거나 감염이 된 상태에서는 시술하지 않는다.
    ④ 작업 전, 후에는 70% 알코올이나 소독용액으로 작업자와 고객의 손을 닦는다.

44. 손 근육의 역할에 대한 설명으로 틀린 것은? [참조 p102]

    ① 물건을 잡는 역할을 한다.
    ② 손으로 세밀하고 복잡한 작업을 한다.
    ③ 손가락을 벌리거나 모으는 역할을 한다.
    ④ 자세를 유지하기 위해 지지대 역할을 한다.

45. 잘못된 습관으로 손톱을 물어뜯어 손톱이 자라지 못하는 증상은? [참조 p41]

    ① 교조증(Onychophagy)
    ② 조갑비대증(Onychauxis)
    ③ 조갑위축증(Onychatrophy)
    ④ 조내생증(Onyshocryptosis)

정답 42. ① 43. ① 44. ④ 45. ①

46. 건강한 손톱에 대한 조건으로 틀린 것은? [참조 p40, p131, p163, p164]

① 반투명하며 아치형을 이루고 있어야 한다.

② 반월(루눌라)이 크고 두께가 두꺼워야 한다.

③ 표면이 굴곡이 없고 매끈하며 윤기가 나야 한다.

④ 단단하고 탄력 있어야 하며 끝이 갈라지지 않아야 한다.

47. 네일 기기 및 도구류의 위생관리로 틀린 것은? [참조 p16, p34, p35, p36, p318]

① 타월은 1회 사용 후 세탁·소독 한다.

② 소독 및 세제용 화학제품은 서늘한 곳에 밀폐 보관한다.

③ 큐티클 니퍼 및 네일 푸셔는 자외선 소독기에 소독할 수 없다.

④ 모든 도구는 70% 알코올을 이용하며 20분 동안 담근 후 건조시켜 사용한다.

48. 네일숍 고객관리 방법으로 틀린 것은? [참조 p47]

① 고객의 질문에 경청하며 성의 있게 대답한다.

② 고객의 잘못된 관리방법을 제품판매로 연결한다.

③ 고객의 대화를 바탕으로 고객 요구사항을 파악한다.

④ 고객의 직무와 취향 등을 파악하여 관리방법을 제시한다.

49. 손가락 뼈의 기능으로 틀린 것은? [참조 p98]

① 지지기능   ② 흡수기능

③ 보호작용   ④ 운동기능

정답 46. ② 47. ③ 48. ② 49. ②

50. 네일서비스 고객관리카드에 기재하지 않아도 되는 것은? [참조 p47]

① 예약 가능한 날짜와 시간
② 손톱의 상태와 선호하는 색상
③ 은행 계좌정보와 고객의 월수입
④ 고객의 기본인적 사항

51. 큐티클 정리 시 유의사항으로 가장 적합한 것은? [참조 p133, p134, p135, p136, p164]

① 큐티클 푸셔는 90°의 각도를 유지해 준다.
② 에포니키움의 밑 부분까지 깨끗하게 정리한다.
③ 큐티클은 외관상 지저분한 부분만을 정리한다.
④ 에포니키움과 큐티클 부분은 힘을 주어 밀어준다.

52. UV 젤 스컬프쳐 보수 방법으로 가장 적합하지 않은 것은? [참조 p257, p258]

① UV젤과 자연네일의 경계 부분을 파일링 한다.
② 투웨이 젤을 이용하여 두께를 만들고 큐어링 한다.
③ 파일링 시 너무 부드럽지 않은 파일을 사용 한다.
④ 거친 네일 표면 위에 UV젤 탑코트를 바른다.

53. 네일 팁의 사용과 관련하여 가장 적합한 것은? [참조 p245, p246]

① 팁 접착부분에 공기가 들어갈수록 손톱의 손상을 줄일 수 있다.
② 팁을 부착할 시 유지력을 높이기 위해 모든 네일에 하프웰팁을 적용 한다.
③ 팁을 부착할 시 네일팁이 자연손톱의 1/2 이상 덮어야 유지력을 높이는 기준이다.
④ 팁을 선택할 때에는 자연손톱의 사이즈와 동일하거나한 사이즈 큰 것을 선택한다.

정답 50. ③ 51. ③ 52. ② 53. ④

54. 내추럴 프렌치 스컬프처의 설명으로 틀린 것은? [참조 p241]

① 자연스러운 스마일라인을 형성한다.

② 네일 프리에지가 내추럴 파우더로 조형된다.

③ 네일 보디 전체가 내추럴 파우더로 오버레이 된다.

④ 네일 베드는 핑크 파우더 또는 클리어 파우더로 작업 한다.

55. 손톱에 네일 폴리시가 착색되었을 때 착색을 제거하는 제품은? [참조 p76, p164, p263]

① 네일 화이트너   ② 네일 표백제

③ 네일 보강제   ④ 폴리시리무버

56. 자외선램프 기기에 조사해야만 경화되는 네일 재료는? [참조 p222]

① 아크릴릭 모노머   ② 아크릴릭 폴리머

③ 아크릴릭 올리고머   ④ UV젤

57. 새로 성장한 손톱과 아크릴 네일 사이의 공간을 보수하는 방법으로 옳은 것은? [참조 p253, p254]

① 들뜬 부분은 니퍼나 다른 도구를 이용하여 강하게 뜯어낸다.

② 손톱과 아크릴 네일 사이의 턱을 거친 파일로 강하게 파일링 한다.

③ 아크릴 네일 보수 시 프라이머를 손톱과 인조 네일 전체에 바른다.

④ 들뜬 부분을 파일로 갈아내고 손톱 표면에 프라이머를 바른 후 아크릴 화장물을 올려준다.

정답 54. ③ 55. ② 56. ④ 57. ④

58. 매니큐어 과정으로 ( ) 안에 들어 갈 가장 적합한 작업과정은? [참조 p133, p134, p135, p136]

> 소독하기 - 네일 폴리시 지우기 - ( ) - 샌딩 파일 사용하기 - 핑거볼 담그기 - 큐티클 정리하기

① 손톱 모양 만들기
② 큐티클 오일 바르기
③ 거스러미 제거하기
④ 네일 표백하기

59. 네일 폴리시 작업 방법으로 가장 적합한 것은? [참조 p163, p164]

① 네일 폴리시는 1회 도포가 이상적이다.
② 네일 폴리시를 섞을 때는 위, 아래로 흔들어준다.
③ 네일 폴리시가 굳었을 때는 네일 리무버를 혼합한다.
④ 네일 폴리시는 손톱 가장자리 피부에 최대한 가깝게 도포한다.

60. 매니큐어와 관련한 설명으로 틀린 것은? [참조 p132, p133, p134, p135, p136]

① 일반 매니큐어와 파라핀 매니큐어는 함께 병행할 수 없다.
② 큐티클 니퍼와 네일 푸셔는 하루에 한번 오전에 소독해서 사용한다.
③ 손톱의 파일링은 한 방향으로 해야 자연 네일의 손상을 줄일 수 있다.
④ 과도한 큐티클 정리는 고객에게 통증을 유발하거나 출혈이 발생함으로 주의한다.

정답 58. ① 59. ④ 60. ②

이 윤 희

현) 신한대학교 뷰티헬스학과 겸임 교수
　　건국대학교 경영학 박사 수료
　　유니 스타일 대표 원장
　　유니 하나 대표
　　(사) 한국미용문화사협회 이사
　　(사) 한국여학사협회 강사
　　한국산업인력관리공단 실기 감독관
　　서울시 여성가족정책실 외국인다문화담당 다문화가족 지원 네일 강사
　　서울시 북부 여성발전센터 네일 강사
　　손발톱용 젤 네일 제거 밴드 및 시술 장치 특허

〈학력 및 자격사항〉

건국 대학교 마케팅 경영 박사 수료
직업 능력 개발 훈련 교사 3급
용광로 창업지원센터 수료
사회적 기업가 사이버 교육 10시간 이수
사회복지 자원봉사 65시간 이수
건국대 실전 창업 강좌 42시간 이수
제16회 비즈니스 아이디어 경진대회 입상
시니어 사회적 기업 경제 창업 경진 대회 우수상
글로벌 소셜 벤처 경진 대회 스타트업 부문 입상
소셜 벤처 아이디어 경진대회 서울권역 입상
사업화 모델 아이디 공모전 대상
반영구화장 1급
미용사(종합) 국가기술자격증

〈특허〉

새로운 올림머리 시술 방법
　(특허번호: 10-2015-0129988)
손발톱용 젤 네일 제거 밴드 및 손발톱용 젤 네일 시술 장치
　(특허번호: 10-2018-0127680)

〈교육〉

신한대학교 학교 뷰티헬스 학과 겸임교수
서울시 다문화처 강사
(사) 한국 여학사 협회 강사
(사) 한국 미용 문화사 협회 강사
㈜ 유니 하나 코퍼레이션 강사

한국 산업 인력 관리 공단 실기 시험 감독관
서울 국제 아티스트 협회 국제 심사위원
서울 북부 여성 발전 센터 강사
유니 하나 뷰티 컨설팅
Betv 미용 방송국 강사
소상 공인 미용 세미나
숙명 여자 대학교 특강
서경대학교 특강
약손 명가 강사
윤두레 뷰티 아카데미 강사
동아 tv 강사
KM 엔터 테이먼트 강사
크루 팩토리 승무원 아카데미 강사
윤두레 뷰티 아카데미 강사
이가자 헤어비스 강사
국제 미용 기능 경기 대회 국제 심사위원
유니스타일 강사

〈산업체〉

유니스타일 대표 원장
㈜ 유니하나 코퍼레이션 대표
삼육 보건대 산학 협력
강동 대학교 가족회사 협약
(사) 한국 미용 문화사 협회 이사
그랜드 힐튼 호텔 산학 협력
롯데 호텔 산학 협력
이가자 헤어비스 산학 협력

미용사(네일) 필기

초 판 인 쇄 ｜ 2022년 3월 15일
초 판 발 행 ｜ 2022년 3월 25일

저　　　자 ｜ 이윤희
발 행 인 ｜ 조규백
발 행 처 ｜ 도서출판 구민사
　　　　　　　(07293) 서울시 영등포구 문래북로 116, 604호(문래동 3가 46, 트리플렉스)
전　　　화 ｜ (02) 701-7421~2
팩　　　스 ｜ (02) 3273-6942
홈 페 이 지 ｜ www.kuhminsa.co.kr
신 고 번 호 ｜ 제 2012-000055호(1980년 2월 4일)
I S B N ｜ 979-11-6875-039-5(13590)
정　　　가 ｜ 22,000원

이 책은 구민사가 저작권자와 계약하여 발행했습니다.
본사의 서면 허락 없이는 어떠한 형태나 수단으로도 이 책의 내용을 이용할 수 없음을 알려드립니다.